火炮时变力学

杨国来　杨占华　葛建立　王　军　孙全兆　著

科 学 出 版 社

北　京

内 容 简 介

本书首先概要地介绍火炮时变力学研究的重要意义和国内外发展现状，然后分章节介绍火炮时变力学的基本理论与方法，包括移动载荷沿梁大位移运动系统的时变力学、火炮时变力学数值计算方法、炮身大位移运动系统时变模态分析、炮身模拟后坐系统二维时变力学、火炮发射过程炮身后坐系统三维时变力学等。

本书可作为武器系统与工程、武器发射工程等兵器相关专业高年级学生的教科书或参考书，也可供兵器科学与技术等相关学科专业的研究生、教师及工程技术人员参考。

图书在版编目(CIP)数据

火炮时变力学/杨国来等著. —北京：科学出版社，2020.10

ISBN 978-7-03-064344-5

Ⅰ. ①火… Ⅱ. ①杨… Ⅲ. ①火炮-时变-动力学-研究 Ⅳ. ①TJ301

中国版本图书馆 CIP 数据核字(2020)第 011220 号

责任编辑：李涪汁 曾佳佳/责任校对：杨聪敏

责任印制：张 伟/封面设计：许 瑞

科学出版社 出版

北京东黄城根北街 16 号

邮政编码：100717

http://www.sciencep.com

北京九州迅驰传媒文化有限公司 印刷

科学出版社发行 各地新华书店经销

*

2020 年 10 月第 一 版 开本：720×1000 1/16

2021 年 1 月第二次印刷 印张：14

字数：282 000

定价：129.00 元

(如有印装质量问题，我社负责调换)

前　言

未来信息化战争要求火炮武器具备多领域、全纵深、快速协同的打击能力，迫切要求新一代火炮的威力和机动性实现大幅提升。从火炮发射平台角度提升威力必然导致作用在火炮上的载荷增大，机动性的提高则需要火炮减重，在这种双重要求下，火炮的时变力学特征就凸显出来，对火炮瞬态响应的影响已不可忽略，而现有的静态力学或非时变力学设计理论难以表征火炮发射过程的时变力学效应，设计误差大，设计的火炮质量和体积偏大，严重影响火炮快速部署、快速打击和快速撤退能力，制约了新一代高性能火炮武器装备的发展，亟须从源头上对火炮时变力学的特征机理与瞬态响应规律进行基础理论、数值计算与实验方法研究，为有效解决火炮大威力和高机动性之间的矛盾提供基础支撑。随着现代力学的发展以及高性能火炮研制的迫切需求，火炮时变力学已成为国内外火炮发射动力学领域的研究前沿方向和热点。

本书是作者所在科研团队多年从事火炮时变力学、非线性有限元、模态分析、瞬态测试技术等领域研究取得的学术成果结晶，侧重介绍火炮时变力学的建模理论、数值模拟方法和实验测试技术。

本书共分 6 章。

第 1 章简要地介绍火炮发射过程的基本原理和主要特征，分析传统火炮设计理论面临的技术挑战，在此基础上提出火炮时变力学研究的重要性和主要内容。

第 2 章介绍移动力、移动质量、移动弹簧-质量沿梁大位移运动系统的时变力学建模理论和方法，包括时变力学控制方程、时变力学特征规律、实验系统设计及测试方法等。

第 3 章对火炮时变力学数值计算方法进行了阐述，包括不协调时间有限元数值计算方法、高精度时间有限元离散方法、时空有限元数值计算方法、显式与隐式交叉的直接积分方法等。

第 4 章介绍炮身大位移运动系统时变模态分析方法，包括动力刚度矩阵法、移动质量作用下弯曲梁的时变固有频率分析、炮身边界条件辨识、炮身大位移后坐系统的时变固有频率分析等。

第 5 章对炮身模拟后坐系统二维时变力学理论和方法进行介绍，包括炮身分别简化为移动刚体和移动梁沿支撑梁大位移运动的时变力学模型、模拟发射载荷建模、数值计算及时变力学规律、炮身模拟后坐系统设计及时变力学实验等。

第6章阐述火炮发射过程炮身后坐系统三维时变力学建模理论与方法，包括炮身与摇架三维结构有限元方程、附加系数矩阵、发射载荷作用下炮身大位移后坐时变力学建模、三维时变力学数值计算算法及实现、时变力学规律及射击试验验证等。

本书第1、2、4、5、6章(部分)由南京理工大学杨国来教授撰写，第1、4、5、6章(部分)由兵器工业201所杨占华研究员撰写，第3章和第2、4、6章(部分)由南京理工大学葛建立副教授撰写，其余由兵器工业201所王军研究员和南京理工大学孙全兆博士撰写，全书由杨国来教授统稿。

由于作者水平有限，书中难免有疏漏和不妥之处，恳请广大读者批评指正。

作 者

2020年7月

目　　录

第1章　绪　　论

进入 21 世纪以来，新的军事变革对新一代火炮的威力和机动性提出了更高的要求，而威力的提高必然导致作用在火炮上的载荷增大，机动性的提高则需要火炮减重，在这种双重要求下，火炮的时变力学特征就凸显出来，对火炮瞬态响应的影响已不可忽略，必须从源头上对火炮时变力学的特征机理与瞬态响应规律进行基础理论、数值计算与实验方法研究，为有效解决火炮大威力和高机动性之间的矛盾提供基础支撑。随着现代力学的发展以及高性能火炮研制的迫切需求，火炮时变力学已成为国内外火炮发射动力学领域的研究前沿方向和热点。本章简要地介绍火炮时变力学研究的目的和意义、国内外研究现状、主要研究内容等。

1.1　火炮时变力学研究的目的和意义

开展火炮时变力学研究的目的是提高火炮的综合性能指标和控制火炮的受载。一方面从火炮的结构特点和发射时的动力响应出发，考虑火炮发射过程的时变力学响应，研究弹丸出炮口瞬间的线位移、线速度、角位移、角速度等动态参量的变化规律及其影响因素，探索提高火炮射击密集度的技术途径；另一方面通过求解火炮时变力学方程组，获得全炮及主要零部件的动力响应和应力应变的时空分布规律，可为减轻火炮质量、提高机动性、保证火炮发射时的刚强度、安全性和可靠性提供技术支撑。在火炮时变力学基础上，结合现代优化方法进行火炮总体结构优化设计，为火炮总体方案的优化和匹配提供决策依据。

为了使建立的火炮时变力学模型能够准确地表征火炮发射过程的受力和运动规律，首先要对火炮发射过程的基本原理和主要特征有深刻的理解。

1.1.1　火炮发射过程的主要特征

击发是火炮发射循环的开始，通过机械、电、光等方式作用，使底火药着火，产生的火焰引燃点火药，点火药燃烧产生高温高压的燃气和灼热的固体微粒，通过对流换热的方式，将靠近点火药的发射药点燃，继而点火药和发射药的混合燃气逐层地点燃整个火药床，完成点传火过程。之后火药进一步燃烧产生大量的高温高压燃气，推动弹丸运动。弹丸启动至弹带圆柱部分全部挤进内膛(达到最大阻力)的过程称为挤进过程。挤进完成后阻力突然下降，火药继续燃烧而不断补充高温燃气，并急速膨胀做功，从而使膛内产生了多种形式的运动。弹丸除沿炮轴方向做直线加速运动外，还沿着膛线做高速旋转；同时火药燃气作用于炮身向后方向的力使炮身产生后坐加速度，并通过制退机和复进机进行缓冲，把力传到炮架上，最终传递到地面上。上述发射过程主要具有以下特征：

(1) 发射过程中火炮零部件及全炮做复杂的空间运动，不但有平动，而且有转动，且大范围的刚性运动与零部件弹性变形相互耦合。例如炮身沿摇架做大位移的后坐与复进运动，同时炮身和摇架发生复杂的弹性变形，这些运动是相互作用和相互影响的。

(2) 弹丸和火炮的运动与受力相互耦合。一方面弹丸在膛内做大范围运动，会对炮身产生很大的激励，从而对炮身乃至全炮的运动和受力产生影响；而另一方面炮身变形及振动、火炮其他零部件的运动反过来又影响弹丸的运动姿态。

(3) 火炮零部件之间的连接存在配合间隙，在发射载荷作用下可能发生复杂的接触/碰撞现象，如炮身圆柱段与筒型摇架衬瓦、摇架齿弧与高低机主齿轮、耳轴与耳轴室、上下座圈与滚珠、滚轮与滚道、立轴与立轴室等。由于机构配合间隙和接触面积随时间发生变化，因此接触刚度是时变的。此外，有些机构的接触位置也会发生较大的变化，例如由于筒型摇架衬瓦与炮身圆柱段、槽型摇架导轨与炮身套箍的接触位置，均随着炮身后坐/复进的大位移运动而发生快速的变化。

火炮发射过程中伴随着大位移运动使得系统的时变力学效应更加显著，传统的时不变力学方法难以准确地表征这种时变力学规律，迫切需要开展火炮时变力学研究。

1.1.2 火炮时变力学研究的重要意义

传统的时不变力学理论研究对象主要是给定的、已知的、不变的结构，结构所受到的载荷也是已知的，静态分析中载荷不随时间变化，动态分析中载荷随着时间按照已知规律变化。但是随着工程问题的出现和科学的发展，已经产生了时变力学研究的必要性，这类系统具有随着时间变化的结构，而随着时变结构本身变化速率的不同，问题将具有不同的性质和分析方法。一般将时变力学的研究范围概括为三大类[1]：①快速时变力学，主要研究由于结构本身的急剧变化而引起的剧烈振动的力学分析和控制；②慢速时变力学，主要研究施工力学等问题，将结构的若干最不利工作状态冻结，在每个状态中按时不变结构分析；③超慢速时变力学，主要研究结构在整个服役期间的变化及其安全度问题，即研究结构的时变动力可靠度计算及评估的方法，以及结构维修方案的优化。本书以中大口径火炮发射过程中炮身大位移后坐系统为研究对象，关注炮身在冲击载荷作用下沿摇架大位移运动产生的时变效应，属于快速时变力学研究范围，本书中的“时变力学系统”专指“快速时变力学系统”。

快速时变力学系统的时变效应，主要是由结构自身的形状、质量分布或某些重要参数随着时间快速变化而引起的，由于移动载荷惯性力具有随时间变化的规律，该类系统中移动载荷与支撑结构具有时变的耦合作用关系[2,3]。移动载荷时变力学研究一直以来都是与其工程背景紧密结合的，在许多工程问题的应用中已取得了丰硕的成果，最典型的是车辆与桥梁的耦合运动问题[4,5]，研究表明，当车辆的质量、速度达到一定大小后，按照时变力学理论计算的桥梁动态响应，较传统的时不变力学模型结果大出一倍以上，可见该类系统的时变效应是不容忽略的。另外，移动材料(轴向运动梁或绳索等)时变力学系统也是一种典型的快速时变力学问题，虽然相对移动载荷问题的研究起步较晚，但是也取得了丰富的成果，移动材料轴向运动引起的随时间变化惯性力是这类系统中主要的时变因素[6,7]。现阶段关于移动梁问题的研究多是关注轴向匀速或匀加速运动弯曲梁的模型，而在中大口径火炮发射过程中，炮身沿摇架做大位移后坐运动，且炮身后坐加速度变化急剧，有关这方面的时变力学理论与方法还没有得到深入的研究。

结构的固有频率和振型是其动力学特性的一种表现形式，与结构设计以及故障检测等工作有着密不可分的关系，现有关于时变力学问题的研究多是关注力学系统物理量的响应规律，而对时变力学系统模态分析的研究还尚未形成体系。对于时不变结构，其固有频率与振动的初始运动条件无关，而与结构的固有特性如刚度、质量、外形尺寸等有关，但在时变力学系统中，由于系统中存在随时间变化的物理量，固有频率也是随着时间变化的，Liu 等[8-10]在对时变力学系统进行参数辨识研究过程中，基于时变模态的概念，对轴向运动弯曲梁的时变固有频率进行了理论分析和实验验证。也正是由于时变力学系统的时变效应，给系统时变模态分析造成很大困难，关于时变力学系统时变模态分析的研究还处在起步阶段，但是时变模态分析对时变力学系统的研究具有非常重要的意义和实用价值。传统结构动力学中的模态分析方法，多是采用像集中质量法、Ritz 法、有限元法这样的建模理论，这类方法将连续体作为离散模型建模，得到的只是近似的结果，虽然在细化离散模型的前提下可以保证结果的精度，但也会占用更多的计算资源，这个缺点在求解系统高阶模态时更为明显。动力刚度矩阵法[11-13]是一种精确的模态分析方法，该方法从系统频域控制方程推导精确的形函数，保证了计算结果的精确度。动力刚度矩阵法中一个单元可以反映无穷多阶模态，可以将系统中具有相同材料和几何参数的部分作为一个单元处理，同时，动力刚度矩阵法还满足有限元法划分网格和组合单元的准则，这些特征使得动力刚度矩阵法无论在精度上还是在计算效率上，都远优于传统的模态分析理论。Banerjee 等[14]基于动力刚度矩阵法，对轴向匀速运动弯曲梁时变力学系统进行了模态分析，取得了较好的效果。动力刚度矩阵法在火炮时变力学问题中的应用研究还没有相关报道，将该方法推广到火炮时变模态分析中，有着潜在的学术意义和工程应用价值。

作为一种特殊的时变力学系统，火炮发射系统[15]与其他时变力学系统存在着显著的差别。以中大口径榴弹炮发射过程为例，其发射基本过程包括开闩—装弹药—关闩—击发—点火—弹丸加速及炮身后坐—复进—开闩，其中在弹丸加速、炮身后坐这一阶段，火炮后坐部分沿着摇架轴向向后大位移运动，与移动载荷时变力学系统相比，作为支撑结构的摇架为具有复杂截面形状的薄壳结构，而作为移动载荷的炮身是变截面细长梁结构，相对摇架的质量要大许多(以某中口径榴弹炮为例，火炮摇架大约为300kg，而后坐部分超过1200kg)，且炮身在短时间内具有急剧变化的后坐速度(最大速度可达到 15m/s)、后坐加速度(最大加速度为 $200g$～$700g$)、后坐位移(后坐长度可达 1.5m 以上)和轴向载荷(最大炮膛合力可达到数百吨)，可以预见炮身后坐过程中表现出的时变效应会更为明显，有必要对火炮发射系统进行时变力学分析。未来战争对火炮的远程化、精确化、高机动性、自动化、智能化等提出了越来越高的要求，也使得大威力火炮的时变特性更加明显，如仍按传统时不变力学理论对火炮发射时的刚度、强度、炮口振动等进行分析，其计算结果将与火炮发射过程的实际动力学响应产生很大的误差，其主要原因之一是由于火炮发射时，后坐部分的大位移后坐与复进导致系统的质量矩阵和刚度矩阵随时间发生快速变化，但传统的时不变力学计算模型未考虑这种变化，迫切需要开展火炮发射过程时变力学模型的建立、时变固有频率分析以及实验验证等研究，对提高火炮发射动力学的计算精度和改进火炮设计理论具有重要的学术意义和工程应用价值。

1.2 火炮时变力学的国内外研究现状

火炮时变力学是研究火炮发射瞬间质量分布、刚度分布以及边界条件等随时间发生快速变化时火炮受力和运动规律的工程应用基础学科。利用时变力学进行火炮设计，对研制大威力、高机动性、高精度和高可靠性火炮武器具有重要意义，已引起各国兵工界的普遍重视，成为火炮发射动力学的前沿研究领域之一，也是世界范围内的研究热点和难点。美国、俄罗斯、英国等军事强国的火炮研究人员充分认识到火炮时变力学问题的重要性，投入了大量的人力、物力和财力进行该领域的基础理论和实验方法研究，取得了比较显著的研究成果。

1.2.1 时变力学

移动载荷时变系统在日常生活中随处可见，例如车辆与桥梁的耦合运动，卫星的太阳能帆板或机械手臂等的伸缩，机床切削时刀架在导轨上的移动，传送带运送货物，石油在输油管道中输送，建筑工地上塔吊对建筑材料装运，火箭发射，弹丸沿身管运动、炮身后坐等。这类时变力学系统一直是各国数学家、力学家和工程人员研究的热点，研究重点主要集中在理论模型、数值求解方法等领域。Frýba[2]在研究车辆桥梁耦合运动问题时，将移动载荷问题的早期研究概括为三种经典模型：移动力模型(moving force)、移动质量模型(moving mass)和移动弹簧-阻尼-质量系统模型(moving oscillator)。

当移动载荷质量较小(相对支撑梁质量)或者沿支撑梁低速运动时，可以不计移动载荷的惯性影响，这也是移动力模型的假设条件。移动力模型不计移动载荷与支撑梁之间的耦合关系，只考虑移动载荷作用位置随时间变化的时变因素，许多研究工作都得到了解析解的形式，例如 Frýba 通过谱分析法给出了移动力模型傅里叶级数形式的解析解；Sun[16]通过傅里叶变换给出了移动集中力以及均布力作用下简支梁动态响应封闭形式解析解。在工程领域应用的过程中，当移动力作用在具有复杂形状的支撑结构上时，将难以得到解析解的形式，只能给出相应的数值解。

当移动载荷具有较大质量或沿支撑梁高速运动时，移动载荷具有较大的惯性力，而且该惯性力大小也是随着时间变化的，则力学建模时不能忽略移动载荷惯性力的影响，否则会产生较大的计算误差。将这类需要计及移动载荷惯性力的时变力学模型称为移动质量模型。在基于一定假设的前提下，可以得到特定条件下移动质量模型的解析解，Frýba 给出了移动质量作用下无质量支撑梁动态响应的解析解形式。Foda 等[17]在不考虑科氏作用力和离心惯性力前提下，使用格林函数得到了移动质量问题近似的解析解形式。一般来说，用解析解方法求解移动质量模型相当困难，且难以应用到更为复杂的问题，如变截面梁桥、多跨连续梁桥及非等速移动质量载荷等。多数研究工作将数值解方法应用到移动质量模型中，如Lee[18]通过假设振型法分析移动质量模型，分析了移动质量加速运动情况下梁的动态响应；Rieker 等[19]应用有限元法建立了移动载荷问题的时变力学模型，对移动集中载荷与随机变化载荷都进行了讨论。

移动弹簧-阻尼-质量系统模型可以看作是移动质量模型的延伸，模型中移动载荷作为沿支撑梁运动的弹簧-阻尼-集中质量系统考虑，该类模型的研究一直是移动载荷问题研究领域的重点。Stancioiu 等[20]提出了弹簧-质量模型半解析的数值解方法，通过实验分析了移动质量作用下多跨度梁的响应，讨论了高速运动的移动载荷与支撑梁之间分离与再接触现象，也对移动载荷作用下二维桁架结构的动态响应进行了研究。盛国刚等[21]通过有限元法分析了多个移动弹簧-质量系统作用下简支梁的动态响应问题。

移动载荷时变力学系统在工程领域中的应用已经非常普遍，最常见的是车辆-桥梁耦合运动系统。Yang 等[4]建立了具有 11 个自由度的车辆模型，并建立了“车桥耦合单元”用于模拟车辆与桥梁之间的耦合关系。对应不同的桥梁，许多研究工作细化了移动载荷问题中支撑结构的模型，如 Theodorakopoulos[22]建立了移动载荷作用下弹性支撑梁的动力学模型，用于分析公路路面及路基的性能。

在其他工程问题中，时变力学模型也得到了推广，如起重机柔性臂架系统[23]、龙门吊[24]等问题。随着材料科学的发展，越来越多的新材料(如复合材料、叠层梁、功能梯度材料等)部件出现在工程结构中，关于移动载荷作用下新材料支撑梁的时变力学问题也引起了学术界的关注。移动材料时变力学系统与移动载荷时变力学系统有一定的区别，主要体现在管道输送、带锯、传送带等工程背景中，这类系统的时变因素主要是杆件、梁、绳索等部件轴向运动产生惯性力，一般情况下可以将移动材料问题作为一种特殊的非线性系统进行研究。Mote[6]在研究带锯运动的过程中，建立了轴向移动梁的控制方程，并通过 Galerkin 法对系统进行模态分析，得出随着轴向运动速度的增加，轴向移动梁固有频率不断变小的结论。Stylianou 等[25]建立了轴向移动梁的有限元模型，通过数值方法求解了系统的动态响应，并通过求解有限元方程的齐次形式，对系统的固有频率进行了分析。Öz 等[26]采用摄动法建立了轴向变速运动梁的非线性振动方程，对系统的稳定性进行了讨论。Orloske[27]建立了轴向移动梁的有限差分法模型，对轴向运动偏心梁的屈曲、振动响应和稳定性均进行了讨论。Wang 等[28]以高速运动的火箭为背景，讨论了质量流失对轴向高速运动梁固有频率和稳定性的影响。现有的移动材料时变力学研究，多是关注不同运动速度对轴向运动梁的影响，对加速度因素的研究鲜有报道，但是火炮发射过程中，炮身后坐所具有的大位移、急剧变化的加速度等都是不可忽略的因素。因此，研究轴向变速运动梁时变力学模型，对模拟冲击载荷作用下炮身大位移后坐运动具有重要意义。

在时变力学系统正问题研究飞速发展的同时，基于时变力学系统的辨识问题也取得了重要进展。时变力学系统的辨识问题主要有两种：移动载荷辨识和结构参数辨识。Law 等[29]提出了三种基本的移动载荷辨识模型：时域法、频域法和基于模态分析的方法，并对作用在欧拉梁、薄板等结构上的移动载荷辨识方法进行了理论分析和实验研究；Jiang 等[30]将移动质量模型、四自由度车辆模型和五自由度车辆模型进行参数化，通过测量模型参数识别结果计算了车桥之间的相互作用力。关于时变力学系统结构参数化辨识的研究相对较少，Majumder 等[31]采用有限元法和伪逆矩阵辨识了移动载荷作用下桥梁刚度；Park 等[32]建立了桥梁的有限元模型，并通过优化算法辨识了桥梁的刚度；李哈汀[33]提出了基于时域自适应算法的移动载荷作用下梁板的辨识模型。

动力刚度矩阵法[11-13]是一种分析结构固有频率的高效方法。该方法通过系统的频域控制微分方程，推导得到精确的形函数，建立的动力刚度矩阵能够反映无穷多阶模态，这样就能在网格数量较少的情况下保证计算结果的精确性。由于动力刚度矩阵法采用的是随频率变化的形函数，能够考虑系统刚度随频率变化的情况，在求解高阶模态时，较有限元法优势更为明显。同时，动力刚度矩阵法满足有限元法划分网格和组合单元的准则，使得在复杂工程问题中的应用更为方便。Banerjee[34]给出了建立单变量系统动力刚度矩阵的一般过程，并通过分析 Timoshenko 梁动力刚度矩阵，对如何建立多变量系统动力刚度矩阵进行了讨论。袁驷与 Williams 合作，提出了一种高效算法 guided recursive Newton method(引导递归牛顿法)[35]，并对动力刚度矩阵法中求解固有振型的方法进行了总结和讨论。Rafezy 等[36]通过动力刚度矩阵法，分析了具有双渐近线截面形状三维梁的自由振动特性。Li 等[37]对复合材料叠层梁的固有频率进行了计算，通过与有限元法、拉格朗日法结果的比较，体现了动力刚度矩阵法在精度上的优势。Lee 等[38]推进了谱元法的理论和应用研究。谱元法通过建立系统的动力刚度矩阵，并对载荷时域形式进行时频变换，得到载荷的频域形式，求解得到系统响应的频域形式，再通过时频变换逆变换得到时域响应。谱元法综合了有限元法、动力刚度矩阵法和谱分析法的优点，相比有限元法等时域分析方法具有更高的效率和精度，尤其对具有周期载荷激励的系统有较好的效果[39,40]。动力刚度矩阵法在时变力学系统模态分析研究处在起步阶段，Banerjee 等[14]建立了轴向匀速运动梁的动力刚度矩阵模型，对系统进行了模态分析，但所讨论的模型只是匀速运动情况的准时变力学系统，模型中的各个参数均是时不变的。彭献等[41]采用有限元法对移动质量、四自由度车辆模型作用下的梁时变力学系统的时变固有频率进行了分析。Liu 等[8-10]建立了轴向运动悬臂梁的状态空间模型，通过测试悬臂梁应力和加速度的变化规律，辨识了时变力学系统随时间变化的固有频率。

时变力学的数值求解问题本质上属于二阶时变线性或非线性常微分方程组的数值方法，一般包括数值积分方法和时间域有限元方法。建立时间有限元的重要方法是加权残值法，Zienkiewicz 等[42]建立了加权残值形式的时间有限元方法，使用拉格朗日线性及高阶插值推导了位移的递推格式。蔡承文等[43]在更广泛的意义上对位移以任意 $K\geqslant 2$ 次的样条函数逼近，在 $K=3$ 时得出与 Zienkiewicz 等价的递推格式，并给出了两种格式之间的本质关系。段继伟等[44]采用 Hermite 插值，给出了一种无条件稳定的高阶精度算法。不协调时间有限元的基础是基于未知域对时间是不连续假设的伽辽金方法(time-discontinuous Galerkin)，简称为TDG算法，最早由Reed[45]提出用于求解中子迁移方程这样的一阶双曲方程。Delfour等[46]用TDG法导出了A-稳定的、高阶精度的常微分方程解。Hughes等[47]将这种高稳定、高精度的有限元算法思想推广到结构动力学问题，得出了时间不连续的时空有限元算法公式。Hulbert[48]利用TDG法给出结构动力学时间有限元法，位移与速度允许同时独立等阶或不等阶的插值，证明了算法的稳定性和收敛性。Bauchau等[49]针对梁的非线性问题，证明这种算法是无条件稳定的。Bajer等[50]对时空域使用了三角形和四面体的时空有限单元，建立了时间域的递推计算格式，在移动载荷结构振动和接触问题及塑性问题中非常有效。毕继红等[51]针对梁的动力响应问题，利用卷积型变分原理的泛函方法，推导出相应的时空有限元法，将计算结果与振型叠加法、直接积分法进行了比较分析。王金福等[52]应用时空有限元法推导了移动集中质量作用下Euler-Bernoulli梁离散单元的质量矩阵和刚度矩阵，获得了梁的动力学响应。

1.2.2 火炮发射过程中的时变效应

火炮发射动力学主要研究火炮发射过程中全炮和主要零部件的受力和运动，以及火炮总体结构参数对其影响的规律，从而为提高射击精度、刚强度、机动性等综合性能指标提供理论基础、测试方法和关键技术。从时变力学的角度出发，可以将火炮发射动力学划分为火炮发射时不变力学与时变力学两大类。

建立火炮发射时不变力学模型的典型方法包括多体系统动力学、有限元等，借助大型工程分析软件如ADAMS、ABAQUS等可对火炮发射过程的运动和受力规律进行准确的模拟，为火炮总体设计和结构设计提供理论依据。关于火炮发射时不变力学的研究和发展已经非常成熟。例如美国陆军装备研究与发展中心从1977年至今已举办了10余次火炮动力学学术会议，每次会议都有几十篇学术论文发表，研究内容涵盖火炮结构动力学、弹道性能、身管腐蚀与疲劳、全炮的运动与受力、火炮发射过程中的动态测试等。俄罗斯设置专业机构，对火炮发射动力学进行研究，分析火炮质量分布、结构、运动状态对弹丸出炮口时运动特性的影响规律。我国在火炮发射动力学建模、数值求解、总体优化、动态测试等方面进行了大量的研究[53]，相关研究成果得到了一定的工程应用。

利用非时变力学建立的火炮质量矩阵和刚度矩阵均为常数矩阵，而火炮发射过程伴随大位移运动，其质量矩阵和刚度矩阵的系数均随时间发生变化，需要建立反映这种时变效应的时变力学模型来表征。姜沐等[54]利用边界条件不变的悬臂梁或者外伸梁模拟炮身，建立了移动载荷作用下的炮身时变力学模型。王颖泽等[55]建立了炮身-弹丸耦合运动时变力学模型，将弹丸作为沿炮身轴向运动的移动质量进行处理。刘宁等[56]利用 Dubowsky 模型建立了含间隙的炮身-弹丸耦合动力学模型。这类模型将弹丸炮身耦合作用关系作为时变因素建模，弹丸运动中的惯性力是引起时变效应的主要因素，能够从一定程度上反映火炮发射过程的时变效应，但是模型中忽略了炮身沿轴向大位移后坐引起的时变效应，尤其是在中大口径榴弹炮发射过程中炮身具有较大后坐位移的情况下，忽略炮身大位移后坐的时变效应，而用固定的弯曲梁模拟炮身，会大大降低力学模型的计算精度。另外一些研究工作采用变长度轴向运动梁对炮身后坐进行模拟，刘宁等[57]用变长度的悬臂梁模拟炮身，不计炮身在摇架后的部分，将炮身伸出摇架前的部分作为变长度悬臂梁处理。这类模型从一定程度上可模拟炮身后坐过程，但是，实际情况中炮身是一个连续体，炮身在摇架后的部分与伸出摇架的部分是相互影响的，而且摇架对炮身的前后支撑边界条件随炮身后坐而变化，忽略这些实际条件会对模型的计算精度有一定的影响。

1.2.3 主要研究趋势

火炮发射时受到高温、高压、高速流动的火药燃气的作用，使火炮在整个射击过程中受到瞬态的、高速碰撞的外载荷的作用，伴随发生瞬态的空间平移和转动，使火炮的质量分布、刚度分布以及边界条件等在发射瞬间随时间发生快速、复杂的变化，所产生的物理现象难以用传统的火炮发射时不变力学理论来解释和分析，主要研究技术挑战如下：

1) 大质量系统沿变截面结构作大位移运动的时变力学建模

在火炮发射过程中，炮身沿摇架做大位移后坐与复进运动，与已有的集中质量沿等截面梁做匀速或匀加速运动的时变力学建模理论相比，其研究难点主要体现为：①炮身是具有大质量的变截面分布系统；②摇架是典型的薄壁变截面结构系统；③炮身与摇架的接触是双边、有间隙接触/碰撞，且间隙具有不确定性；④炮身沿摇架的运动既不是匀速运动，也不是匀加速运动，而是冲击载荷作用下的变加速运动。

2) 火炮高速时变力学数值求解的稳定性、收敛性和振荡性

时变结构动力学方程组解的稳定性、收敛性和振荡性等是复杂的数学理论问题，对单变量系数周期性变化的简单问题，理论上比较成熟，而对火炮时变力学方程的数值求解，其难点主要包括：①火炮发射过程中，结构和刚度都随时间变化，并且是一个受强冲击载荷作用的移动边界问题。时变系统常采用的 Newmark 法、Wilson-θ 法等仅有二阶精度而且不具备好的耗散特性，因此发展具有高阶精

度、无条件稳定和好的耗散特性的数值方法，是火炮时变力学数值研究的重要课题；②处理炮身大位移后坐、摇架与身管的间隙接触/碰撞等非线性问题的研究难度较大，如再考虑时变因素，则进一步加剧了研究难度；③显式与隐式交叉的火炮时变力学直接积分方法；④火炮时变力学的并行计算技术。

3) 火炮高速时变特征的测试技术

火炮发射时的高速时变特征，如机构间隙、时变模态、时变刚度、振动特性和响应都经历时间短暂，大多在毫秒至微秒的时间段内转瞬即逝，并且由于发射瞬间还伴随强烈的炮口焰、烟雾和振动冲击等，这些对火炮瞬态参数的测试技术都提出了很高的要求，主要难点包括：①炮身与摇架配合间隙的测试；②炮身与摇架之间接触力的测试；③炮身大位移后坐时的时变模态测试；④炮身及摇架的变形测试。

1.3 火炮时变力学的主要研究内容

1.3.1 火炮时变力学建模理论与方法

火炮发射时的几何、物理特性、边界等高速时变将会直接影响火炮的动力学特性，需要研究相应的建模理论和方法。主要内容包括：移动载荷、基于振型叠加法和 Euler-Bernoulli 梁理论的移动质量沿等截面悬臂梁匀速运动的时变力学建模理论，移动质量、惯性力、速度等对系统动力学的影响规律；计及移动质量、惯性力、科氏力以及离心力的移动载荷建模，移动质量-变截面悬臂梁的时变刚度矩阵和质量矩阵建模，移动质量沿变截面悬臂梁做匀速运动的时变特征规律；炮身大质量系统-摇架变截面结构的时变刚度矩阵和质量矩阵建模、移动分布载荷建模、炮身与摇架的时变间隙及刚度建模等，火炮发射时炮身大位移后坐的时变特征规律。

1.3.2 火炮时变模态特性

对火炮炮身后坐引起的时变模态特性进行分析，将炮身简化成轴向变速运动变截面梁处理，并将炮身与炮架之间的作用关系简化成弹性支撑，考虑炮身后坐过程中存在急剧变化的后坐加速度和轴向载荷，建立轴向变速运动弯曲梁的控制方程、动力刚度矩阵和有限元模型，作为进一步描述炮身后坐时变模态特性的理论基础。通过基于谱元法的辨识模型，确定炮身的边界条件，最终建立炮身大位移后坐动力刚度矩阵模型，并通过 Wittrick-Williams 算法进行模态特性的数值求解，探讨炮身后坐位移、速度、加速度以及轴向载荷对模态特性的影响规律。

1.3.3 火炮时变力学数值计算方法

火炮高速时变力学的数学模型用带有时变系数的偏微分方程来描述，将偏微分方程在空间上用有限元进行离散，形成一组高度耦合、非线性、变系数的二阶常微分方程组，对该类方程组解的稳定性、收敛性和振荡性等的研究是非常复杂的数值计算问题。主要内容包括：位移和速度的多项式插值逼近算法、高效递推算法、不协调时间有限元算法的精度和稳定性及其在火炮时变力学中的应用；火炮时变力学的高阶精度与无条件稳定直接积分、时变参数高效迭代以及显式和隐式交叉的预报-校正等数值计算方法。

1.3.4 火炮时变力学特征的实验测试技术

火炮发射过程具有高温、高压、高速、高瞬态、强冲击等特点，一些复杂的时变特征如机构间隙、时变模态、时变刚度等直接采用机理建模和仿真研究的难度很大，需要进行理论建模复合测试和实验研究来获取火炮高速时变机理模型。通过系统基本机理指导下的测试研究，不仅可以归纳、整理火炮高速时变特征与瞬态响应规律，而且通过实验结果对火炮高速时变力学的理论模型进行验证/修正，使火炮高速时变力学理论不断得到提升和完善。主要研究内容包括：移动质量匀速运动时变实验系统与实验研究、火炮大位移后坐模拟实验系统与实验研究、非接触式火炮高速时变力学参数的测试理论与技术。

第 2 章　移动载荷沿梁大位移运动系统的时变力学

火炮发射过程具有高温、高压、高速、高瞬态、强冲击等复杂特点，影响火炮发射动力学响应的因素多而繁杂，在中大口径榴弹炮发射过程中，相对小口径火炮、坦克炮等后坐位移较小的情况，炮身做大位移后坐运动使得时变效应更为突出。本章作为对火炮时变力学模型研究的初步探讨，将炮身简化为移动质量，摇架处理成弯曲梁，建立移动质量沿梁大位移运动系统的时变力学模型，通过数值计算讨论移动质量的质量、速度、加速度对系统动态响应的影响规律，并进行相应的时变力学实验测试研究，通过对比数值结果与实验数据，验证所建立时变力学模型的有效性和正确性。

2.1　移动载荷沿梁大位移运动系统的时变力学方程

在研究移动载荷沿梁大位移运动的时变力学问题时，一般采用三种类型的力学模型来模拟，包括移动力模型(moving force)、移动质量模型(moving mass)和移动弹簧-阻尼-质量系统模型(moving oscillator)。本节根据 Euler-Bernoulli 梁和有限元理论，分别推导了移动力、移动质量、移动弹簧-质量沿梁大位移运动的时变力学方程，通过算例对三种模型的计算结果进行了对比分析。

2.1.1　移动力沿梁大位移运动系统的时变力学方程

Euler-Bernoulli 梁动力学控制方程可以表示为

$$\rho A\frac{\partial^2 u(x,t)}{\partial t^2}+C\frac{\partial u(x,t)}{\partial t}+EI\frac{\partial^4 u(x,t)}{\partial x^4}=f(x,t) \tag{2.1}$$

其中，ρA 表示弯曲梁的单位长度质量；EI 表示弯曲梁的弯曲刚度；$u(x,t)$ 表示弯曲梁上坐标 x 处在 t 时刻的挠度；$f(x,t)$ 表示在 t 时刻作用在弯曲梁上坐标 x 处的载荷。

如图 2.1 所示，移动力模型不计移动载荷沿梁运动引起的惯性力，只考虑移动载荷的大小，式(2.1)中载荷表示为

$$f(x,t)=\delta(x-s(t))P \tag{2.2}$$

其中，$\delta(\bullet)$ 为 Dirac 函数；P 为移动载荷的大小；$s(t)$ 为移动载荷的运动规律。

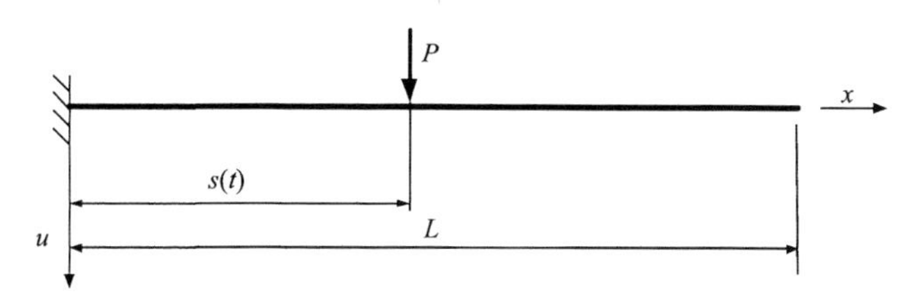

图 2.1　移动力模型

选取 Hermite 形函数建立 Euler-Bernoulli 梁单元，满足：

$$u(x,t)=\boldsymbol{N}\boldsymbol{w} \tag{2.3}$$

其中，$\boldsymbol{N}=\begin{bmatrix}N_1 & N_2 & N_3 & N_4\end{bmatrix}$。$N_1=1-3\xi^2+2\xi^3$，$N_2=\left(\xi-2\xi^2+\xi^3\right)l$，$N_3=3\xi^2-2\xi^3$，$N_4=\left(-\xi^2+\xi^3\right)l$，$\xi=x/l$，$l$ 是 Euler-Bernoulli 梁单元的长度。单元自由度向量 $\boldsymbol{w}^e=\begin{bmatrix}u_1 & \theta_1 & u_2 & \theta_2\end{bmatrix}^{\mathrm{T}}$。

移动力作用下弯曲梁的有限元方程可以写成：

$$\boldsymbol{M}\ddot{\boldsymbol{w}}+\boldsymbol{C}\dot{\boldsymbol{w}}+\boldsymbol{K}\boldsymbol{w}=\boldsymbol{F} \tag{2.4}$$

其中，$\boldsymbol{M}$、$\boldsymbol{C}$、$\boldsymbol{K}$、$\boldsymbol{F}$ 是 Euler-Bernoulli 梁的质量矩阵、阻尼矩阵、刚度矩阵和移动力作用产生的载荷向量。

$$\boldsymbol{M}^e=\int_0^l \boldsymbol{N}^{\mathrm{T}}\rho A\boldsymbol{N}\mathrm{d}x \tag{2.5}$$

$$\boldsymbol{C}^e=\int_0^l \boldsymbol{N}^{\mathrm{T}}C\boldsymbol{N}\mathrm{d}x \tag{2.6}$$

$$\boldsymbol{K}^e=\int_0^l\left(\frac{\mathrm{d}^2\boldsymbol{N}}{\mathrm{d}x^2}\right)^{\mathrm{T}}EI\left(\frac{\mathrm{d}^2\boldsymbol{N}}{\mathrm{d}x^2}\right)\mathrm{d}x \tag{2.7}$$

$$\boldsymbol{F}^e=\int_0^l f(x,t)\boldsymbol{N}^{\mathrm{T}}\mathrm{d}x=Mg\boldsymbol{N}^{\mathrm{T}} \tag{2.8}$$

以等截面 Euler-Bernoulli 梁为例，单元系数矩阵分别为

$$\boldsymbol{M}^e=\frac{ml}{420}\begin{bmatrix}156 & 22l & 54 & -13l\\ 22l & 4l^2 & 13l & -3l^2\\ 54 & 13l & 156 & -22l\\ -13l & -3l^2 & -22l & 4l^2\end{bmatrix} \tag{2.9}$$

$$\boldsymbol{C}^e = \frac{Cl}{420}\begin{bmatrix} 156 & 22l & 54 & -13l \\ 22l & 4l^2 & 13l & -3l^2 \\ 54 & 13l & 156 & -22l \\ -13l & -3l^2 & -22l & 4l^2 \end{bmatrix} \tag{2.10}$$

$$\boldsymbol{K}^e = \frac{EI}{l^3}\begin{bmatrix} 12 & 6l & -12 & 6l \\ 6l & 4l^2 & -6l & 2l^2 \\ -12 & -6l & 12 & -6l \\ 6l & 2l^2 & -6l & 4l^2 \end{bmatrix} \tag{2.11}$$

由式(2.4)可以看出，移动力模型是一个具有常系数矩阵的二阶常微分方程组。由于移动力模型没有考虑移动载荷的惯性影响，只计及移动载荷的作用位置随时间变化的时变因素，在数学形式上是一个时不变力学模型。

2.1.2 移动质量沿梁大位移运动系统的时变力学方程

如图 2.2 所示，移动质量模型中，移动质量作用在弯曲梁上，弯曲梁所受到的外载荷表示为

$$\begin{aligned} f(x,t) &= \delta(x-s(t))\left(Mg - M\left.\frac{\mathrm{d}^2 u(x,t)}{\mathrm{d}t^2}\right|_{x=s(t)}\right) \\ &= \delta(x-s(t))M\left\{g - \left[u_{tt} + 2u_{xt}\dot{s}(t) + u_{xx}\left(\dot{s}(t)\right)^2 + u_t\ddot{s}(t)\right]\right\} \end{aligned} \tag{2.12}$$

其中，$\delta(\cdot)$为 Dirac 函数；M 为移动载荷的质量；$s(t)$为移动载荷的运动规律。大括号中第一项为移动载荷的重力加速度，后四项均是移动载荷惯性项，分别表示梁的牵连加速度、科氏加速度、向心加速度和加速度法向分量。

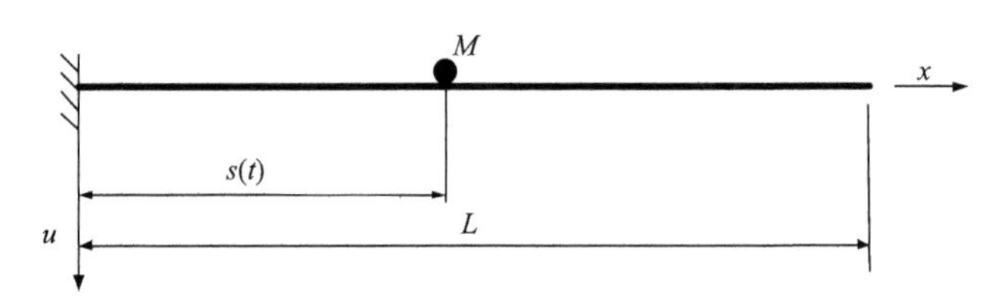

图 2.2 移动质量模型

对于式(2.12)的处理，可用移动载荷前一个时刻的运动状态近似地作为这一时刻的运动状态，计算这一时刻的载荷向量，只要步长适当的小，可以保证精度。为了寻求更精确的模型，将载荷向量分解为质量矩阵、阻尼矩阵、刚度矩阵的附加矩阵与移动质量自重引起的载荷向量。这种方法得到的附加矩阵是时变的，从

而获得具有时变系数矩阵的动力学方程。需要说明的是，除对应移动质量直接作用单元节点自由度的元素为非零元素外，附加矩阵的元素大多数是零。

当移动质量运动到第 i 个单元上时，根据单元的形函数插值得到单元上任意一点的挠度为 $u(x,t)=\boldsymbol{N}_i\boldsymbol{w}_i$ ，对该式进行处理得到：

$$\frac{\partial u}{\partial x}=\frac{\mathrm{d}\boldsymbol{N}_i}{\mathrm{d}x}\boldsymbol{w}_i \tag{2.13}$$

$$\frac{\partial^2 u}{\partial x^2}=\frac{\mathrm{d}^2\boldsymbol{N}_i}{\mathrm{d}x^2}\boldsymbol{w}_i \tag{2.14}$$

$$\frac{\partial^2 u}{\partial t^2}=\boldsymbol{N}_i\ddot{\boldsymbol{w}}_i \tag{2.15}$$

$$\frac{\partial^2 u}{\partial x\partial t}=\frac{\mathrm{d}\boldsymbol{N}_i}{\mathrm{d}x}\dot{\boldsymbol{w}}_i \tag{2.16}$$

将上述各式代入式(2.12)，得到单元载荷向量为

$$\begin{aligned}\boldsymbol{F}^e=&Mg\boldsymbol{N}_i^{\mathrm{T}}-M\boldsymbol{N}_i^{\mathrm{T}}\boldsymbol{N}_i\ddot{\boldsymbol{w}}_i-2M\dot{s}(t)\boldsymbol{N}_i^{\mathrm{T}}\frac{\mathrm{d}\boldsymbol{N}_i}{\mathrm{d}x}\dot{\boldsymbol{w}}_i\\&-\left[M\left(\dot{s}(t)\right)^2\boldsymbol{N}_i^{\mathrm{T}}\frac{\mathrm{d}^2\boldsymbol{N}_i}{\mathrm{d}x^2}+M\ddot{s}(t)\boldsymbol{N}_i^{\mathrm{T}}\frac{\mathrm{d}\boldsymbol{N}_i}{\mathrm{d}x}\right]\boldsymbol{w}_i\end{aligned} \tag{2.17}$$

移动质量直接作用单元对应附加系数矩阵形式为

$$\bar{\boldsymbol{M}}^e=M\boldsymbol{N}_i^{\mathrm{T}}\boldsymbol{N}_i \tag{2.18}$$

$$\bar{\boldsymbol{K}}^e=M\left(\dot{s}(t)\right)^2\boldsymbol{N}_i^{\mathrm{T}}\frac{\mathrm{d}^2\boldsymbol{N}_i}{\mathrm{d}s^2}+M\ddot{s}(t)\boldsymbol{N}_i^{\mathrm{T}}\frac{\mathrm{d}\boldsymbol{N}_i}{\mathrm{d}s} \tag{2.19}$$

载荷向量为

$$\bar{\boldsymbol{F}}^e=Mg\boldsymbol{N}_i^{\mathrm{T}} \tag{2.20}$$

其他没有与移动质量直接作用的单元对应的附加系数矩阵为零矩阵，对应的载荷向量也为零向量。

利用“对号入座”的方法组装所有单元的质量、阻尼和刚度的附加矩阵，得到弯曲梁整体附加矩阵 $\bar{\boldsymbol{M}}$、$\bar{\boldsymbol{C}}$、$\bar{\boldsymbol{K}}$ ，这三个附加矩阵均是随时间变化的。

得到移动质量模型的时变力学方程为

$$\left(\boldsymbol{M}+\bar{\boldsymbol{M}}\right)\ddot{\boldsymbol{w}}+\left(\boldsymbol{C}+\bar{\boldsymbol{C}}\right)\dot{\boldsymbol{w}}+\left(\boldsymbol{K}+\bar{\boldsymbol{K}}\right)\boldsymbol{w}=\bar{\boldsymbol{F}} \tag{2.21}$$

其中，$\boldsymbol{M}$、$\boldsymbol{C}$、$\boldsymbol{K}$、$\bar{\boldsymbol{F}}$ 的形式与移动力模型的系数矩阵一样，只是增加了时变附加矩阵 $\bar{\boldsymbol{M}}$、$\bar{\boldsymbol{C}}$、$\bar{\boldsymbol{K}}$ 。

由式(2.21)可以看出，由于考虑了移动载荷惯性影响，所建立的模型是具有时变系数矩阵的二阶常微分方程组，移动质量模型是一个时变力学模型。

2.1.3 移动弹簧-质量沿梁大位移运动系统的时变力学方程

移动质量模型中假设移动载荷与弯曲梁之间具有双面约束的运动关系，为了研究移动载荷与弯曲梁之间的相互作用关系，建立移动弹簧-质量沿梁大位移运动的时变力学模型。

如图 2.3 所示，移动质量 M 通过弹簧阻尼系统与弯曲梁相互作用，弯曲梁所受到的载荷表示为

$$f(x,t)=\delta(x-s(t))\left\{\bar{k}\left[z(t)-u(x,t)\big|_{x=s(t)}\right]+\bar{c}\left[\dot{z}(t)-\frac{\mathrm{d}u(x,t)}{\mathrm{d}t}\bigg|_{x=s(t)}\right]\right\} \tag{2.22}$$

其中，$\delta(\cdot)$ 为 Dirac 函数；$s(t)$ 为移动载荷的运动规律；$z(t)$ 为质量块的竖向位移；$u(x,t)$ 表示弯曲梁 x 处 t 时刻的竖向位移，第二个中括号中两项为弹簧阻尼系统的作用力。

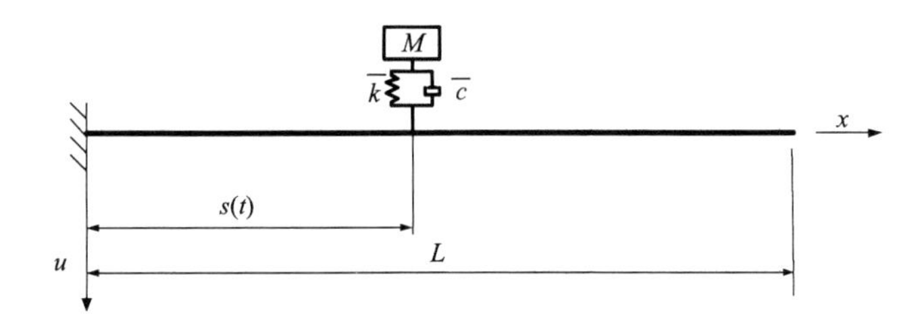

图 2.3 移动弹簧-质量模型

质量块 M 上的平衡方程为

$$M\ddot{z}(t)+\bar{c}\left[\dot{z}(t)-\frac{\mathrm{d}u(x,t)}{\mathrm{d}t}\bigg|_{x=s(t)}\right]+\bar{k}\left[z(t)-u(x,t)\big|_{x=s(t)}\right]=Mg \tag{2.23}$$

将式(2.13)～式(2.16)代入式(2.22)，得到移动弹簧-质量系统运动到弯曲梁第 i 个单元上时相应的外载荷向量：

$$\begin{aligned}\boldsymbol{F}_i^e&=\int_0^l f(x,t)\boldsymbol{N}^{\mathrm{T}}\mathrm{d}x\\&=\bar{k}\boldsymbol{N}^{\mathrm{T}}z(t)-\bar{k}\boldsymbol{N}^{\mathrm{T}}\boldsymbol{N}\boldsymbol{w}_i+\bar{c}\boldsymbol{N}^{\mathrm{T}}\dot{z}(t)\\&\quad-\bar{c}\boldsymbol{N}^{\mathrm{T}}\boldsymbol{N}\dot{\boldsymbol{w}}_i-\bar{c}\dot{s}(t)\boldsymbol{N}^{\mathrm{T}}\frac{\mathrm{d}\boldsymbol{N}}{\mathrm{d}s}\boldsymbol{w}_i\end{aligned} \tag{2.24}$$

将质量块 M 上的平衡方程整理得

$$M\ddot{z}(t)+\bar{c}\dot{z}(t)+\bar{k}z(t)=Mg+\bar{k}\boldsymbol{N}_i\boldsymbol{w}_i+\bar{c}\boldsymbol{N}_i\dot{\boldsymbol{w}}_i+\bar{c}\dot{s}(t)\frac{\mathrm{d}\boldsymbol{N}_i}{\mathrm{d}s}\boldsymbol{w}_i \tag{2.25}$$

为了便于数值求解，综合式(2.24)和式(2.25)，利用“对号入座”的方法组装各个系数矩阵，获得移动弹簧-质量系统的动力学方程为

$$\tilde{\boldsymbol{M}}\ddot{\boldsymbol{p}}+\tilde{\boldsymbol{C}}\dot{\boldsymbol{p}}+\tilde{\boldsymbol{K}}\boldsymbol{p}=\tilde{\boldsymbol{F}} \tag{2.26}$$

其中，$\boldsymbol{p}=\left[\boldsymbol{w}^{\mathrm{T}},z\right]^{\mathrm{T}}$是系统的整体自由度向量，与弯曲梁的自由度向量$\boldsymbol{w}$相比，多了一个自由度，即质量块的竖向位移$z(t)$。式(2.26)中的所有系数矩阵也比弯曲梁自由振动方程的系数矩阵多了一维。

各个系数矩阵形式如下：

$$\tilde{\boldsymbol{M}}=\begin{bmatrix}\boldsymbol{M}_B & 0\\ 0 & M\end{bmatrix} \tag{2.27}$$

$$\tilde{\boldsymbol{C}}=\begin{bmatrix}\boldsymbol{C}_B+\bar{\boldsymbol{C}} & \boldsymbol{c}_2\\ \boldsymbol{c}_1^{\mathrm{T}} & \bar{c}\end{bmatrix} \tag{2.28}$$

$$\tilde{\boldsymbol{K}}=\begin{bmatrix}\boldsymbol{K}_B+\bar{\boldsymbol{K}} & \boldsymbol{k}_2\\ \boldsymbol{k}_1^{\mathrm{T}} & \bar{k}\end{bmatrix} \tag{2.29}$$

其中，$\bar{\boldsymbol{C}}$和$\bar{\boldsymbol{K}}$分别为弯曲梁单元的附加阻尼矩阵和附加刚度矩阵；$\boldsymbol{c}_1$、$\boldsymbol{c}_2$和$\boldsymbol{k}_1$、$\boldsymbol{k}_2$为附加阻尼向量和附加刚度向量，只有移动载荷直接作用单元对应的附加矩阵和附加向量不为零。移动质量直接作用单元对应的附加矩阵和附加向量形式为

$$\bar{\boldsymbol{C}}^e=\bar{c}\boldsymbol{N}^{\mathrm{T}}\boldsymbol{N} \tag{2.30}$$

$$\bar{\boldsymbol{K}}^e=\bar{k}\boldsymbol{N}^{\mathrm{T}}\boldsymbol{N}+\bar{c}\dot{s}(t)\boldsymbol{N}^{\mathrm{T}}\frac{\mathrm{d}\boldsymbol{N}}{\mathrm{d}x} \tag{2.31}$$

$$\boldsymbol{c}_1^{\ e}=-\bar{c}\boldsymbol{N} \tag{2.32}$$

$$\boldsymbol{c}_2^{\ e}=-\bar{c}\boldsymbol{N}^{\mathrm{T}} \tag{2.33}$$

$$\boldsymbol{k}_1^{\ e}=-\bar{k}\boldsymbol{N}-\bar{c}\dot{s}(t)\frac{\mathrm{d}\boldsymbol{N}}{\mathrm{d}x} \tag{2.34}$$

$$\boldsymbol{k}_2^{\ e}=-\bar{k}\boldsymbol{N}^{\mathrm{T}} \tag{2.35}$$

载荷向量为

$$\tilde{\boldsymbol{F}}=\left[\boldsymbol{F}^{\mathrm{T}},Mg\right]^{\mathrm{T}} \tag{2.36}$$

其中，$\boldsymbol{F}$为只计及弯曲梁自重的载荷向量。

式(2.26)是一个具有时变系数矩阵的二阶常微分方程组，移动弹簧-质量沿梁大位移运动的动力学方程属于一种时变力学模型。

移动载荷问题的三种模型对比如表 2.1 所示。移动载荷系统中的时变效应主要由移动载荷的惯性力引起，移动质量模型和移动弹簧-质量模型通过不同的方式

考虑了移动载荷惯性力的影响，这两种模型都是时变力学模型。

表 2.1 移动载荷问题模型的对比

模型名称	是否时变力学系统	模型中的假设
移动力模型	否	不计移动载荷的惯性力
移动质量模型	是	考虑移动载荷惯性力，并假设移动载荷与支撑梁接触的位置为双面约束
移动弹簧-质量模型	是	考虑移动载荷惯性力，移动载荷与支撑梁之间的耦合运动关系通过弹簧阻尼连接实现

2.2 变截面梁有限元离散技术

考虑到实际结构大部分都是变截面的，因此需要研究变截面有限元离散技术。如图 2.4 和图 2.5 所示，假设变截面增加高度 z，设该截面的质心距上方距离为 y，则需要确定 y 和 z 的关系。

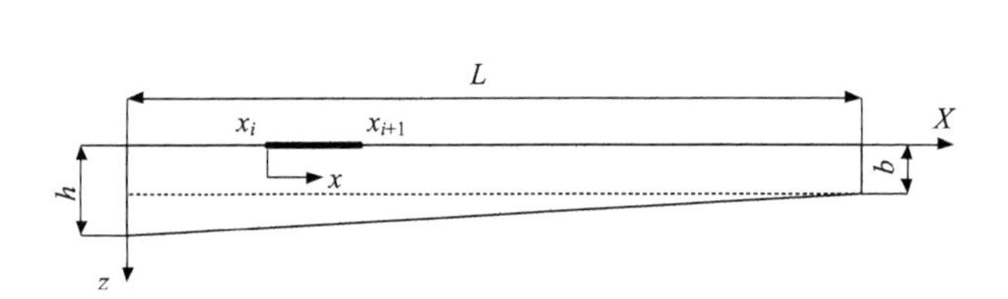

图 2.4 直线变截面梁

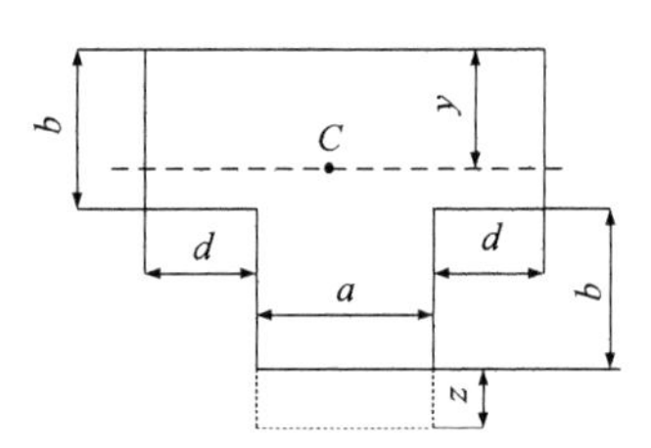

图 2.5 横截面的几何示意图

横截面的面积为

$$A = b(a+2d) + a(b+z) = c + az \tag{2.37}$$

其中，$c = 2b(a+d)$。

横截面的质心高度为

$$y = \frac{a_2 z^2 + a_1 z + a_0}{c + az} \tag{2.38}$$

其中，$a_0 = \dfrac{b}{2}(A_1 + 3A_2)$；$a_1 = 2A_2$；$a_2 = \dfrac{a}{2}$。$A_1 = b(a+2d)$，$A_2 = ab$。

横截面对质心的惯性矩为

$$I_x = \frac{a+2d}{3}\left[y^3 + (b-y)^3\right] + \frac{a}{3}\left[(2b+z-y)^3 - (b-y)^3\right] \tag{2.39}$$

设变截面梁的密度为 ρ，则单位长度的质量为

$$m=\rho(c+az) \tag{2.40}$$

假设变截面有两种形式：截面中心分别沿直线和抛物线变化。将变截面梁分为 N 等份，则每个单元长度为：$l=L/N$，第 i 个节点的坐标为：$x_i=(i-1)l,\ i=1,2,\cdots,N+1$。对第 i 单元，两个节点之间的任意一点坐标 x 和 q 的关系为：$q=x+x_i$。

2.2.1 按直线规律变化的变截面梁

如图 2.4 所示，变截面梁按直线规律变化。推导得

$$y=\frac{a_2h_1^2\left(1-\frac{x+x_i}{L}\right)^2+a_1h_1\left(1-\frac{x+x_i}{L}\right)+a_0}{c+ah_1\left(1-\frac{x+x_i}{L}\right)} \tag{2.41}$$

$$m_x=\rho\left[c+ah_1\left(1-\frac{x+x_i}{L}\right)\right] \tag{2.42}$$

$$\begin{aligned}I_x=\frac{a+2d}{3}&\left\{\left[\frac{a_2h_1^2\left(1-\frac{x+x_i}{L}\right)^2+a_1h_1\left(1-\frac{x+x_i}{L}\right)+a_0}{c+ah_1\left(1-\frac{x+x_i}{L}\right)}\right]^3\right.\\&\left.+\left[b-\frac{a_2h_1^2\left(1-\frac{x+x_i}{L}\right)^2+a_1h_1\left(1-\frac{x+x_i}{L}\right)+a_0}{c+ah_1\left(1-\frac{x+x_i}{L}\right)}\right]^3\right\}\\&+\frac{a}{3}\left\{\left\{2b+h_1\left(1-\frac{x+x_i}{L}\right)-\left[\frac{a_2h_1^2\left(1-\frac{x+x_i}{L}\right)^2+a_1h_1\left(1-\frac{x+x_i}{L}\right)+a_0}{c+ah_1\left(1-\frac{x+x_i}{L}\right)}\right]\right\}^3\right.\\&\left.-\left[b-\frac{a_2h_1^2\left(1-\frac{x+x_i}{L}\right)^2+a_1h_1\left(1-\frac{x+x_i}{L}\right)+a_0}{c+ah_1\left(1-\frac{x+x_i}{L}\right)}\right]^3\right\}\end{aligned} \tag{2.43}$$

梁单元质量矩阵和刚度矩阵为

$$\boldsymbol{M}_u^e = \int_0^l \boldsymbol{N}_u{}^{\mathrm{T}} m(l\xi) l \boldsymbol{N}_u \mathrm{d}\xi = l\int_0^l \boldsymbol{N}_u{}^{\mathrm{T}} m(l\xi) \boldsymbol{N}_u \mathrm{d}\xi = \begin{bmatrix} m_{11} & m_{12} & m_{13} & m_{14} \\ m_{21} & m_{22} & m_{23} & m_{24} \\ m_{31} & m_{32} & m_{33} & m_{34} \\ m_{41} & m_{42} & m_{43} & m_{44} \end{bmatrix} \tag{2.44}$$

$$\begin{aligned} \boldsymbol{K}_u^e &= \int_0^l \left(\frac{\mathrm{d}^2 \boldsymbol{N}_u}{\mathrm{d}x^2}\right)^{\mathrm{T}} EI(x) \left(\frac{\mathrm{d}^2 \boldsymbol{N}_u}{\mathrm{d}x^2}\right) \mathrm{d}x \frac{E}{l^3} \int_0^l \left(\frac{\mathrm{d}^2 \boldsymbol{N}_u}{\mathrm{d}\xi^2}\right)^{\mathrm{T}} I(l\xi) \left(\frac{\mathrm{d}^2 \boldsymbol{N}_u}{\mathrm{d}\xi^2}\right) \mathrm{d}\xi \\ &= \begin{bmatrix} k_{11} & k_{12} & k_{13} & k_{14} \\ k_{21} & k_{22} & k_{23} & k_{24} \\ k_{31} & k_{32} & k_{33} & k_{34} \\ k_{41} & k_{42} & k_{43} & k_{44} \end{bmatrix} \end{aligned} \tag{2.45}$$

其中，$\boldsymbol{N}_u = \begin{bmatrix} N_{u1} & N_{u2} & N_{u3} & N_{u4} \end{bmatrix}$，$N_{u1} = 1 - 3\zeta^2 + 2\zeta^3$，$N_{u2} = \left(\zeta - 2\zeta^2 + \zeta^3\right) l$，$N_{u3} = 3\zeta^2 - 2\zeta^3$，$N_{u4} = \left(-\zeta^2 + \zeta^3\right) l$，$\zeta = x / l$。

梁单元质量矩阵部分元素：

$$m_{11} = \frac{\rho l}{35L}\left(26bdL + a\left\{h\left[13\left(L - x_i\right) - 3l\right] + b\left[13\left(L + x_i\right) + 3l\right]\right\}\right) \tag{2.46}$$

$$m_{34} = -\frac{\rho l^2}{420L}\left(44bdL + a\left\{h\left[22\left(L - x_i\right) - 15l\right] + b\left[22\left(L + x_i\right) + 15l\right]\right\}\right) \tag{2.47}$$

$$m_{44} = \frac{\rho l^3}{840L}\left(16bdL + a\left\{h\left[8\left(L - x_i\right) - 5l\right] + b\left[8\left(L + x_i\right) + 5l\right]\right\}\right) \tag{2.48}$$

刚度矩阵的 k_{11} 为

$$\begin{aligned} k_{11} = & -432b^4(a^4 + a^3 d - ad^3 - d^4)L(4bdL + a(-(h(l - 2L + 2x_i)) + b(l + 2(L + x_i))))^2 \\ & \lg(2bdL + a(h(L - x_i) + b(L + x_i))) / (a^5(b - h)^3 l^3) + (3(a(b - h)l(23040b^5 d^5 L^5 \\ & -120a^3 b^2 d^2 L^2 (b^3(l^3 + 192L^3 - 2l^2(L - x_i)) - 3b^2 h l^2 (l - 2L + 2x_i) + 3bh^2 l^2 (l - 2L \\ & +2x_i) - h^3 l^2 (l - 2L + 2x_i)) + 5760ab^4 d^4 L^4 (-(h(l - 2L + 2x_i)) + b(l + 6L + 2x_i)) \\ & +480a^2 b^3 d^3 L^3 (h^2 l^2 - 2bh(l^2 + 6lL + 12L(-L + x_i)) + b^2(l^2 + 12lL + 24L(L + x_i))) \\ & +8a^4 bdL(3h^4 l^2 (2l^2 - 5l(L - x_i) + 5(L - x_i)^2) + b^2 h^2 l^2 (36l^2 - 45lL + 20L^2 + 90lx_i \\ & -90Lx_i + 90x_i^2) - 3bh^3 l^2 (8l^2 - 5l(3L - 4x_i) + 10(L^2 - 3Lx_i + 2x_i^2)) + b^4(6l^4 - \\ & 720lL^3 + 15l^3 x_i - 1440L^3(3L + x_i) + 5l^2(L^2 + 3x_i^2)) + b^3 h(-24l^4 + 720lL^3 + \\ & 15l^3(L - 4x_i) - 1440L^3(L - x_i) - 10l^2(L^2 - 3Lx_i + 6x_i^2))) + a^5(-(h^5 l^2 (7l^3 \\ & -24l^2(L - x_i) + 30l(L - x_i)^2 - 20(L - x_i)^3)) + b^5(7l^5 - 5760lL^4 + 24l^4(L + x_i) \end{aligned}$$

$$-11520L^4(L+x_i)+30l^3(L+x_i)^2+20l^2(L+x_i)^3)+bh^4l^2(35l^3-24l^2(3L-5x_i)$$
$$+20(L-x_i)^2(L+5x_i)+30l(L^2-6Lx_i+5x_i^2))-b^4h(35l^5-5760lL^4+11520L^4(L$$
$$-xi)-20l^2(L-5x_i)(L+x_i)^2+24l^4(3L+5x_i)+30l^3(L^2+6Lx_i+5x_i^2))+2b^3h^2l^2(35l^3$$
$$+24l^2(L+5x_i)-30l(L^2-2Lx_i-5x_i^2)-20(L^3+3L^2x_i-3Lx_i^2-5x_i^3))-2b^2h^3l^2(35l^3$$
$$-24l^2(L-5x_i)-30l(L^2+2Lx_i-5x_i^2)+20(L^3-3L^2x_i-3Lx_i^2+5x_i^3))))+2880b^4(a^4$$
$$+a^3d-ad^3-d^4)L^4(4bdL+a(-(h(l-2L+2x_i))+b(l+2(L+x_i))))^2\lg(2bdL$$
$$+a(-(h(l-L+x_i))+b(l+L+x_i)))))/(20a^5(b-h)^3l^3L^3)$$

（2.49）

2.2.2　按抛物线规律变化的变截面梁

如图 2.6 所示，变截面梁按抛物线规律变化。

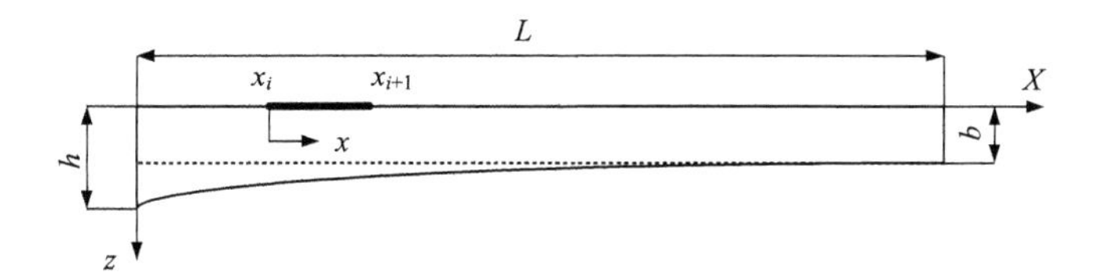

图 2.6　抛物线变截面梁

第 i 单元上任意点处的 z 为

$$z=h_1\left(\frac{x+x_i}{L}-1\right)^2 \tag{2.50}$$

推导得

$$y=\frac{a_2h_1^2\left(\frac{x+x_i}{L}-1\right)^4+a_1h_1\left(\frac{x+x_i}{L}-1\right)^2+a_0}{c+ah_1\left(\frac{x+x_i}{L}-1\right)^2} \tag{2.51}$$

$$I_x=\frac{a+2d}{3}\left\{\left[\frac{a_2h_1^2\left(\frac{x+x_i}{L}-1\right)^4+a_1h_1\left(\frac{x+x_i}{L}-1\right)^2+a_0}{c+ah_1\left(\frac{x+x_i}{L}-1\right)^2}\right]^3\right.$$

$$+\left[b-\frac{a_2h_1^2\left(\frac{x+x_i}{L}-1\right)^4+a_1h_1\left(\frac{x+x_i}{L}-1\right)^2+a_0}{c+ah_1\left(\frac{x+x_i}{L}-1\right)^2}\right]^3\Bigg\}$$

$$+\frac{a}{3}\Bigg\{\left[2b+h_1\left(\frac{x+x_i}{L}-1\right)^2-\frac{a_2h_1^2\left(\frac{x+x_i}{L}-1\right)^4+a_1h_1\left(\frac{x+x_i}{L}-1\right)^2+a_0}{c+ah_1\left(\frac{x+x_i}{L}-1\right)^2}\right]^3$$

$$-\left[b-\frac{a_2h_1^2\left(\frac{x+x_i}{L}-1\right)^4+a_1h_1\left(\frac{x+x_i}{L}-1\right)^2+a_0}{c+ah_1\left(\frac{x+x_i}{L}-1\right)^2}\right]^3\Bigg\} \tag{2.52}$$

$$m=\rho\left[c+ah_1\left(\frac{x+x_i}{L}-1\right)^2\right] \tag{2.53}$$

将式(2.53)代入式(2.44)得到质量矩阵，部分质量矩阵元素：

$$m_{11}=\frac{\rho l}{630L^2}\left(468bdL^2+a\left\{468bL^2+h_1\left[19l^2-108l(L-x_i)+234(L-x_i)^2\right]\right\}\right) \tag{2.54}$$

$$m_{12}=\frac{\rho l^2}{2520L^2}\left(264bdL^2+a\left\{264bL^2+h_1\left[17l^2-84l(L-x_i)+132(L-x_i)^2\right]\right\}\right) \tag{2.55}$$

$$m_{34}=\frac{-\rho l^2}{2520L^2}\left(264bdL^2+a\left\{264bL^2+h_1\left[65l^2-180l(L-x_i)+132(L-x_i)^2\right]\right\}\right) \tag{2.56}$$

$$m_{44}=\frac{\rho l^3}{1260L^2}\left(24bdL^2+a\left\{24bL^2+h_1\left[5l^2-15l(L-x_i)+12(L-x_i)^2\right]\right\}\right) \tag{2.57}$$

将式(2.52)代入式(2.45)得到刚度矩阵。

2.3 移动载荷沿梁大位移运动系统的时变力学特征规律

根据前述移动载荷沿梁大位移运动的时变力学模型，选取 Newmark-β 法作为数值求解算法，通过数值计算的方法获得时变力学响应规律。为了验证时变力学模型的正确性，首先选取文献[2]报道的简支梁算例，分别利用三种时变力学模型进行数值计算，并进行对比分析。在此基础上，对移动载荷沿悬臂梁大位移运动的时变力学进行了数值计算与分析[60]。

2.3.1　移动载荷沿简支梁大位移运动系统的时变力学数值模拟

不计摩擦影响，取简支梁的长度为 L=1m，截面面积为 1cm×1cm，密度 ρ=10000kg/m^3，弹性模量 E=330.293GPa，移动质量 M=1.2kg，以 10m/s 的速度匀速作用在等截面的简支梁上。此算例与文献[2]采用的参数相同，弹簧刚度取 1×10^{8}N/mm，不计阻尼效应。

将简支梁划分为 50 个网格，共 51 个节点，分别利用移动力模型、移动质量模型和移动弹簧-质量模型进行数值计算。图 2.7 中比较了移动力模型、移动质量模型、移动弹簧-质量模型和 ABAQUS 有限元模型的数值计算结果。

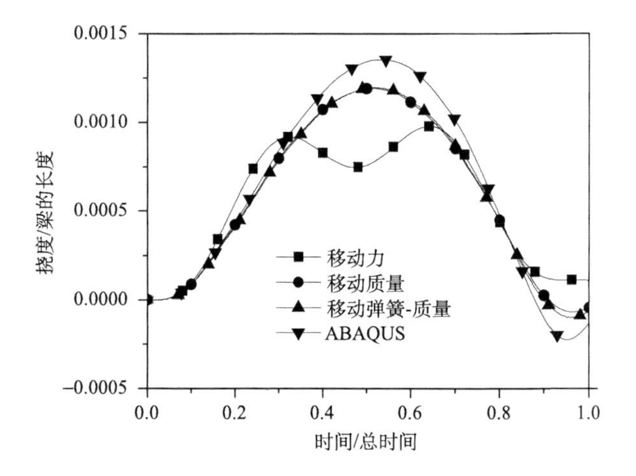

图 2.7　简支梁跨中位置挠度响应曲线对比

表 2.2 中对比了各个模型计算挠度幅值以及文献[2]的结果，其中相对误差以文献[2]结果为基准。

表 2.2　不同模型中简支梁跨中位置挠度幅值的对比

模型名称	挠度幅值/mm	相对误差/%
移动力模型	0.98	−16.9
移动质量模型	1.19	0.8
移动弹簧-质量模型	1.21	2.5
ABAQUS 有限元模型	1.35	14.4
文献[2]	1.18	—

可以看出移动质量模型和移动弹簧-质量模型的结果与文献结果比较接近，主要是因为这两种模型通过不同的数学形式，均考虑了移动载荷惯性的影响。但是移动力模型与这两种模型相比，与文献结果相差较大，幅值相对误差达到16.9%，这主要是因为移动力模型没有考虑移动载荷的惯性对梁动态响应的影响，而“ABAQUS”曲线和表 2.2 中“ABAQUS”行，是在有限元软件 ABAQUS 中建立的移动质量与简支梁的实体单元，并定义移动质量与简支梁表面 Contact 关系的模型结果，与文献[2]的结果相比，有较大的误差，表明 ABAQUS 软件中的 Contact 关系只能粗略地描述移动载荷与简支梁耦合的问题。

2.3.2 移动质量沿悬臂梁大位移运动系统的时变力学响应规律

为了说明边界条件对移动质量模型动态响应的影响规律，本节对比了简支边界条件和悬臂边界条件下，移动质量沿梁大位移运动系统动态响应的计算结果。简支梁受到横向静力载荷作用时，跨中位置挠度最大，而悬臂梁在自由端挠度最大，因此，选取简支梁跨中位置挠度和悬臂梁自由端挠度为研究对象。

为了分析移动质量作用下弯曲梁的动态响应规律，引入移动质量速度系数：$\mathrm{SP}=v/v_{\mathrm{cr}}$。其中$v_{\mathrm{cr}}=\omega_1 L/\pi$，$\omega_1$为弯曲梁一阶弯曲模态对应的固有频率。

不同运动速度移动载荷作用下支撑梁的挠度响应规律如图 2.8 所示。图 2.8(a)中纵坐标取无量纲量$w(L/2,t)/w_{\mathrm{st}}(L/2)$，其中$w(L/2,t)$为简支梁跨中位置挠度，$w_{\mathrm{st}}(L/2)$为与移动质量相同质量的载荷作用在简支梁跨中位置时，简支梁跨中位置的挠度；图 2.8(b)中纵坐标取无量纲量$w(L,t)/w_{\mathrm{st}}(L)$，其中$w(L,t)$为悬臂梁自由端的挠度，$w_{st}(L)$为与移动质量相同质量的载荷作用在悬臂梁自由端时，悬臂梁自由端的挠度。

图 2.8(a)给出的挠度动态响应曲线是在移动质量的质量与支撑梁单位长度质量相等的前提下计算得到的，其中“Static”表示与移动质量相同质量的载荷静止作用在简支梁上表面时，简支梁跨中位置的竖向变形。另外，图 2.8(a)给出了不同速度系数移动质量作用下挠度响应的五种基本形式：当速度系数较小(“SP=0.1”)时，挠度的动态响应曲线在静态变形的基础上具有一定的波动，但是与静态变形相比，差别不大；随着速度系数增大(“SP=0.25”)，动态响应曲线出现两个峰值，但是最大值出现在运动的前半部分，并且动态响应的最大值与静态变形相比有了较大的差别；动态响应的最大值会随着速度系数增大，继续增加(“SP=0.5”)，同时峰值向运动的后半部分移动；当速度系数达到一定大小后，动态响应的峰值已经“移出”整个运动过程(“SP=1”)，其最大值发生在移动质量脱离简支梁的时刻；如果移动质量的速度系数继续增加，动态响应的最大值会

小于静态变形的最大值（“SP=2”）。

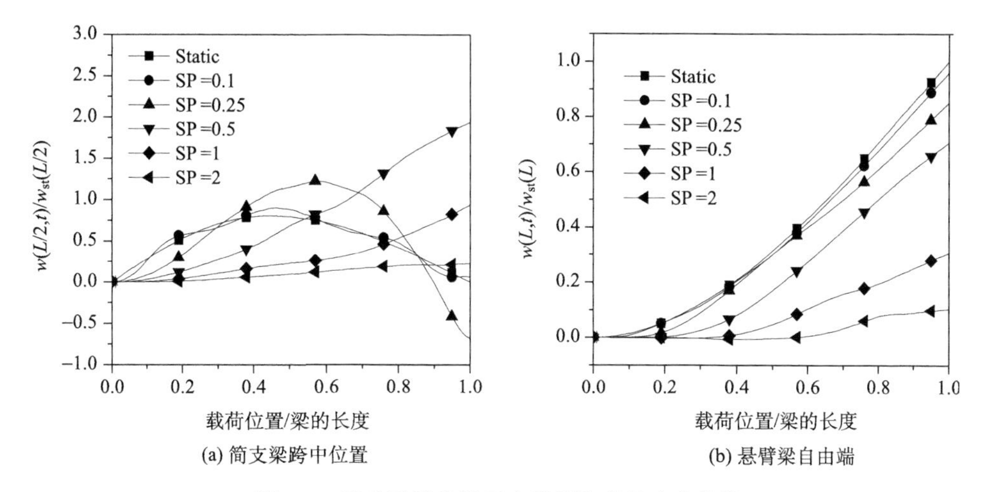

(a) 简支梁跨中位置　　(b) 悬臂梁自由端

图 2.8　移动质量作用下支撑梁挠度的响应曲线

与简支边界条件相比，移动质量作用下悬臂梁自由端的动态响应有很大差异。图 2.8(b)中，“Static”表示与移动质量相同质量的载荷静止作用在悬臂梁相应位置时，悬臂梁自由端的竖向位移。当速度系数较小（“SP=0.1”）时，挠度的动态响应曲线与静态变形曲线比较接近；随着速度系数增大（“SP=0.25”、“SP=0.5”），动态响应曲线与静态变形的差异越来越大；当速度系数达到一定大小后（“SP=1”、“SP=2”），动态响应曲线出现波动，其最大值在不断减小。

许多工程问题中关心动态响应的最大值，根据结构响应最大值进行刚强度校核，为了对移动质量作用下支撑梁挠度的最大值进行分析，引入以下无量纲量：

$$\text{移动质量质量系数：}\ \mathrm{MF}=\frac{M}{\rho A\times lm}$$

$$\text{挠度动载系数：}\ \mathrm{IF_w}=\frac{\max(w(L/2,t))}{w_{st}(L/2)}\ (\text{简支梁})$$

$$\mathrm{IF_w}=\frac{\max(w(L,t))}{w_{st}(L)}\ (\text{悬臂梁})$$

移动质量作用下支撑梁挠度的动载系数随移动质量速度变化规律如图 2.9 所示。“移动力”表示移动力模型的计算结果(不考虑移动质量的惯性力)，“移动质量 MF=0.5”、“移动质量 MF=1”和“移动质量 MF=2”分别为移动载荷质量系数取 0.5、1 和 2 时，按照移动质量作用下简支梁模型计算的动载系数变化规律。

如图 2.9(a)所示，移动质量作用下简支梁跨中位置挠度动载系数在移动质量的速度系数小于 0.2 时在小范围内波动，动态响应最大值与静态变形最大值比较接近。而随着移动质量速度的增加，动态响应最大值与静态变形最大值的差异越来越明显，而移动质量质量大小对动态响应最大值有显著的影响。如图 2.9(b)所示，移动质量作用下悬臂梁自由端挠度动态响应最大值，在移动质量的速度系数较小时也与静态变形最大值接近，然而随着移动质量速度的增加，动态响应最大值越来越小，同时移动质量质量大小对动态响应最大值有显著的影响。可以看出，当移动质量的质量和运动速度较大时，移动质量运动产生的时变效应均是不可忽略的。

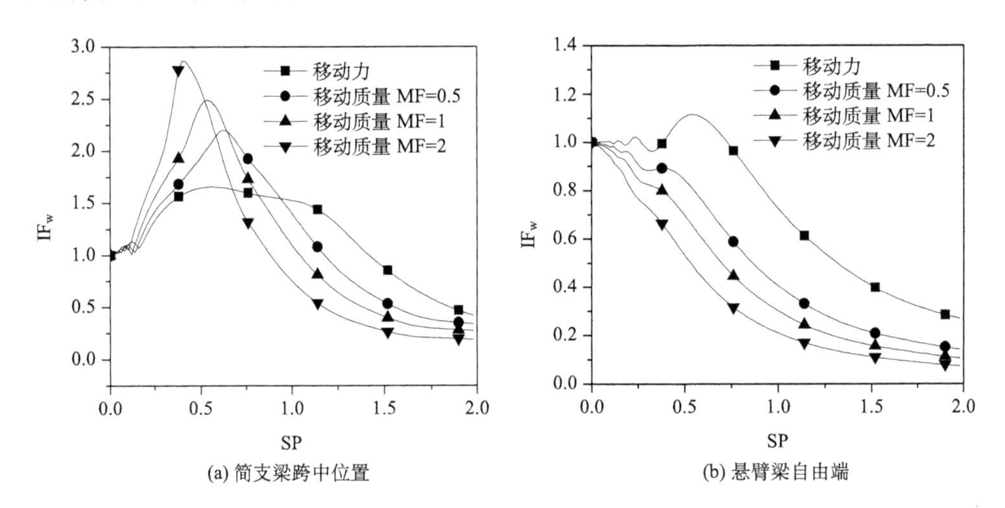

(a) 简支梁跨中位置　　(b) 悬臂梁自由端

图 2.9　移动质量作用下支撑梁挠度的动载系数

如图 2.10 所示，为了讨论移动质量加速度对支撑梁动态响应的影响，选取三种运动规律移动质量作用下支撑梁的动态响应。图 2.10(a)为匀速运动状态，图 2.10(b)和(c)为匀加速运动和匀减速运动状态，三种运动规律的平均速度均为$\bar{v}$。

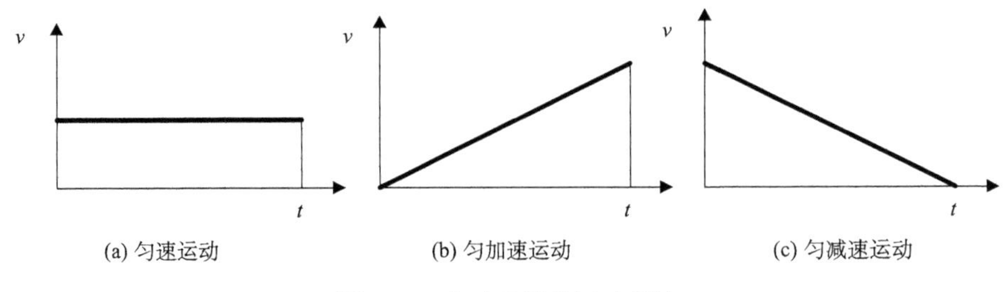

(a) 匀速运动　　(b) 匀加速运动　　(c) 匀减速运动

图 2.10　移动质量的运动规律

图2.11对比了不同运动规律移动质量作用下简支梁跨中位置挠度响应的计算结果。图 2.11(a)中移动载荷运动平均速度为$\bar{v}=0.05v_{cr}$，当平均速度较小时，匀

速运动、变速运动情况下挠度响应幅值比较接近，但是响应曲线的变化趋势有一定的差异。对比图 2.11 (b) 中移动载荷运动平均速度为 $\bar{v}=0.2v_{cr}$ 的计算结果，当平均速度较大时，变速运动下的挠度变化规律与匀速运动情况有显著的差别。

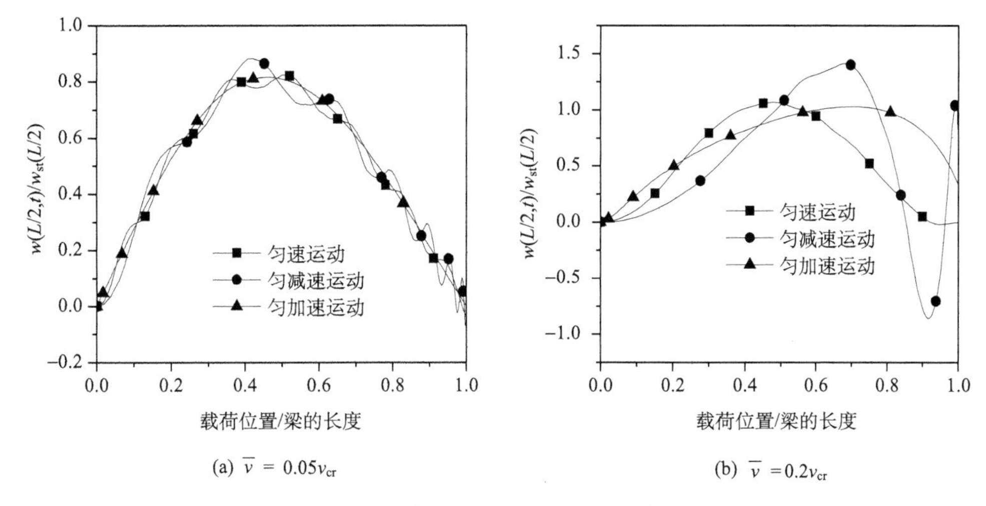

(a) $\bar{v}=0.05v_{cr}$　　(b) $\bar{v}=0.2v_{cr}$

图 2.11　移动质量作用下简支梁跨中位置挠度响应曲线

图 2.12 对比了不同运动规律移动质量作用下悬臂梁自由端挠度响应规律。当平均速度较小时，匀速运动、变速运动情况下挠度响应幅值比较接近，当平均速度较大时，变速运动下的挠度变化规律与匀速运动情况有显著的差别。

表 2.3 对比了不同运动规律移动质量作用下支撑梁挠度响应计算结果的幅值。可见，当速度急剧变化的情况下，加速度对支撑梁动态响应的影响是不可忽略的。

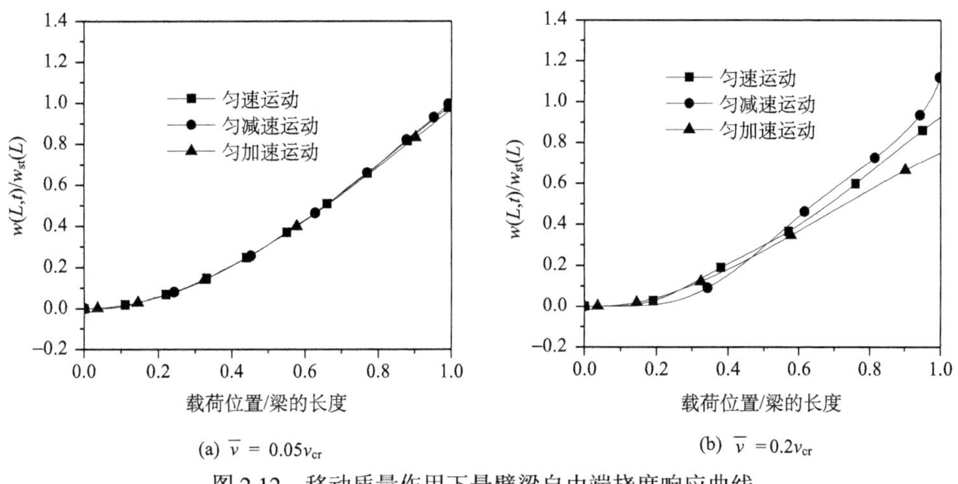

(a) $\bar{v}=0.05v_{cr}$　　(b) $\bar{v}=0.2v_{cr}$

图 2.12　移动质量作用下悬臂梁自由端挠度响应曲线

表 2.3 不同运动规律移动质量作用下支撑梁挠度计算结果幅值的对比

类别	简支梁跨中位置挠度无量纲峰值		悬臂梁自由端挠度无量纲峰值	
	$\bar{v}=0.05v_{cr}$	$\bar{v}=0.2v_{cr}$	$\bar{v}=0.05v_{cr}$	$\bar{v}=0.2v_{cr}$
匀速运动	0.825	1.066	0.996	0.925
匀减速运动	0.882	1.412	1.005	1.150
匀加速运动	0.816	1.029	0.971	0.751

2.4 移动质量沿梁大位移运动时变力学实验系统及实验测试研究

为了进一步验证移动质量沿梁大位移运动时变力学模型的正确性，设计和研制了移动质量沿梁大位移运动的时变力学实验系统，对多种工况条件下的时变力学响应进行实验测试研究，并与数值模拟结果进行了对比分析。

2.4.1 实验系统总体方案设计

采用压缩氮气作动力，驱动质量块运动，通过调节气压来控制质量块运动速度。系统总体组成如图 2.13 所示，主要包括驱动器、卡锁机构、滑块、悬臂梁、缓冲器、底座、测试系统等。

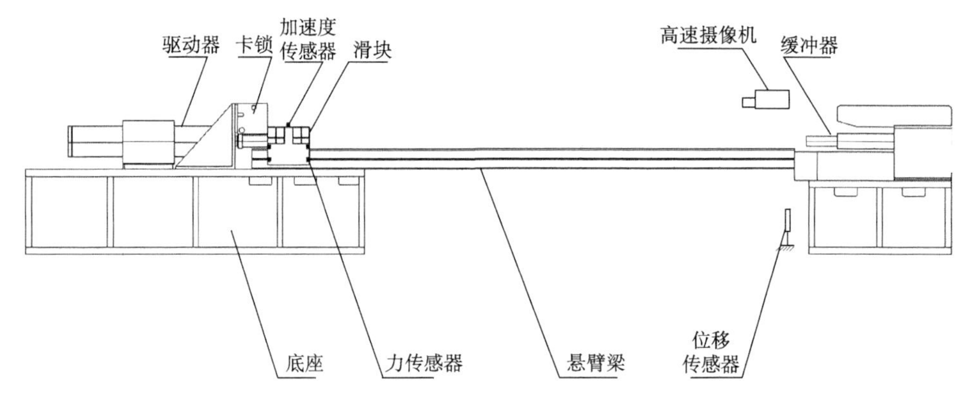

图 2.13 时变实验系统总体组成示意图

系统总体参数如下：

(1)滑块质量：15kg(可调：10～15kg)；

(2)悬臂梁尺寸：1900mm×90mm×70mm(长×宽×高)；

(3) 底座高：400mm；
(4) 驱动行程：120mm；
(5) 缓冲行程：50mm；
(6) 驱动气压：4MPa；
(7) 滑块最大速度：13.5m/s；
(8) 缓冲阻力<4.5t；
(9) 速度稳定段：1500mm；
(10) 悬臂梁和简支梁、等截面梁和变截面梁可以方便切换。

2.4.2　实验系统关键部件设计及分析

2.4.2.1　悬臂梁设计

对悬臂梁进行设计时主要考虑以下因素：①梁的长度与火炮摇架的长度有一定的可比性(500～2000mm)；②为提高测试的分辨精度，悬臂梁的最大弹性变形大于 0.1mm；③为满足测试的频响要求，悬臂梁-移动质量系统的低阶振动频率大于 20Hz。

1) 矩形截面

采用矩形截面，假设质量块在悬臂梁右端，梁的尺寸与静态变形和基频的关系如表 2.4 所示。

表 2.4　矩形截面梁的固有振动特性

方案	长度/mm	宽度/mm	高度/mm	基频/Hz	右端静态变形/mm
1	1000	100	20	8.67	3.76
2	1000	100	40	21.84	0.64
3	1000	140	40	24.06	0.56
4	1500	160	50	15.32	1.47
5	1500	120	30	7.75	5.31
6	1800	160	50	11.43	2.67
7	2000	160	50	8.96	4.39

由表 2.4 可以看出，悬臂梁的长度较长且截面尺寸较小时，悬臂梁右端静态变形较大(超过 1.5mm)，但其基频较低(小于 12Hz)，仅长度为 1500mm，宽度和高度分别为 160mm 和 50mm 的设计方案在基频和静态变形方面基本满足总体要求。

说明：由于移动质量由左向右运动，因此悬臂梁-移动质量系统的振动频率是时变的。

2)“T”形截面

采用“T”形截面，假设质量块在悬臂梁右端，梁的尺寸与静态变形、振动频率的关系如表 2.5 所示。

表 2.5 “T”形截面梁的固有振动特性

方案	长度/mm	上/下宽度/mm	高度/mm	基频/Hz	右端静态变形/mm
1	1500	100/50	50	12.587	2.048
2	1500	100/50	70	19.224	0.896
3	1500	90/50	70	19.185	0.894
4	1500	90/40	70	18.367	0.968
5	1500	90/40	60	15.026	1.433
6	1500	80/40	70	18.323	0.965

由表 2.5 可以看出，“T”形截面方案 2、3、4、6 比矩形截面更能满足总体要求，选择方案 4 作为设计方案。

3)悬臂梁-移动质量加速度估算

估算悬臂梁和移动质量的垂直加速度的幅值和频率，从而给实验测试方案提供技术依据。计算方案：悬臂梁长度 1500mm，宽 160mm，高 50mm，移动质量为 10kg，质量块匀速运动速度为 10m/s，估算结果如表 2.6、图 2.14 和图 2.15 所示。

表 2.6 悬臂梁-移动质量系统加速度估算

质量块速度/(m/s)	质量块垂直加速度/g	质量块垂直加速度频率/Hz	梁右端垂直加速度/g	梁右端垂直加速度频率/Hz
10	−29.1～29.9	149.2、463.0	−2.8～6.4	19.8

2.4.2.2 驱动器设计与分析

驱动器结构组成如图 2.16 所示，主要包括外筒、后端盖、高压腔、活塞、复位弹簧、活塞杆、浮动缓冲块等组成。工作时解脱卡锁，气体膨胀推动活塞、活塞杆及移动质量向右运动，当加速过程快结束时，活塞推动浮动缓冲块挤压缓冲腔的液体而开始制动，移动质量离开加速段进入悬臂梁(速度稳定段)。

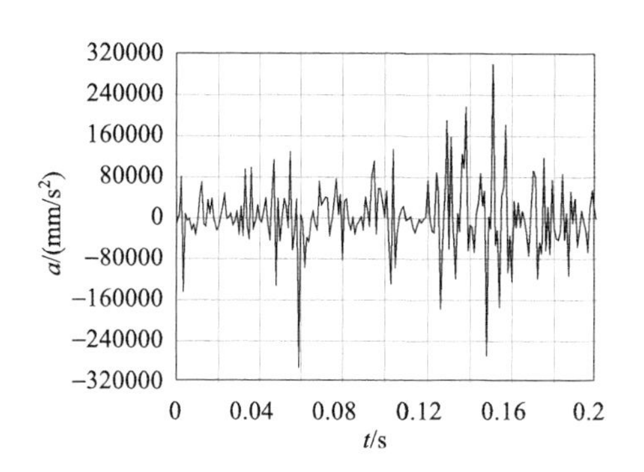

图 2.14　移动质量垂直加速度随时间变化曲线

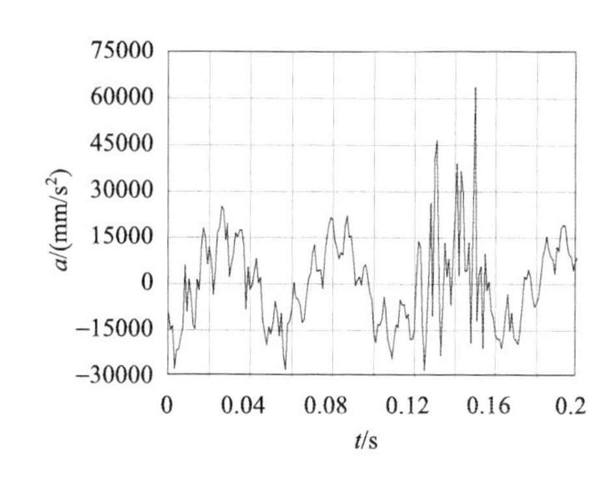

图 2.15　悬臂梁右端垂直加速度随时间变化曲线

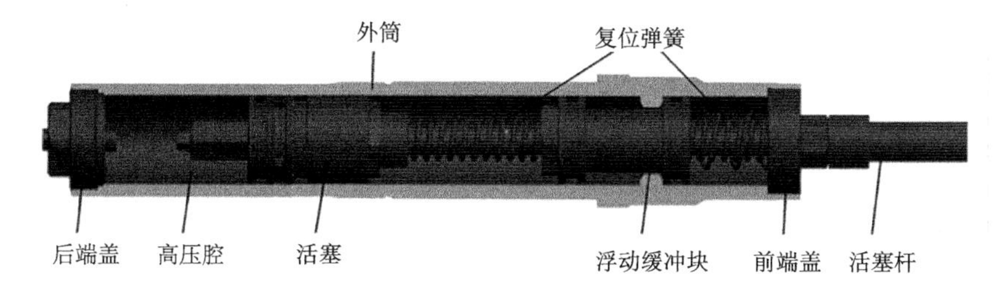

图 2.16　驱动器结构组成示意图

建立驱动器工作过程模型的基本假设如下：

(1) 气体状态变化近似为绝热过程；

(2) 活塞与气缸壁之间的摩擦利用 Stribeck 模型来模拟。

建立的驱动模型如图 2.17 所示，可分为两部分：①气缸动力部分，输出压强 p，输入活塞位移 x、速度 v；②负载部分，输出位移 x、速度 v，输入压强 p。

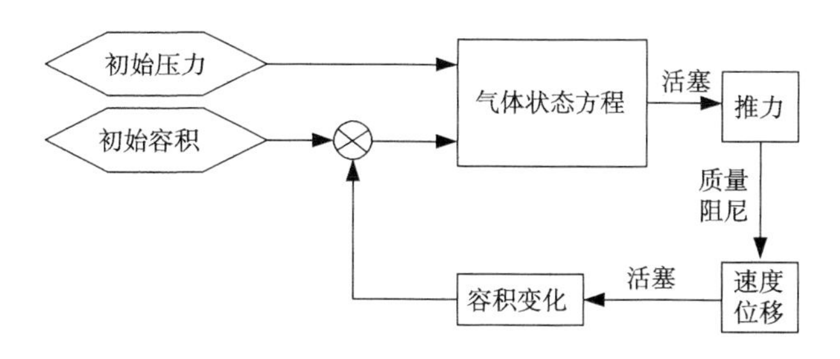

图 2.17　驱动模型示意图

气缸体积与位移的关系为

$$V(t)=V_0+Ax(t) \tag{2.58}$$

气体状态方程为

$$p(t)V(t)^k = p_0 V_0^k \tag{2.59}$$

由式(2.58)和式(2.59)得气缸动力学方程组为

$$\begin{cases} \mathrm{d}V(t) = Av(t)\mathrm{d}t \\ \mathrm{d}p(t) = \dfrac{-kAp_0V_0^k}{\left(V(t)\right)^{k+1}} v(t)\mathrm{d}t \end{cases} \tag{2.60}$$

在 AMESim 中建立的气缸模型如图 2.18 所示。

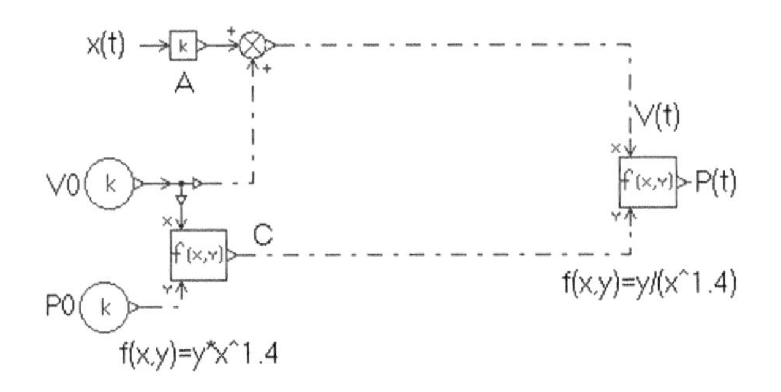

图 2.18 AMESim 中的气缸模型

气缸驱动器的 AMESim 模型如图 2.19 所示。

模型说明：

(1) M1、M2、M3 分别为活塞和活塞杆、浮动缓冲块、移动质量；

(2) S1、S2 分别为活塞复位弹簧、浮动缓冲块复位弹簧；

(3) model_1 是气缸内高压气体模型打包成的超级元件，model_2 是缓冲块液压阻力模型打包成的超级元件；

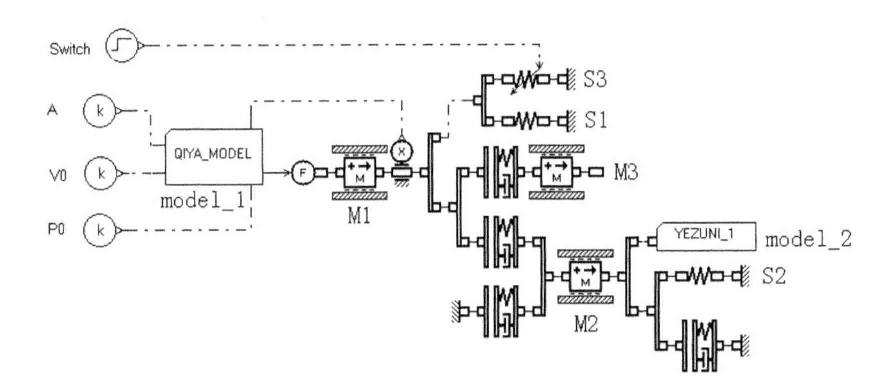

图 2.19 气缸驱动器的 AMESim 的模型

(4)机械碰撞取 AMESim 的弹簧阻尼系统模型；

(5)气缸内的摩擦阻力取固定值；

(6)用氮气的气体绝热方程建立气体模型，A 为活塞有效面积，V0 为高压腔初始容积，P0 为高压腔初始压力；

(7)Switch 为一个阶跃信号，控制弹簧 S3 的刚度来模拟卡锁，阶跃信号保留延时以使系统在卡锁开启之前进入稳定状态。

利用上述模型对不同气体初始压力和容积的方案进行模拟，得到的最大负载速度如表 2.7 所示。

表 2.7　不同气体初始压力和容积的最大负载速度　(单位：m/s)

p_0/MPa	760mL	770mL	780mL	790mL	800mL
3.0	11.321	11.370	11.417	11.465	11.512
3.5	12.453	12.506	12.560	12.612	12.664
4.0	13.515	13.574	13.632	13.689	13.746
4.5	14.519	14.581	14.644	14.706	14.767

根据表 2.7，选择气体初始压力为 4.0MPa、初始容积为 780mL 的设计方案。

液压制动器的三维剖视图如图 2.20 所示，液压制动器主要由外筒、前端盖、后端盖、前密封组件、后密封组件、制动杆、橡胶头、缓冲组件、复位弹簧等组成。外筒的减速腔部分的内壁上开有渐变的槽，制动杆的活塞部分在减速腔内运动时，液体因受到排挤流过槽形通路而对制动杆产生很高的压力，从而起到制动效果。缓冲组件起到二次减速的效果，当制动杆的运动达到一定的行程但仍未停止时，会与缓冲组件发生碰撞并转移一部分的动能，可使制动杆的速度迅速下降。

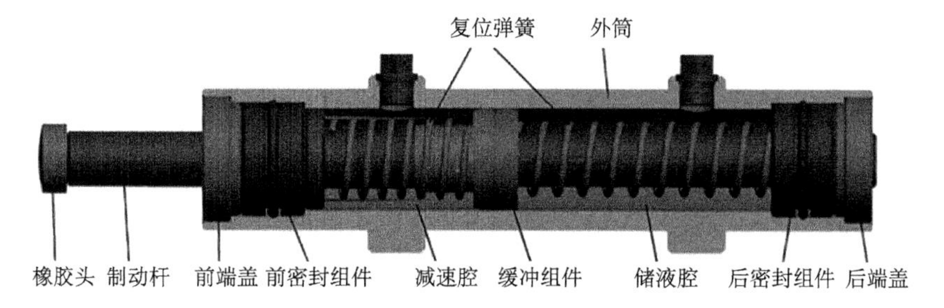

图 2.20　液压制动器三维剖视图

建立的液压制动器 AMESim 模型如图 2.21 所示。

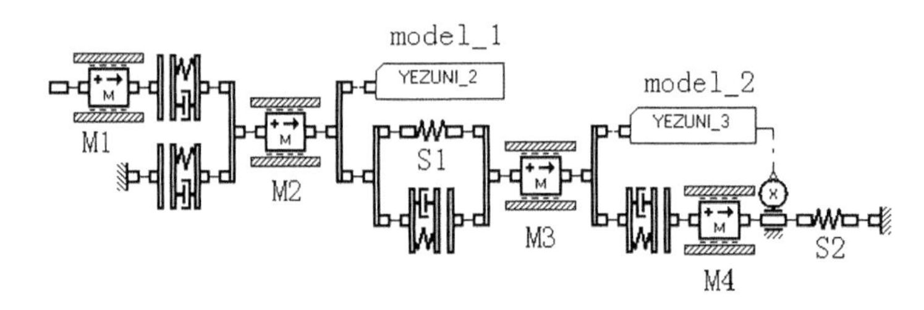

图 2.21 液压制动器的 AMESim 模型

模型说明：

(1) M1、M2、M3、M4 分别为移动质量、制动杆、小外径缓冲件、大外径缓冲件，其中 M1 具有初速度；

(2) S1、S2 分别为左复位弹簧和右复位弹簧；

(3) model_1 是制动杆的液压阻力模型打包成的超级元件，model_2 是缓冲件液压阻力模型打包成的超级元件；

(4) 机械碰撞取 AMESim 的弹簧阻尼系统模型；

(5) 忽略移动质量与制动杆之间的橡胶头缓冲，并保留 50mm 的间隙；

(6) 忽略各零部件间的接触摩擦力。

在不同的移动质量初速度下，分析得到的制动杆的制动距离和外筒受到的最大合力如表 2.8 所示。

表 2.8 不同初速度下的制动距离和最大合力

移动质量初速度/(m/s)	制动距离/mm	最大合力/kN
8	52.76	53.01
9	52.44	63.20
10	52.03	73.60
11	51.85	84.43

由表 2.8 可知，制动距离在 51～53mm 之间，最大合力小于 85kN。

2.4.3 测试系统方案设计

移动质量沿梁大位移运动时变力学实验系统如图 2.22 所示，质量块运动过程共分为四个阶段：驱动器蓄能阶段、质量块加速阶段、平稳运行阶段和制动阶段。

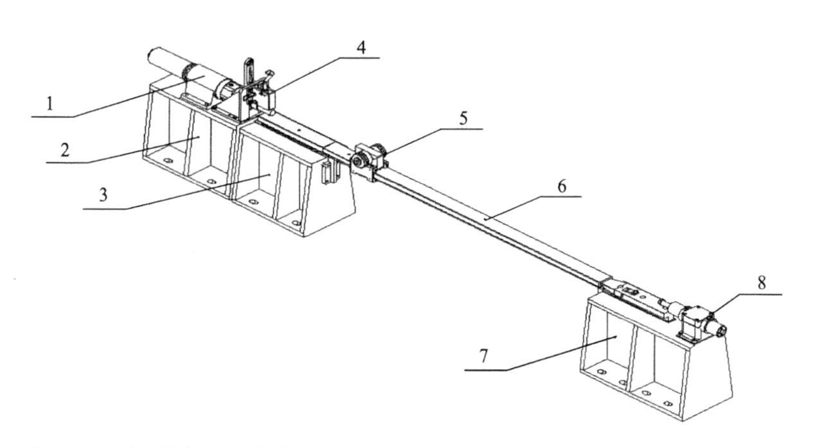

1-驱动器；2-驱动器基座；3-梁基座；4-卡锁装置；5-质量块；6-弯曲梁；7-制动器基座；8-制动器

图 2.22　移动质量沿梁大位移运动时变力学实验系统

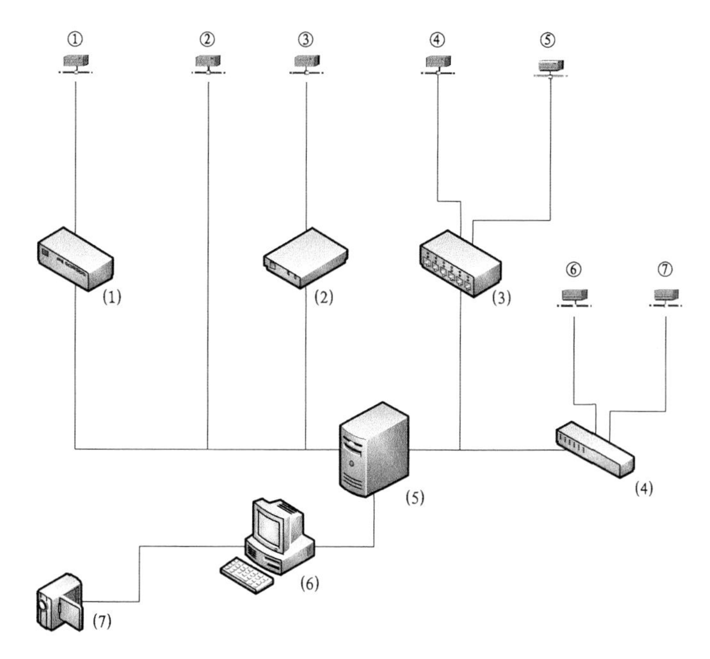

①加速度传感器；②电偶位移速度传感器；③激光位移传感器；④应变片 A；⑤应变片 B；⑥电涡流传感器磁头 A；⑦电涡流传感器磁头 B；(1) 电荷放大器；(2) 激光位移传感器控制器；(3) 应变仪；(4) 电涡流传感器控制器；(5) 数据采集器；(6) PC；(7) 高速摄影仪

图 2.23　移动质量沿梁大位移运动时变力学实验测试系统网络图

驱动器蓄能阶段，质量块放置在支撑梁上紧贴驱动器活塞杆的位置，压缩气体气瓶与驱动器相连，驱动器开始蓄能，直至驱动器内压力达到预定大小，这一阶段，卡锁装置始终闭锁。蓄能结束后，打开卡锁装置，活塞杆推动质量块沿着支撑梁加速运动，当活塞杆达到最大行程时，与质量块脱离。质量块平稳运行阶段中，质量块以一定的初速沿着支撑梁运动，这也是实验测试的主要阶段。质量块通过支撑梁后进入制动阶段，质量块撞击制动器的活塞杆，经过制动器的缓冲，直至质量块静止。

通过测量支撑梁特定位置挠度、应变随时间的变化规律，对移动载荷作用下支撑梁的动态响应情况进行研究。实验测试系统网络图如图 2.23 所示。

如图 2.24 所示，选用 Kistler 数据采集卡，采样频率 10kHz，采用加速度信号作为触发源，触发电平为 0.01V，采样点共 10000 点，触发前采样点数为 1000 点。

如图 2.25 所示，选用 KEYENCE 公司的 LK-G400 型的激光位移传感器测量支撑梁自由端的竖直方向位移。该传感器测量范围为 400mm±200mm，分辨率达到 0.0001mm，采样频率最高达到 50kHz，满足实验要求。

如图 2.26 所示，在支撑梁下表面 100mm 和 300mm 位置处粘贴应变片，选用 NEC 公司的 AS16-105/6ch 应变仪，测量支撑梁的应变。

采用高速摄影的方法对质量块沿支撑梁的运动规律进行测量，在质量块上设置标记点，如图 2.27 所示。

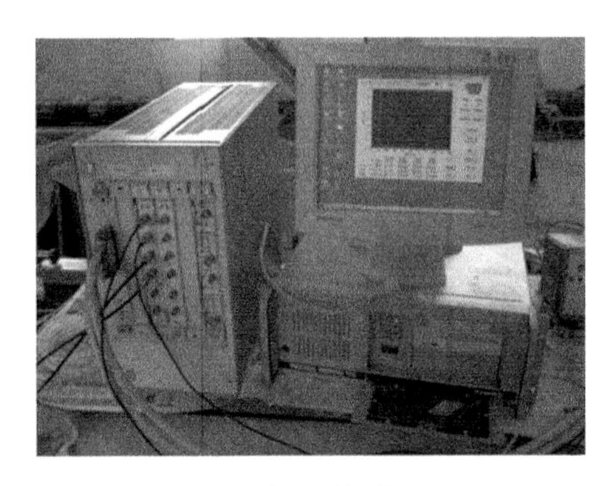

图 2.24　数据采集卡及 PC

图 2.25　激光位移传感器

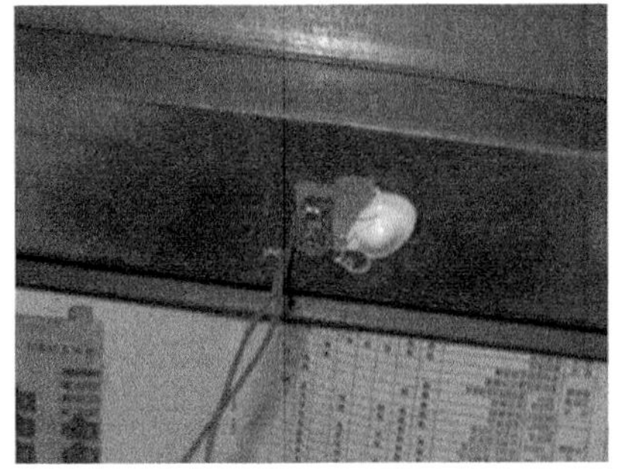

图 2.26　应变片的粘贴

图 2.27　高速摄影标记点

2.4.4　移动质量滑板与悬臂梁滑轨之间的时变间隙实验测试

利用电涡流位移传感器来测量滑块与轨道面在运动过程中的运动副间隙，利用数据采集卡和计算机对传感器数据进行采集和分析。整个测量系统主要包括位移传感器、数据采集卡、计算机。间隙测量系统简图如图 2.28 所示。

采用 AEC55 系列 PU-09 电涡流位移传感器，量程：0～4mm，测量精度 1μm。线性度：±0.5%/FS。数据采集卡：DM3001，使用 4 号通道输入时变间隙信号，初始间隙为 1.73mm。数据采集卡采样频率为 $f_s = 10000\text{Hz}$，共采集 10000 个数据点，触发电平为 0.1V。

1) 等截面悬臂梁

移动质量与等截面悬臂梁间隙测试、时变及非时变模型计算曲线如图 2.29 所示，悬臂梁末端位移如图 2.30 所示。

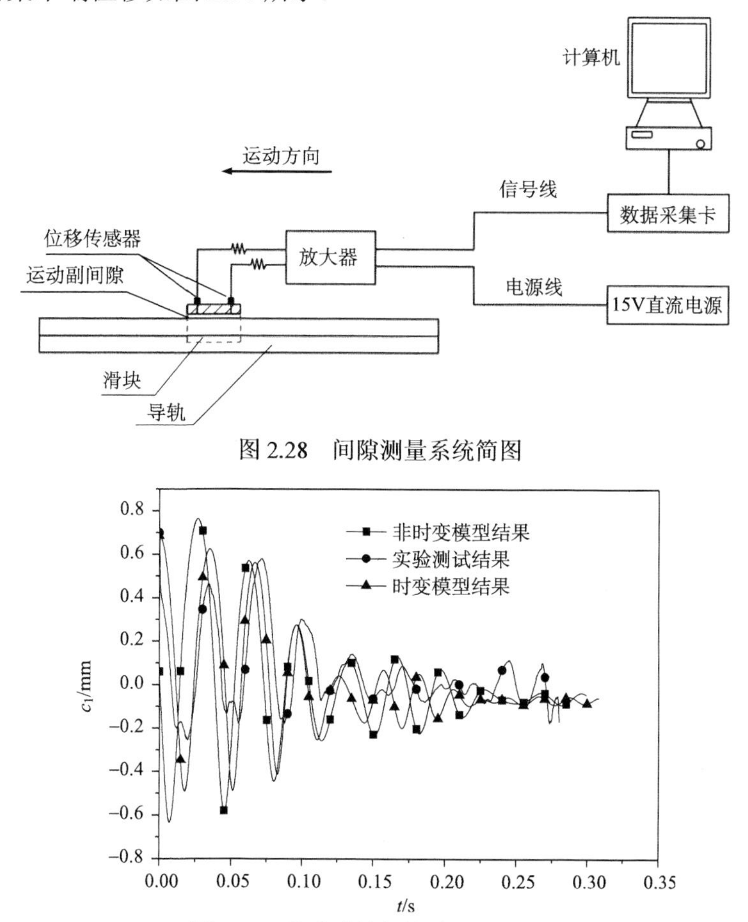

图 2.28　间隙测量系统简图

图 2.29　移动质量与悬臂梁间隙对比

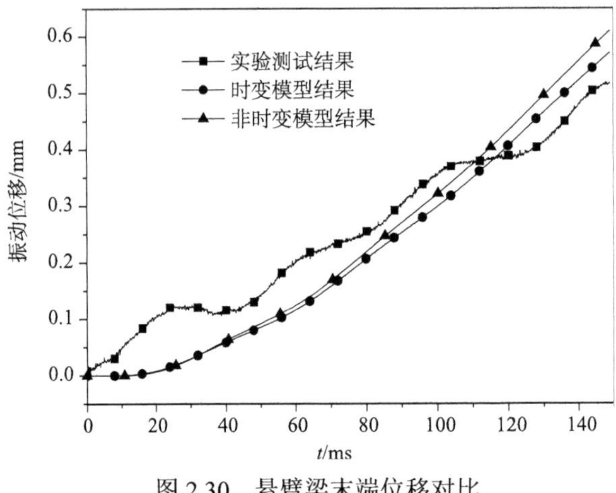

图 2.30 悬臂梁末端位移对比

移动质量时变力学动态响应测试、时变及非时变模型计算幅值比较如表 2.9 所示。可以看出，非时变模型计算结果平均相对误差为 29.26%，时变模型计算结果平均相对误差为 13.23%，时变模型预测精度较非时变模型提高 16.03%。

表 2.9 移动质量时变系统实测值与时变模型及非时变模型计算值对比

类别	间隙变化幅度	末端位移幅值
实验测试值/mm	0.974	0.518
时变模型值/mm	1.132	0.571
时变模型相对误差/%	16.22	10.23
非时变模型值/mm	1.371	0.610
非时变模型相对误差/%	40.76	17.76
时变模型较非时变模型提高精度/%	24.54	7.43

2) 变截面悬臂梁

移动质量沿变截面悬臂梁滑移 183cm，共进行 4 组实验。

第 1 组：驱动气压 2MPa，传感器在梁表面连续采样 2828 个数据点，平均速度 6.47m/s。动态间隙曲线如图 2.31 和图 2.32 所示。

第 2 组：驱动气压 3.3MPa，传感器在梁表面连续采样 2149 个数据点，平均速度 8.52m/s。动态间隙曲线如图 2.33 和图 2.34 所示。

第 3 组：驱动气压 3.4MPa，传感器在梁表面连续采样 2118 个数据点，平均速度 8.64m/s。动态间隙曲线如图 2.35 和图 2.36 所示。

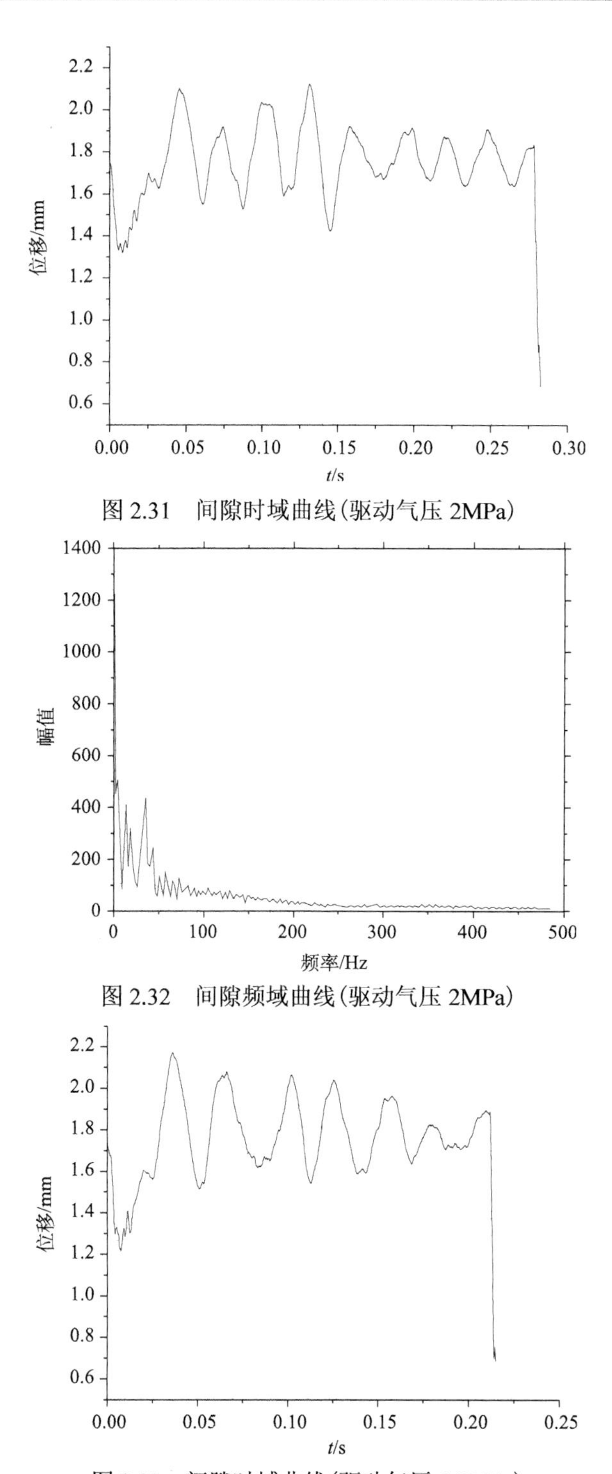

图 2.31　间隙时域曲线(驱动气压 2MPa)

图 2.32　间隙频域曲线(驱动气压 2MPa)

图 2.33　间隙时域曲线(驱动气压 3.3MPa)

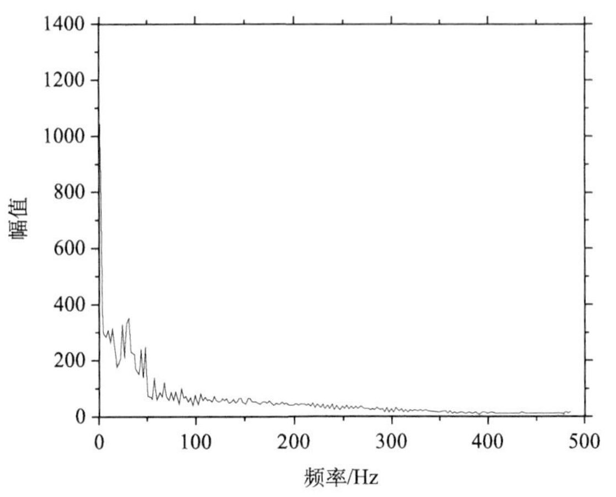

图 2.34　频域曲线(驱动气压 3.3MPa)

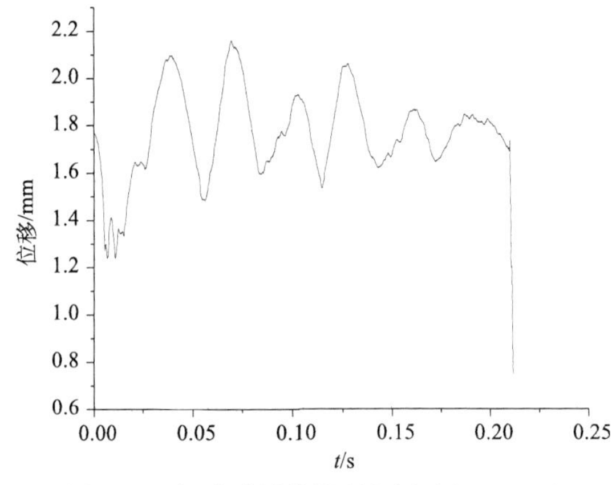

图 2.35　间隙时域曲线(驱动气压 3.4MPa)

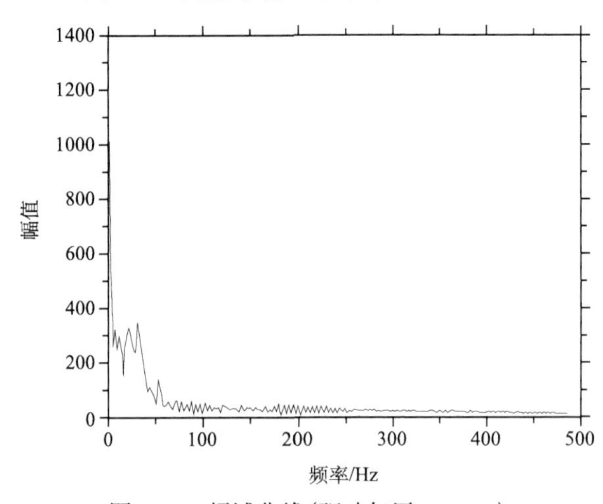

图 2.36　频域曲线(驱动气压 3.4MPa)

第4组：驱动气压3.6MPa，传感器在梁表面连续采样2062个数据点，平均速度8.87m/s。动态间隙曲线如图2.37和图2.38所示。

可以发现移动质量移动速度对时变间隙规律影响不明显，最大间隙值测试结果与计算结果的比较如表2.10所示。

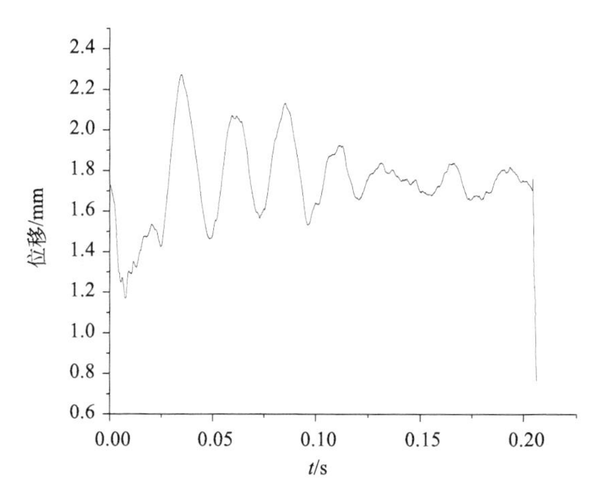

图2.37　间隙时域曲线(驱动气压3.6MPa)

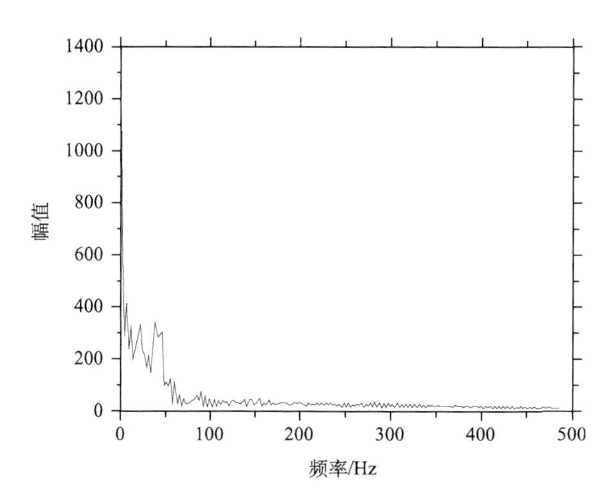

图2.38　频域曲线(驱动气压3.6MPa)

表2.10　最大间隙值测试结果与计算结果的比较

驱动气压/MPa	移动质量速度/(m/s)	间隙测试结果/mm	间隙计算结果/mm	相对误差/%
2.0	6.47	0.3921	0.4459	13.72
3.3	8.52	0.4412	0.3865	12.4

续表

驱动气压/MPa	移动质量速度/(m/s)	间隙测试结果/mm	间隙计算结果/mm	相对误差/%
3.4	8.64	0.4296	0.3009	29.96
3.6	8.87	0.5449	0.4125	24.3
平均相对误差				20.10

2.4.5 移动质量沿悬臂梁大位移运动的时变特征实验测试

图 2.39 是移动质量沿悬臂梁轴向运动位移的实验测试结果，在移动质量加速段(位移 200mm 以内)中，移动质量的位移曲线有一定的波动，之后保持匀速运动状态。将图 2.39 中移动质量的位移曲线作为计算模型所需的移动质量轴向运动输入，对移动质量作用下支撑梁的动态响应进行计算，获得的支撑梁末端挠度、支撑梁 100mm 和 300mm 处应变的计算结果与实验结果的对比如图 2.40～图 2.42 所示。

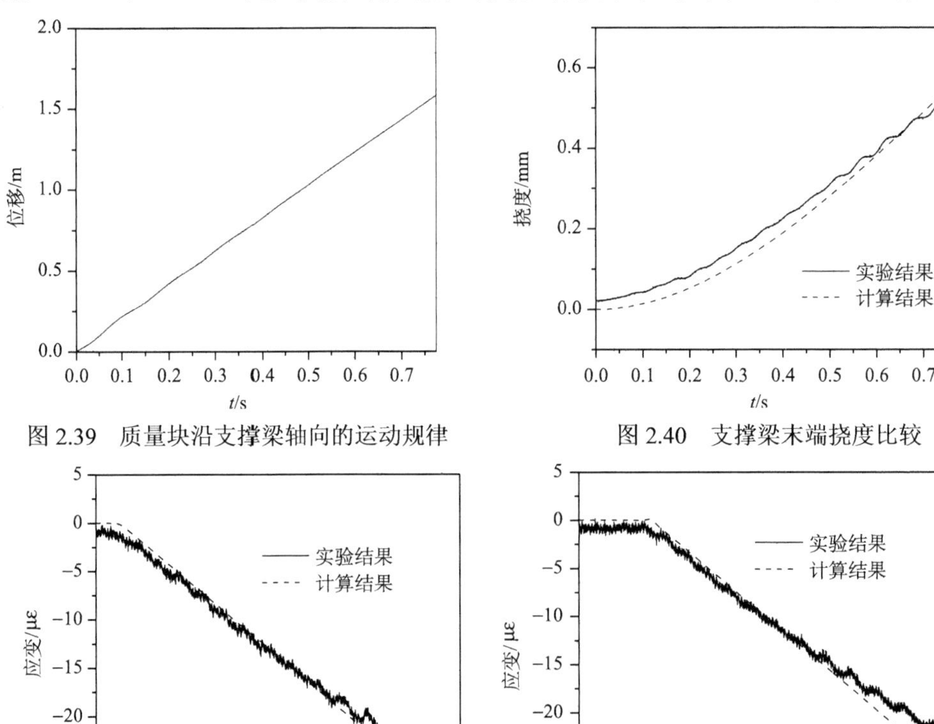

图 2.39 质量块沿支撑梁轴向的运动规律

图 2.40 支撑梁末端挠度比较

图 2.41 支撑梁 100mm 处应变比较

图 2.42 支撑梁 300mm 处应变比较

可以看出，数值计算结果与实验数据的变化趋势基本一致，而实验数据中有一定的波动，造成这一现象的原因主要有两个：一是因为移动质量沿梁大位移运动的时变力学实验系统采用活塞杆推动的驱动方式，在初始状态下，质量块受到驱动器活塞杆的撞击，会产生一定的振动；另外，为了保证质量块平稳运行，移动质量与支撑梁之间存在一定的间隙，这也会造成移动质量在运动过程中的振动，进而影响支撑梁的动态响应。挠度和应变幅值的相对误差如表 2.11 所示，均在 10%以下，验证了所建移动质量时变力学模型的正确性。

表 2.11　支撑梁挠度和应变幅值的计算与实验结果比较

类别	挠度/mm	100mm 位置应变/με	300mm 位置应变/με
实验结果	0.552	27.994	23.523
计算结果	0.574	29.769	25.516
相对误差	3.99%	6.34%	8.47%

第 3 章　火炮时变力学数值计算方法

火炮时变力学的数学模型可以用带有时变系数的偏微分方程来描述，将偏微分方程在空间上用有限元进行离散，形成一组高度耦合、变系数的二阶常微分方程组，对该类方程组的求解方法以及对数值求解的稳定性、收敛性和振荡性等的研究是非常复杂的数值计算理论问题。本章主要介绍具有优良特性的火炮时变力学问题不协调时间有限元数值计算方法，同时探讨显-隐交叉积分算法。

3.1　不协调时间有限元数值计算方法

时间有限元法的原理与空间域的有限元法基本一样，所不同之处是在时间域内用有限单元来离散，形成时间单元，再求出每个单元节点上的状态变量值。通常将在空间域划分单元后，再在时间域内用有限单元离散的方法称为时间有限元法。将在时间离散点上要求至少对位移连续称为时域协调，将状态变量在时间离散点上的不连续性称为时域不协调，由此建立的时间有限元称为不协调时间有限元。针对结构动力系统的迭代格式包括单域和双域两种算式，其中位移与速度采用同阶次插值的双域公式可以得到更高的精度。

3.1.1　位移和速度的插值逼近算法

结构动力系统半离散形式的常微分方程为

$$\boldsymbol{M}(t)\ddot{\boldsymbol{u}}(t)+\boldsymbol{C}(t)\dot{\boldsymbol{u}}(t)+\boldsymbol{K}(t)\boldsymbol{u}(t)=\boldsymbol{F}(t),\quad t\in I=(0,T) \tag{3.1}$$

初始条件为 $\boldsymbol{u}(0)=\boldsymbol{u}_0,\dot{\boldsymbol{u}}(0)=\boldsymbol{v}(0)=\boldsymbol{v}_0$，其中 $\boldsymbol{M}(t),\boldsymbol{C}(t),\boldsymbol{K}(t)$ 分别为时变质量矩阵、时变阻尼矩阵和时变刚度矩阵。$\boldsymbol{F}(t)$ 为外部载荷向量，$\boldsymbol{u}(t),\dot{\boldsymbol{u}}(t),\ddot{\boldsymbol{u}}(t)$ 分别表示位移、速度和加速度，I 表示时间域，$\boldsymbol{u}_0,\boldsymbol{v}_0$ 分别为已知的初始位移和初始速度。

对时变结构动力系统的半离散运动控制方程进行降阶处理，令 $\boldsymbol{v}(t)=\dot{\boldsymbol{u}}(t)$，则有

$$\begin{cases}\boldsymbol{M}(t)\dot{\boldsymbol{v}}(t)+\boldsymbol{C}(t)\boldsymbol{v}(t)+\boldsymbol{K}(t)\boldsymbol{u}(t)=\boldsymbol{F}(t)\\ \boldsymbol{K}(t)(\dot{\boldsymbol{u}}(t)-\boldsymbol{v}(t))=0\\ \boldsymbol{u}(0)=\boldsymbol{u}_0\\ \boldsymbol{v}(0)=\boldsymbol{v}_0\end{cases} \tag{3.2}$$

将时间区间 $I=(0, T)$ 划分为 $0=t_1<t_2<\cdots<t_{N+1}=T$，$I_n=(t_n,t_{n+1})$，且有 $\Delta t_n=t_{n+1}-t_n$。设函数 $\boldsymbol{W}(t)$ 在时间分隔点 t_n 上是间断的，定义如下瞬态阶跃作用算子：

$$[\boldsymbol{W}(t_n)]=\boldsymbol{W}(t_n^+)-\boldsymbol{W}(t_n^-),\ \boldsymbol{W}(t_n^{\pm})=\lim_{\varepsilon\to 0\pm}\boldsymbol{W}(t_n+\varepsilon) \tag{3.3}$$

定义：

$$(\boldsymbol{W},\boldsymbol{u})=\int_{I_n}\boldsymbol{W}\cdot\boldsymbol{u}\mathrm{d}t \tag{3.4}$$

用于近似位移的有限元插值函数为

$$\varphi^h=\left\{\boldsymbol{u}^h\in\bigcup_{n=1}^{N}(\Re^k(I_n))^n\right\} \tag{3.5}$$

其中，$\Re^k$ 为 k 次多项式空间。

构造插值函数使其在所划分的小时间区间内连续，而在区间的两端可以是间断的。在时间上允许间断的 TDG 法(时间不协调伽辽金法)单域公式为对所有的 $\boldsymbol{W}^h\in\varphi^h$，寻找 $\boldsymbol{u}^h\in\varphi^h$，使得

$$b_{\mathrm{TDG}}(\boldsymbol{W}^h,\boldsymbol{u}^h)_n=l_{\mathrm{TDG}}(\boldsymbol{W}^h)_n \qquad n=1,2,\cdots,N \tag{3.6}$$

其中

$$\begin{aligned}
&b_{\mathrm{TDG}}(\boldsymbol{W}^h,\boldsymbol{u}^h)_n=(\dot{\boldsymbol{W}}^h,\hbar\boldsymbol{u}^h)_{I_n}+\dot{\boldsymbol{W}}^h(t_n^+)\boldsymbol{\cdot}\boldsymbol{M}\dot{\boldsymbol{u}}^h(t_n^+)+\boldsymbol{W}^h(t_n^+)\boldsymbol{\cdot}\boldsymbol{K}\boldsymbol{u}^h(t_n^+)\\
&l_{\mathrm{TDG}}(\boldsymbol{W}^h)_n=(\dot{\boldsymbol{W}}^h,\boldsymbol{F})_{I_n}+\dot{\boldsymbol{W}}^h(t_n^+)\boldsymbol{\cdot}\boldsymbol{M}\dot{\boldsymbol{u}}^h(t_n^-)+\boldsymbol{W}^h(t_n^+)\boldsymbol{\cdot}\boldsymbol{K}\boldsymbol{u}^h(t_n^-)\\
&\qquad\qquad\qquad\qquad\qquad\qquad n=2,3,\cdots,N\\
&l_{\mathrm{TDG}}(\boldsymbol{W}^h)_1=(\dot{\boldsymbol{W}}^h,\boldsymbol{F})_{I_1}+\dot{\boldsymbol{W}}^h(0^+)\boldsymbol{\cdot}\boldsymbol{M}\boldsymbol{v}_0+\boldsymbol{W}^h(0^+)\boldsymbol{\cdot}\boldsymbol{K}\boldsymbol{u}_0\\
&\hbar\boldsymbol{u}^h=\boldsymbol{M}\ddot{\boldsymbol{u}}^h+\boldsymbol{C}\dot{\boldsymbol{u}}^h+\boldsymbol{K}\boldsymbol{u}^h
\end{aligned} \tag{3.7}$$

在时间上允许间断的伽辽金最小二乘法(Galerkin least square，GLS)单域公式为

$$\begin{aligned}
&b_{\mathrm{GLS}}(\boldsymbol{W}^h,\boldsymbol{u}^h)_n=l_{\mathrm{GLS}}(\boldsymbol{W}^h)_n\\
&b_{\mathrm{GLS}}(\boldsymbol{W}^h,\boldsymbol{u}^h)_n=b_{\mathrm{TDG}}(\boldsymbol{W}^h,\boldsymbol{u}^h)_n+(\hbar\boldsymbol{W}^h,\tau\boldsymbol{M}^{-1}\hbar\boldsymbol{u}^h)_{I_n}\\
&l_{\mathrm{GLS}}(\boldsymbol{W}^h)_n=l_{\mathrm{TDG}}(\boldsymbol{W}^h)_n+(\hbar\boldsymbol{W}^h,\tau\boldsymbol{M}^{-1}\boldsymbol{F})_{I_n} \qquad n=1,2,\cdots,N
\end{aligned} \tag{3.8}$$

对于方程(3.8)，当 $\tau=0$ 时 GLS 法变成了 TDG 法，最小二乘项的作用是在保持 TDG 法精度的前提下增加稳定性。双域公式允许位移与速度独立插值，试验位移与位移权函数空间、试验速度与速度权函数空间分别为

$$\varphi_1 = \left\{ \boldsymbol{u}_1^h \in \bigcup_{n=1}^{N} (\Re^k (I_n))^n \right\}$$
$$\varphi_2 = \left\{ \boldsymbol{u}_2^h \in \bigcup_{n=1}^{N} (\Re^l (I_n))^n \right\} \tag{3.9}$$

在每个时间单元上，定义单元的插值函数及其权函数为

$$\boldsymbol{X}^h(t) = \begin{bmatrix} \boldsymbol{u}^h(t) \\ \boldsymbol{v}^h(t) \end{bmatrix} \in \varphi_1 \times \varphi_2, \quad \boldsymbol{W}^h(t) = \begin{bmatrix} \boldsymbol{w}_1{}^h(t) \\ \boldsymbol{w}_2{}^h(t) \end{bmatrix} \in \varphi_1 \times \varphi_2 \tag{3.10}$$

TDG 法的双域公式为

$$\begin{aligned}
&B_{\mathrm{TDG}}(\boldsymbol{W}^h, \boldsymbol{X}^h)_n = L_{\mathrm{TDG}}(\boldsymbol{W}^h)_n \\
&B_{\mathrm{TDG}}(\boldsymbol{W}^h, \boldsymbol{X}^h)_n = (\boldsymbol{w}_2^h, \hbar_1 \boldsymbol{X}^h)_{I_n} + (\boldsymbol{w}_1^h, \boldsymbol{K}\hbar_2 \boldsymbol{X}^h)_{I_n} + \boldsymbol{w}_2^h(t_n^+)\cdot \boldsymbol{M}\boldsymbol{v}^h(t_n^+) + \boldsymbol{W}_1{}^h(t_n^+)\cdot \boldsymbol{K}\boldsymbol{u}^h(t_n^+) \\
&L_{\mathrm{TDG}}(\boldsymbol{W}^h) = (\boldsymbol{w}_2^h, \boldsymbol{F})_{I_n} + \boldsymbol{w}_2^h(t_n^+)\cdot \boldsymbol{M}\boldsymbol{v}^h(t_n^-) + \boldsymbol{w}_1^h(t_n^+)\cdot \boldsymbol{K}\boldsymbol{u}^h(t_n^-) \\
&\qquad\qquad\qquad\qquad\qquad\qquad n = 2, \cdots, N \\
&L_{\mathrm{TDG}}(\boldsymbol{W}^h)_1 = (\boldsymbol{w}_2^h, \boldsymbol{F})_{I_1} + \boldsymbol{w}_2^h(1^+)\cdot \boldsymbol{M}\boldsymbol{v}_0 + \boldsymbol{w}_1^h(1^+)\cdot \boldsymbol{K}\boldsymbol{u}_0 \\
&\hbar_1 \boldsymbol{X}^h = \boldsymbol{M}\dot{\boldsymbol{v}}_2^h + \boldsymbol{C}\boldsymbol{v}_2^h + \boldsymbol{K}\boldsymbol{u}_1^h \\
&\hbar_2 \boldsymbol{X}^h = \dot{\boldsymbol{u}}_1^h - \boldsymbol{u}_2^h
\end{aligned} \tag{3.11}$$

相应的 GLS 法为

$$\begin{aligned}
&b_{\mathrm{GLS}}(\boldsymbol{W}^h, \boldsymbol{X}^h)_n = l_{\mathrm{GLS}}(\boldsymbol{W}^h)_n \\
&b_{\mathrm{GLS}}(\boldsymbol{W}^h, \boldsymbol{X}^h)_n = b_{\mathrm{DG}}(\boldsymbol{W}^h, \boldsymbol{X}^h)_n + (\hbar_1 \boldsymbol{W}^h, \tau_1 \boldsymbol{M}^{-1}\hbar_1 \boldsymbol{X}^h)_{I_n} + (\hbar_2 \boldsymbol{W}^h, \tau_2 \boldsymbol{K}\hbar_2 \boldsymbol{X}^h)_{I_n} \\
&l_{\mathrm{GLS}}(\boldsymbol{W}^h)_n = l_{\mathrm{DG}}(\boldsymbol{W}^h)_n + (\hbar_1 \boldsymbol{W}^h, \tau_1 \boldsymbol{M}^{-1}\boldsymbol{F})_{I_n} \qquad n = 1, 2, \cdots, N
\end{aligned} \tag{3.12}$$

其中，τ_1 和 τ_2 均为时间比例参数。单域和双域公式的误差估计分别为 $c(u)\Delta t^{2k-1}$ 和 $c(U)\Delta t^{\min(2k+1,2l+1)}$，$k$ 是位移插值多项式的阶数，l 为速度插值多项式的阶数。可以看出，位移与速度采用同阶次插值的“双场”公式可以得到更高的精度。

基于加权余量伽辽金法的不协调时间有限元法公式可以表示为

$$\begin{aligned}
\boldsymbol{R}_n = &\int_{I_n} \boldsymbol{w}_2^h(t)(\boldsymbol{M}(t)\dot{\boldsymbol{v}}(t) + \boldsymbol{C}(t)\boldsymbol{v}(t) + \boldsymbol{K}(t)\boldsymbol{u}(t) - \boldsymbol{F}(t))\mathrm{d}t \\
&+ \int_{I_n} \boldsymbol{w}_1^h(t)\boldsymbol{K}(t)(\dot{\boldsymbol{u}}(t) - \boldsymbol{v}(t))\mathrm{d}t + \boldsymbol{w}_1^h(t_n^+)\boldsymbol{K}(t)\boldsymbol{u}(t_n) + \boldsymbol{w}_2^h(t_n^+)\boldsymbol{M}(t)\boldsymbol{v}(t_n) = \boldsymbol{0}
\end{aligned}$$

将插值函数及其权函数代入整理可得

$$
\boldsymbol{R}_n = \int_{I_n} \begin{bmatrix} 0 \\ \boldsymbol{w}_2^h(t) \end{bmatrix} \left[\hbar_1 \boldsymbol{X}^h - \boldsymbol{F}(t) \right] \mathrm{d}t + \int_{I_n} \begin{bmatrix} \boldsymbol{w}_1^h(t) \\ 0 \end{bmatrix} \hbar_2 \boldsymbol{X}^h \mathrm{d}t
+ \begin{bmatrix} \boldsymbol{w}_1^h(t_n^+) \\ 0 \end{bmatrix} \boldsymbol{K}(t)\boldsymbol{u}(t_n) + \begin{bmatrix} 0 \\ \boldsymbol{w}_2^h(t_n^+) \end{bmatrix} \boldsymbol{M}(t)\boldsymbol{v}(t_n) = \boldsymbol{0} \tag{3.13}
$$

3.1.1.1　拉格朗日插值算法

为了保证双域算法具有更高的精度，需要使用高阶拉格朗日、Hermite 等插值算法。用 P_i 表示基于第 i 阶插值的算法公式，前三阶插值如下所示。

基于一阶拉格朗日插值的不协调时间有限元法简称 P_1 算法。假设每个时间单元上位移和速度的试函数分别为 $\boldsymbol{u}^h(t), \boldsymbol{v}^h(t)$，则一阶拉格朗日线性插值函数为

$$
\boldsymbol{X}^h(t) = \frac{t_{n+1} - t}{\Delta t_n} \boldsymbol{X}(t_n^+) + \frac{t - t_n}{\Delta t_n} \boldsymbol{X}(t_{n+1}^-) \tag{3.14}
$$

令 $N_1(t), N_2(t)$ 为插值形函数，则有

$$
N_1(t) = \frac{t_{n+1} - t}{\Delta t_n}, \quad N_2(t) = \frac{t - t_n}{\Delta t_n}, \quad \boldsymbol{N}(t) = \begin{bmatrix} N_1(t) \\ N_2(t) \end{bmatrix} \tag{3.15}
$$

结合式(3.10)和式(3.14)，$u(t_n^+), v(t_n^+)$ 表示时间单元 I_n 左端点的位移和速度，$u(t_{n+1}^-), v(t_{n+1}^-)$ 表示时间单元 I_n 右端点的位移和速度，可记为如下形式：

$$
\boldsymbol{u}(t) = \begin{bmatrix} u(t_n^+) \\ u(t_{n+1}^-) \end{bmatrix}, \quad \boldsymbol{v}(t) = \begin{bmatrix} v(t_n^+) \\ v(t_{n+1}^-) \end{bmatrix} \tag{3.16}
$$

由式(3.14)和式(3.15)可得一阶插值函数的简化形式为 $\boldsymbol{X}^h(t) = \boldsymbol{N}(t)^{\mathrm{T}} \boldsymbol{X}(t)$。

基于二阶拉格朗日插值的算法简称 P_2 算法，二阶拉格朗日插值函数为

$$
\boldsymbol{X}^h(t) = \frac{(t - t_{n+\frac{1}{2}})(t - t_{n+1})}{(t_n - t_{n+\frac{1}{2}})(t_n - t_{n+1})} \boldsymbol{X}(t_n^+) + \frac{(t - t_n)(t - t_{n+1})}{(t_{n+\frac{1}{2}} - t_n)(t_{n+\frac{1}{2}} - t_{n+1})} \boldsymbol{X}(t_{n+\frac{1}{2}})
+ \frac{(t - t_n)(t - t_{n+\frac{1}{2}})}{(t_{n+1} - t_n)(t_{n+1} - t_{n+\frac{1}{2}})} \boldsymbol{X}(t_{n+1}^-) \tag{3.17}
$$

令 $t_{n+\frac{1}{2}} = \left(t_n + t_{n+1}\right)/2$，将式(3.15)代入式(3.17)重新整理可得

$$
\boldsymbol{X}^h(t) = \Phi_1(t)\boldsymbol{X}(t_n^+) + \Phi_2(t)\boldsymbol{X}(t_{n+\frac{1}{2}}) + \Phi_3(t)\boldsymbol{X}(t_{n+1}^-) \tag{3.18}
$$

其中

$$\begin{cases}\Phi_1(t)=N_1(t)(N_1(t)-N_2(t))\\ \Phi_2(t)=4N_1(t)N_2(t)\\ \Phi_3(t)=N_2(t)(N_2(t)-N_1(t))\end{cases} \tag{3.19}$$

令

$$\boldsymbol{N}(t)=\begin{bmatrix}\Phi_1(t)\\ \Phi_2(t)\\ \Phi_3(t)\end{bmatrix},\quad \boldsymbol{u}(t)=\begin{bmatrix}u(t_n^+)\\ u(t_{n+\frac{1}{2}})\\ u(t_{n+1}^-)\end{bmatrix},\quad \boldsymbol{v}(t)=\begin{bmatrix}v(t_n^+)\\ v(t_{n+\frac{1}{2}})\\ v(t_{n+1}^-)\end{bmatrix} \tag{3.20}$$

则可得与一阶插值函数相同格式的简化形式，即 $\boldsymbol{X}^h(t)=\boldsymbol{N}(t)^{\mathrm{T}}\boldsymbol{X}(t)$ 。

基于三阶拉格朗日插值的算法简称 P_3 算法，三阶拉格朗日插值函数为

$$\begin{aligned}\boldsymbol{X}^h(t)=&\frac{(t-t_{n+\frac{1}{3}})(t-t_{n+\frac{2}{3}})(t-t_{n+1})}{(t_n-t_{n+\frac{1}{3}})(t_n-t_{n+\frac{2}{3}})(t_n-t_{n+1})}\boldsymbol{X}(t_n^+)+\frac{(t-t_n)(t-t_{n+\frac{2}{3}})(t-t_{n+1})}{(t_{n+\frac{1}{3}}-t_n)(t_{n+\frac{1}{3}}-t_{n+\frac{2}{3}})(t_{n+\frac{1}{3}}-t_{n+1})}\boldsymbol{X}(t_{n+\frac{1}{3}})\\ &+\frac{(t-t_n)(t-t_{n+\frac{1}{3}})(t-t_{n+1})}{(t_{n+\frac{2}{3}}-t_n)(t_{n+\frac{2}{3}}-t_{n+\frac{1}{3}})(t_{n+\frac{2}{3}}-t_{n+1})}\boldsymbol{X}(t_{n+\frac{2}{3}})+\frac{(t-t_n)(t-t_{n+\frac{1}{3}})(t-t_{n+\frac{2}{3}})}{(t_{n+1}-t_n)(t_{n+1}-t_{n+\frac{1}{3}})(t_{n+1}-t_{n+\frac{2}{3}})}\boldsymbol{X}(t_{n+1}^-)\end{aligned} \tag{3.21}$$

令 $t_{n+\frac{1}{3}}=\dfrac{t_{n+1}+2t_n}{3}$， $t_{n+\frac{2}{3}}=\dfrac{2t_{n+1}+t_n}{3}$ 并结合式(3.15)一起代入式(3.21)可得

$$\boldsymbol{X}^h(t)=\Phi_1(t)\boldsymbol{X}(t_n^+)+\Phi_2(t)\boldsymbol{X}(t_{n+\frac{1}{3}})+\Phi_3(t)\boldsymbol{X}(t_{n+\frac{2}{3}})+\Phi_4(t)\boldsymbol{X}(t_{n+1}^-) \tag{3.22}$$

其中

$$\begin{aligned}\Phi_1(t)&=\frac{1}{2}N_1(t)\big(N_1(t)-2N_2(t)\big)\big(2N_1(t)-N_2(t)\big)\\ \Phi_2(t)&=\frac{9}{2}N_1(t)N_2(t)\big(2N_1(t)-N_2(t)\big)\\ \Phi_3(t)&=-\frac{9}{2}N_1(t)N_2(t)\big(N_1(t)-2N_2(t)\big)\\ \Phi_4(t)&=\frac{1}{2}N_2(t)\big(N_1(t)-2N_2(t)\big)\big(2N_1(t)-N_2(t)\big)\end{aligned} \tag{3.23}$$

令

$$\boldsymbol{N}(t)=\begin{bmatrix}\Phi_1(t)\\ \Phi_2(t)\\ \Phi_3(t)\\ \Phi_4(t)\end{bmatrix},\quad \boldsymbol{u}(t)=\begin{bmatrix}u(t_n^+)\\ u(t_{n+\frac{1}{3}})\\ u(t_{n+\frac{2}{3}})\\ u(t_{n+1}^-)\end{bmatrix},\quad \boldsymbol{v}(t)=\begin{bmatrix}v(t_n^+)\\ v(t_{n+\frac{1}{3}})\\ v(t_{n+\frac{2}{3}})\\ v(t_{n+1}^-)\end{bmatrix} \tag{3.24}$$

则可得到与一阶插值函数相同格式的简化形式，即 $\boldsymbol{X}^h(t)=\boldsymbol{N}(t)^{\mathrm{T}}\boldsymbol{X}(t)$ 。

在处理上述方程的时变系数时，采用三种方法：①高斯积分法进行求解，将时变系数放在积分式中跟权函数一起积分；②在每个时间单元内对质量矩阵、阻尼矩阵及刚度矩阵取平均值的时不变假设近似求解法；③假设时变系数按照某种规律变化，最简单的方法是对其进行线性插值。

1) 拉格朗日插值算法公式的高斯积分法求解

应用高斯积分法时，只需将拉格朗日插值函数及其权函数代入加权余量伽辽金公式，并进行一定的简化和整理即可，而不需要推导具体的矩阵算式。具体求解通过编写算法程序及高斯积分程序实现，通过选择合适的高斯积分点及其权值可以得到较高的计算精度。高斯型求积算法原理为：假定 $f(x)$ 是定义在区间 $[a,b]$ 上的可积函数，考虑带权积分

$$I(f)=\int_a^b f(x)w(x)\mathrm{d}x$$

其中，$w(x)\geqslant 0$ 为区间 $[a,b]$ 上的权函数，$I(f)$ 的数值求积就是用和式 $I_n(f)$ 近似替代 $I(f)$，即

$$I_n(f)=\sum_{k=0}^{n}A_k f(x_k)$$

其中，$A_k(k=0,1,\cdots,n)$ 与 $f(x)$ 无关，称为求积系数；$x_k(k=0,1,\cdots,n)$ 称为求积节点。通常取 $a\leqslant x_0<x_1<\cdots<x_n\leqslant b$ 。若记 $I(f)=I_n(f)+R_n[f]$，称 $R_n[f]$ 为求积公式的余项。

$I_n(f)$ 的节点 $a\leqslant x_0<x_1<\cdots<x_n\leqslant b$ 称为高斯点，而且 $n+1$ 个节点的插值求积公式的代数精确度最多是 $2n+1$，相应的求积公式称为高斯型求积公式。在高斯型求积公式中，若取 $w(x)\equiv 1$，区间为 $[-1,1]$，则相应的正交多项式是勒让德多项式 $P_n(x)$，这时高斯型求积公式称为高斯-勒让德求积公式，简称高斯求积公式，其表达式为

$$\int_{-1}^{1} f(x)\mathrm{d}x=\sum_{k=0}^{n}A_k f(x_k)+R_n[f] \tag{3.25}$$

其中，节点 $\{x_k\}_{k=0}^{n}$ 是勒让德多项式 $P_{n+1}(x)$ 的零点，A_k 为系数，余项 $R_n[f]=\dfrac{f^{(2n+2)}(\eta)}{(2n+2)!}\int_{-1}^{1}\omega_{n+1}^2(x)\mathrm{d}x=\dfrac{2^{2n+3}[(n+1)!]^4}{(2n+3)[(2n+2)!]^3}f^{(2n+2)}(\eta)$，高斯求积公式的求积节点和系数如表3.1所示。

表 3.1 高斯求积公式的求积节点和系数

n	1	2	3	4	5	6
x_k	0	±0.5773502692	±0.7745966692 0	±0.8611363116 ±0.3399810436	±0.9061798459 ±0.5384693101 0	±0.9324695142 ±0.6612093865 ±0.2366191861
A_k	2	1	5/9 8/9	0.3478548451 0.6521451549	0.2369268851 0.4786286705 0.568888889	0.1713244924 0.3607615730 0.4679139346

将拉格朗日插值函数统一形式 $\boldsymbol{N}(t)$ 及其权函数 $\boldsymbol{W}(t)$（$\boldsymbol{w}_1^h(t)=\boldsymbol{w}_2^h(t)=\boldsymbol{N}(t)$）代入加权余量伽辽金公式，整理可得不协调时间有限元法的求解形式如下：

$$
\begin{aligned}
\boldsymbol{R}_n = & \int_{I_n}\left(\begin{bmatrix}\boldsymbol{0}\\ \boldsymbol{N}(t)\end{bmatrix}\left(\boldsymbol{M}(t)\begin{bmatrix}\boldsymbol{0}\\ \dot{\boldsymbol{N}}(t)\end{bmatrix}^{\mathrm{T}}\begin{bmatrix}\boldsymbol{0}\\ \boldsymbol{v}(t)\end{bmatrix}+\boldsymbol{C}(t)\begin{bmatrix}\boldsymbol{0}\\ \boldsymbol{N}(t)\end{bmatrix}^{\mathrm{T}}\begin{bmatrix}\boldsymbol{0}\\ \boldsymbol{v}(t)\end{bmatrix}+\boldsymbol{K}(t)\begin{bmatrix}\boldsymbol{N}(t)\\ \boldsymbol{0}\end{bmatrix}^{\mathrm{T}}\begin{bmatrix}\boldsymbol{u}(t)\\ \boldsymbol{0}\end{bmatrix}\right)\right)\mathrm{d}t \\
& +\int_{I_n}\left(\begin{bmatrix}\boldsymbol{0}\\ \boldsymbol{N}(t)\end{bmatrix}\boldsymbol{F}(t)\right)\mathrm{d}t+\int_{I_n}\left(\begin{bmatrix}\boldsymbol{N}(t)\\ \boldsymbol{0}\end{bmatrix}\boldsymbol{K}(t)\left(\begin{bmatrix}\dot{\boldsymbol{N}}(t)\\ \boldsymbol{0}\end{bmatrix}^{\mathrm{T}}\begin{bmatrix}\boldsymbol{u}(t)\\ \boldsymbol{0}\end{bmatrix}-\begin{bmatrix}\boldsymbol{0}\\ \boldsymbol{N}(t)\end{bmatrix}^{\mathrm{T}}\begin{bmatrix}\boldsymbol{0}\\ \boldsymbol{v}(t)\end{bmatrix}\right)\right)\mathrm{d}t \\
& +\begin{bmatrix}\boldsymbol{N}(t_n^+)\\ \boldsymbol{0}\end{bmatrix}\boldsymbol{K}(t_n)\begin{bmatrix}\boldsymbol{N}_1(t_n)\\ \boldsymbol{0}\end{bmatrix}\left(\boldsymbol{u}(t_n^+)-\boldsymbol{u}(t_n^-)\right) \\
& +\begin{bmatrix}\boldsymbol{0}\\ \boldsymbol{N}(t_n^+)\end{bmatrix}\boldsymbol{M}(t_n)\begin{bmatrix}\boldsymbol{N}_1(t_n)\\ \boldsymbol{0}\end{bmatrix}\left(\boldsymbol{v}(t_n^+)-\boldsymbol{v}(t_n^-)\right)=\boldsymbol{0}
\end{aligned}
\tag{3.26}
$$

整理后得

$$
\left[\boldsymbol{A}_1+\boldsymbol{A}_2+\boldsymbol{A}_3+\boldsymbol{A}_4+\boldsymbol{A}_5+\boldsymbol{C}_1+\boldsymbol{C}_2\right]\boldsymbol{X}(t)=\left[\boldsymbol{B}_1+\boldsymbol{C}_1\boldsymbol{u}(t_n^-)+\boldsymbol{C}_2\boldsymbol{v}(t_n^-)\right] \tag{3.27}
$$

其中

$$
\boldsymbol{A}_1=\int_{I_n}\left(\begin{bmatrix}\boldsymbol{0}\\ \boldsymbol{N}(t)\end{bmatrix}\boldsymbol{M}(t)\begin{bmatrix}\boldsymbol{0}\\ \dot{\boldsymbol{N}}(t)\end{bmatrix}^{\mathrm{T}}\right)\mathrm{d}t \tag{3.28}
$$

$$
\boldsymbol{A}_2=\int_{I_n}\left(\begin{bmatrix}\boldsymbol{0}\\ \boldsymbol{N}(t)\end{bmatrix}\boldsymbol{C}(t)\begin{bmatrix}\boldsymbol{0}\\ \boldsymbol{N}(t)\end{bmatrix}^{\mathrm{T}}\right)\mathrm{d}t \tag{3.29}
$$

$$
\boldsymbol{A}_3=\int_{I_n}\left(\begin{bmatrix}\boldsymbol{0}\\ \boldsymbol{N}(t)\end{bmatrix}\boldsymbol{K}(t)\begin{bmatrix}\boldsymbol{N}(t)\\ \boldsymbol{0}\end{bmatrix}^{\mathrm{T}}\right)\mathrm{d}t \tag{3.30}
$$

$$A_4 = \int_{I_n} \left(\begin{bmatrix} N(t) \\ 0 \end{bmatrix} K(t) \begin{bmatrix} \dot{N}(t) \\ 0 \end{bmatrix}^{\mathrm{T}} \right) \mathrm{d}t \tag{3.31}$$

$$A_5 = -\int_{I_n} \left(\begin{bmatrix} N(t) \\ 0 \end{bmatrix} K(t) \begin{bmatrix} 0 \\ N(t) \end{bmatrix}^{\mathrm{T}} \right) \mathrm{d}t \tag{3.32}$$

$$B_1 = \int_{I_n} \begin{bmatrix} 0 \\ N(t) \end{bmatrix} F(t) \mathrm{d}t \tag{3.33}$$

$$C_1 = \begin{bmatrix} N(t_n^+) \\ 0 \end{bmatrix} K(t_n) \tag{3.34}$$

$$C_2 = \begin{bmatrix} 0 \\ N(t_n^+) \end{bmatrix} M(t_n) \tag{3.35}$$

对于 $u(t_n^-)$ 和 $v(t_n^-)$，计算当前单元时分别取上一单元的末端点值，第一个单元取初值。应用高斯积分法求解前三阶拉格朗日插值的算法公式时，定义相应的名称分别为 P_1, P_2, P_3。

2）拉格朗日插值算法公式的平均值法求解

平均值求解法是在任一时间单元内用单元的平均质量、阻尼及刚度代替变化的质量、阻尼及刚度。这是一种时不变假设的近似处理方法，虽然会产生误差，但是由于不协调时间有限元法本身所具有的高精度，这样处理还是可以得到较好的结果。在时间单元 $I_n = (t_n, t_{n+1})$ 内，质量矩阵、阻尼矩阵及刚度矩阵的平均值可以表示为

$$M_n = \frac{1}{\Delta t_n} \int_{I_n} M(t) \mathrm{d}t, \qquad C_n = \frac{1}{\Delta t_n} \int_{I_n} C(t) \mathrm{d}t, \qquad K_n = \frac{1}{\Delta t_n} \int_{I_n} K(t) \mathrm{d}t \tag{3.36}$$

将时变结构的半离散动力控制方程转换到状态空间，将质量矩阵、阻尼矩阵及刚度矩阵的平均值代入，可以得到如下形式的一阶线性微分方程组：

$$A\dot{X}(t) + BX(t) = Y(t) \tag{3.37}$$

其中

$$A = \begin{bmatrix} K_n & 0 \\ 0 & M_n \end{bmatrix}, \ B = \begin{bmatrix} 0 & -K_n \\ K_n & C_n \end{bmatrix}, \ X(t) = \begin{bmatrix} u(t) \\ v(t) \end{bmatrix}, \ Y(t) = \begin{bmatrix} 0 \\ F(t) \end{bmatrix} \tag{3.38}$$

初始条件为 $X(0) = X_0$，则基于伽辽金法的加权余量公式变为

$$R_n = \int_{I_n} W(t)(A\dot{X}(t) + BX(t) - Y(t)) \mathrm{d}t + W(t_n^+) AX(t_n) = 0 \tag{3.39}$$

将上式重新整理并化简可得如下算法公式：

$$
\begin{aligned}
&B_{\mathrm{TDG}}(\boldsymbol{W}(t),\boldsymbol{X}(t))_n = H_{\mathrm{TDG}}(\boldsymbol{W}(t))_n, \quad n=1,2,\cdots,N \\
&B_{\mathrm{TDG}}(\boldsymbol{W}(t),\boldsymbol{X}(t))_n = (\boldsymbol{W}(t),\boldsymbol{A}\dot{\boldsymbol{X}}(t))_{I_n} + (\boldsymbol{W}(t),\boldsymbol{B}\boldsymbol{X}(t))_{I_n} + \boldsymbol{W}(t_n^+)\boldsymbol{A}\boldsymbol{X}(t_n^+) \\
&H_{\mathrm{TDG}}(\boldsymbol{W}(t))_n = (\boldsymbol{W}(t),\boldsymbol{Y}(t))_{I_n} + \boldsymbol{W}(t_n^+)\boldsymbol{A}\boldsymbol{X}(t_n^-), \quad n=2,\cdots,N \\
&H_{\mathrm{TDG}}(\boldsymbol{W}(t))_1 = (\boldsymbol{W}(t),\boldsymbol{Y}(t))_{I_1} + \boldsymbol{W}(t_1^+)\boldsymbol{A}\boldsymbol{X}(0), \quad n=1
\end{aligned}
\tag{3.40}
$$

将拉格朗日一阶插值函数及其权函数代入式(3.40)可得

$$
\begin{bmatrix} -\dfrac{1}{2}\boldsymbol{A}+\dfrac{1}{6}\Delta t_n\boldsymbol{B} & \dfrac{1}{2}\boldsymbol{A}+\dfrac{1}{3}\Delta t_n\boldsymbol{B} \\ \dfrac{1}{2}\boldsymbol{A}+\dfrac{1}{3}\Delta t_n\boldsymbol{B} & \dfrac{1}{2}\boldsymbol{A}+\dfrac{1}{6}\Delta t_n\boldsymbol{B} \end{bmatrix}
\begin{bmatrix} \boldsymbol{X}(t_n^+) \\ \boldsymbol{X}(t_{n+1}^-) \end{bmatrix}
= \begin{bmatrix} \boldsymbol{Y}_1+\boldsymbol{A}\boldsymbol{X}(t_n^-) \\ \boldsymbol{Y}_2 \end{bmatrix}
\tag{3.41}
$$

其中，$\boldsymbol{Y}_i=\int_{I_n}\varPhi_i(t)\boldsymbol{Y}(t)\mathrm{d}t, i=1,2$，将式(3.38)的$\boldsymbol{A},\boldsymbol{B},\boldsymbol{X}(t),\boldsymbol{Y}(t)$代入式(3.41)整理得

$$
\begin{bmatrix}
-\dfrac{\boldsymbol{K}_n}{2} & -\dfrac{\Delta t_n\boldsymbol{K}_n}{6} & \dfrac{\boldsymbol{K}_n}{2} & -\dfrac{\Delta t_n\boldsymbol{K}_n}{3} \\
\dfrac{\Delta t_n\boldsymbol{K}_n}{6} & -\dfrac{\boldsymbol{M}_n}{2}+\dfrac{\Delta t_n\boldsymbol{C}_n}{6} & \dfrac{\Delta t_n\boldsymbol{K}_n}{3} & \dfrac{\boldsymbol{M}_n}{2}+\dfrac{\Delta t_n\boldsymbol{C}_n}{3} \\
\dfrac{\boldsymbol{K}_n}{2} & -\dfrac{\Delta t_n\boldsymbol{K}_n}{3} & \dfrac{\boldsymbol{K}_n}{2} & -\dfrac{\Delta t_n\boldsymbol{K}_n}{6} \\
\dfrac{\Delta t_n\boldsymbol{K}_n}{3} & \dfrac{\boldsymbol{M}_n}{2}+\dfrac{\Delta t_n\boldsymbol{C}_n}{3} & \dfrac{\Delta t_n\boldsymbol{K}_n}{6} & \dfrac{\boldsymbol{M}_n}{2}+\dfrac{\Delta t_n\boldsymbol{C}_n}{6}
\end{bmatrix}
\begin{bmatrix} \boldsymbol{u}(t_n^+) \\ \boldsymbol{v}(t_n^+) \\ \boldsymbol{u}(t_{n+1}^-) \\ \boldsymbol{v}(t_{n+1}^-) \end{bmatrix}
= \begin{bmatrix} \boldsymbol{K}_n\boldsymbol{u}(t_n^-) \\ \boldsymbol{M}_n\boldsymbol{v}(t_n^-)+\boldsymbol{F}_1(t) \\ \boldsymbol{0} \\ \boldsymbol{F}_2(t) \end{bmatrix}
\tag{3.42}
$$

其中

$$
\boldsymbol{F}_1(t)=\int_{t_n}^{t_{n+1}} N_1(t)\boldsymbol{F}(t)\mathrm{d}t, \quad \boldsymbol{F}_2(t)=\int_{t_n}^{t_{n+1}} N_2(t)\boldsymbol{F}(t)\mathrm{d}t
\tag{3.43}
$$

从式(3.42)很容易可以看出它的规模是式(3.1)的 4 倍，为了减少计算量，对式(3.42)进行初步化简，消去$\boldsymbol{u}(t_n^+),\boldsymbol{v}(t_n^+)$可得

$$
\boldsymbol{A}_{AP_1}\begin{bmatrix} \boldsymbol{u}(t_{n+1}^-) \\ \Delta t_n\boldsymbol{v}(t_{n+1}^-) \end{bmatrix}
= \boldsymbol{B}_{AP_1}\begin{bmatrix} \boldsymbol{u}(t_n^-) \\ \Delta t_n\boldsymbol{v}(t_n^-) \end{bmatrix}
+ \Delta t_n\begin{bmatrix} \boldsymbol{F}_1(t) \\ \boldsymbol{F}_2(t) \end{bmatrix}
\tag{3.44}
$$

其中

$$
\boldsymbol{A}_{AP_1}=\begin{bmatrix}
-\boldsymbol{M}_n+\dfrac{7\Delta t_n^2\boldsymbol{K}_n}{18}+\dfrac{\Delta t_n\boldsymbol{C}_n}{3} & \boldsymbol{M}_n-\dfrac{\Delta t_n^2\boldsymbol{K}_n}{18}+\dfrac{\Delta t_n\boldsymbol{C}_n}{6} \\
\boldsymbol{M}_n+\dfrac{5\Delta t_n^2\boldsymbol{K}_n}{18}+\dfrac{\Delta t_n\boldsymbol{C}_n}{3} & -\dfrac{\Delta t_n^2\boldsymbol{K}_n}{9}-\dfrac{\Delta t_n\boldsymbol{C}_n}{6}
\end{bmatrix}
\tag{3.45}
$$

$$\boldsymbol{B}_{AP_1}=\begin{bmatrix} -\boldsymbol{M}_n+\dfrac{\Delta t_n^2\boldsymbol{K}_n}{9}+\dfrac{\Delta t_n\boldsymbol{C}_n}{3} & 0 \\ \boldsymbol{M}_n-\dfrac{2\Delta t_n^2\boldsymbol{K}_n}{9}+\dfrac{2\Delta t_n\boldsymbol{C}_n}{3} & \boldsymbol{M}_n \end{bmatrix} \tag{3.46}$$

其中，$\boldsymbol{F}_1(t),\boldsymbol{F}_2(t)$ 如式(3.43)所示，积分式中若外载 $\boldsymbol{F}(t)$ 为常量或者表达式比较简单，可以进行精确积分。如果外载 $\boldsymbol{F}(t)$ 表达式精确积分比较困难，在时间域 $I_n=(t_n,t_{n+1})$ 上可以用与未知域相同的插值函数进行离散，可得如下表达式：

$$\boldsymbol{F}(t)=N_1(t)\boldsymbol{F}(t_n^+)+N_2(t)\boldsymbol{F}(t_{n+1}^-) \tag{3.47}$$

将上式代入式(3.44)可得如下形式，其中 $\boldsymbol{A}_{AP_1},\boldsymbol{B}_{AP_1}$ 同式(3.45)。

$$\boldsymbol{A}_{AP_1}\begin{bmatrix} \boldsymbol{u}(t_{n+1}^-) \\ \Delta t_n\boldsymbol{v}(t_{n+1}^-) \end{bmatrix}=\boldsymbol{B}_{AP_1}\begin{bmatrix} \boldsymbol{u}(t_n^-) \\ \Delta t_n\boldsymbol{v}(t_n^-) \end{bmatrix}+\Delta t_n\begin{bmatrix} \dfrac{1}{3} & \dfrac{1}{6} \\ \dfrac{1}{6} & \dfrac{1}{3} \end{bmatrix}\begin{bmatrix} \boldsymbol{F}(t_n^+) \\ \boldsymbol{F}(t_{n+1}^-) \end{bmatrix} \tag{3.48}$$

将二阶拉格朗日插值函数及其权函数代入式(3.40)可得如下算式：

$$\begin{bmatrix} \dfrac{\boldsymbol{A}}{2}+\dfrac{2\Delta t_n\boldsymbol{B}}{15} & \dfrac{2\boldsymbol{A}}{3}+\dfrac{\Delta t_n\boldsymbol{B}}{15} & -\dfrac{\boldsymbol{A}}{6}-\dfrac{\Delta t_n\boldsymbol{B}}{30} \\ -\dfrac{2\boldsymbol{A}}{3}+\dfrac{\Delta t_n\boldsymbol{B}}{15} & \dfrac{8\Delta t_n\boldsymbol{B}}{15} & \dfrac{2\boldsymbol{A}}{3}+\dfrac{\Delta t_n\boldsymbol{B}}{15} \\ \dfrac{\boldsymbol{A}}{6}-\dfrac{\Delta t_n\boldsymbol{B}}{30} & -\dfrac{2\boldsymbol{A}}{3}+\dfrac{\Delta t_n\boldsymbol{B}}{15} & \dfrac{\boldsymbol{A}}{2}+\dfrac{2\Delta t_n\boldsymbol{B}}{15} \end{bmatrix}\begin{bmatrix} \boldsymbol{X}(t_n^+) \\ \boldsymbol{X}(t_{n+\frac{1}{2}}) \\ \boldsymbol{X}(t_{n+1}^-) \end{bmatrix}=\begin{bmatrix} \boldsymbol{Y}_1+\boldsymbol{A}\boldsymbol{X}(t_n^-) \\ \boldsymbol{Y}_2 \\ \boldsymbol{Y}_3 \end{bmatrix} \tag{3.49}$$

其中，$\boldsymbol{Y}_i=\int_{I_n}\varPhi_i(t)\boldsymbol{Y}(t)\mathrm{d}t, i=1,2,3$，将式(3.38)的 $\boldsymbol{A},\boldsymbol{B},\boldsymbol{X}(t),\boldsymbol{Y}(t)$ 代入重新整理可得

$$\boldsymbol{A}_{AP_2}\boldsymbol{X}_{AP_2}=\boldsymbol{F}_{AP_2}$$

$$\boldsymbol{A}_{AP_2}=\begin{bmatrix} \dfrac{\boldsymbol{K}_n}{2} & -\dfrac{2\Delta t_n\boldsymbol{K}_n}{15} & \dfrac{2\boldsymbol{K}_n}{3} & -\dfrac{\Delta t_n\boldsymbol{K}_n}{15} & -\dfrac{\boldsymbol{K}_n}{6} & \dfrac{\Delta t_n\boldsymbol{K}_n}{30} \\ \dfrac{2\Delta t_n\boldsymbol{K}_n}{15} & \dfrac{\boldsymbol{M}_n}{2}+\dfrac{2\Delta t_n\boldsymbol{C}_n}{15} & \dfrac{\Delta t_n\boldsymbol{K}_n}{15} & \dfrac{2\boldsymbol{M}_n}{3}+\dfrac{\Delta t_n\boldsymbol{C}_n}{15} & -\dfrac{\Delta t_n\boldsymbol{K}_n}{30} & -\dfrac{\boldsymbol{M}_n}{6}-\dfrac{\Delta t_n\boldsymbol{C}_n}{30} \\ -\dfrac{2\boldsymbol{K}_n}{3} & -\dfrac{\Delta t_n\boldsymbol{K}_n}{15} & \boldsymbol{0} & -\dfrac{8\Delta t_n\boldsymbol{K}_n}{15} & \dfrac{2\boldsymbol{K}_n}{3} & -\dfrac{\Delta t_n\boldsymbol{K}_n}{15} \\ \dfrac{\Delta t_n\boldsymbol{K}_n}{15} & -\dfrac{2\boldsymbol{M}_n}{3}+\dfrac{\Delta t_n\boldsymbol{C}_n}{15} & \dfrac{8\Delta t_n\boldsymbol{K}_n}{15} & \dfrac{8\Delta t_n\boldsymbol{C}_n}{15} & \dfrac{\Delta t_n\boldsymbol{K}_n}{15} & \dfrac{2\boldsymbol{M}_n}{3}+\dfrac{\Delta t_n\boldsymbol{C}_n}{15} \\ \dfrac{\boldsymbol{K}_n}{6} & \dfrac{\Delta t_n\boldsymbol{K}_n}{30} & -\dfrac{2\Delta t_n\boldsymbol{K}_n}{3} & -\dfrac{\Delta t_n\boldsymbol{K}_n}{15} & \dfrac{\boldsymbol{K}_n}{2} & -\dfrac{2\Delta t_n\boldsymbol{K}_n}{15} \\ -\dfrac{\Delta t_n\boldsymbol{K}_n}{30} & \dfrac{\boldsymbol{M}_n}{6}-\dfrac{\Delta t_n\boldsymbol{C}_n}{30} & \dfrac{\Delta t_n\boldsymbol{K}_n}{15} & -\dfrac{2\Delta t_n\boldsymbol{M}_n}{3}+\dfrac{\Delta t_n\boldsymbol{C}_n}{15} & \dfrac{2\Delta t_n\boldsymbol{K}_n}{15} & \dfrac{\boldsymbol{M}_n}{2}+\dfrac{2\Delta t_n\boldsymbol{C}_n}{15} \end{bmatrix}$$

$$\boldsymbol{X}_{AP_2}=\begin{bmatrix}\boldsymbol{u}(t_n^+) & \boldsymbol{v}(t_n^+) & \boldsymbol{u}(t_{n+\frac{1}{2}}) & \boldsymbol{v}(t_{n+\frac{1}{2}}) & \boldsymbol{u}(t_{n+1}^-) & \boldsymbol{v}(t_{n+1}^-)\end{bmatrix}^{\mathrm{T}}$$

$$\boldsymbol{F}_{AP_2}=\begin{bmatrix}\boldsymbol{K}_n\boldsymbol{u}(t_n^-) & \boldsymbol{F}_1+\boldsymbol{M}_n\boldsymbol{v}(t_n^-) & \boldsymbol{0} & \boldsymbol{F}_2 & \boldsymbol{0} & \boldsymbol{F}_3\end{bmatrix}^{\mathrm{T}},\boldsymbol{F}_i=\int_{I_n}\Phi_i(t)\boldsymbol{F}(t)\mathrm{d}t,\quad i=1,2,3$$

将三阶拉格朗日插值函数及其权函数代入式(3.40)可得如下算式：

$$\begin{bmatrix}\frac{\boldsymbol{A}}{2}+\frac{8\Delta t_n\boldsymbol{B}}{105} & \frac{57\boldsymbol{A}}{80}+\frac{33\Delta t_n\boldsymbol{B}}{560} & -\frac{3\boldsymbol{A}}{10}-\frac{3\Delta t_n\boldsymbol{B}}{140} & \frac{7\boldsymbol{A}}{80}+\frac{19\Delta t_n\boldsymbol{B}}{1680}\\ -\frac{57\boldsymbol{A}}{80}+\frac{33\Delta t_n\boldsymbol{B}}{560} & \frac{27\Delta t_n\boldsymbol{B}}{70} & \frac{81\boldsymbol{A}}{80}+\frac{27\Delta t_n\boldsymbol{B}}{560} & -\frac{3\boldsymbol{A}}{10}+\frac{3\Delta t_n\boldsymbol{B}}{140}\\ \frac{3\boldsymbol{A}}{10}-\frac{3\Delta t_n\boldsymbol{B}}{140} & -\frac{81\boldsymbol{A}}{80}+\frac{27\Delta t_n\boldsymbol{B}}{560} & \frac{27\Delta t_n\boldsymbol{A}}{70} & \frac{57\boldsymbol{A}}{80}+\frac{33\Delta t_n\boldsymbol{B}}{560}\\ -\frac{7\boldsymbol{A}}{80}+\frac{19\Delta t_n\boldsymbol{B}}{1680} & \frac{3\boldsymbol{A}}{10}-\frac{3\Delta t_n\boldsymbol{B}}{140} & -\frac{57\boldsymbol{A}}{80}+\frac{33\Delta t_n\boldsymbol{B}}{560} & \frac{1\boldsymbol{A}}{2}+\frac{8\Delta t_n\boldsymbol{B}}{105}\end{bmatrix}\begin{bmatrix}\boldsymbol{X}(t_n^+)\\ \boldsymbol{X}(t_{n+\frac{1}{3}})\\ \boldsymbol{X}(t_{n+\frac{2}{3}})\\ \boldsymbol{X}(t_{n+1}^-)\end{bmatrix}=\begin{bmatrix}\boldsymbol{Y}_1+\boldsymbol{A}\boldsymbol{X}(t_n^-)\\ \boldsymbol{Y}_2\\ \boldsymbol{Y}_3\\ \boldsymbol{Y}_4\end{bmatrix} \tag{3.50}$$

其中，$\boldsymbol{Y}_i=\int_{I_n}\Phi_i(t)\boldsymbol{Y}(t)\mathrm{d}t,i=1,2,3,4$，将式(3.38)的 $\boldsymbol{A},\boldsymbol{B},\boldsymbol{X}(t),\boldsymbol{Y}(t)$ 代入整理可得

$$\boldsymbol{A}_{AP_3}\boldsymbol{X}_{AP_3}=\boldsymbol{F}_{AP_3} \tag{3.51}$$

$$\boldsymbol{A}_{AP_3}=\begin{bmatrix}\frac{\boldsymbol{K}}{2} & -\frac{8\Delta t\boldsymbol{K}}{105} & \frac{57\boldsymbol{K}}{80} & -\frac{33\Delta t\boldsymbol{K}}{560} & -\frac{3\boldsymbol{K}}{10} & \frac{3\Delta t\boldsymbol{K}}{140} & \frac{7\boldsymbol{K}}{80} & -\frac{19\Delta t\boldsymbol{K}}{1680}\\ \frac{8\Delta t\boldsymbol{K}}{105} & \frac{\boldsymbol{M}}{2}+\frac{8\Delta t\boldsymbol{C}}{105} & \frac{33\Delta t\boldsymbol{K}}{560} & \frac{57\boldsymbol{M}}{80}+\frac{33\Delta t\boldsymbol{C}}{560} & -\frac{3\Delta t\boldsymbol{K}}{140} & -\frac{3\boldsymbol{M}}{10}-\frac{3\Delta t\boldsymbol{C}}{140} & \frac{19\Delta t\boldsymbol{K}}{1680} & \frac{7\boldsymbol{M}}{80}+\frac{19\Delta t\boldsymbol{C}}{1680}\\ -\frac{57\boldsymbol{K}}{80} & -\frac{33\Delta t\boldsymbol{K}}{560} & \boldsymbol{0} & -\frac{27\Delta t\boldsymbol{K}}{70} & \frac{81\boldsymbol{K}}{80} & -\frac{27\Delta t\boldsymbol{K}}{560} & -\frac{3\boldsymbol{K}}{10} & -\frac{3\Delta t\boldsymbol{K}}{140}\\ \frac{33\Delta t\boldsymbol{K}}{560} & -\frac{57\boldsymbol{M}}{80}+\frac{33\Delta t\boldsymbol{C}}{560} & \frac{27\Delta t\boldsymbol{K}}{70} & \frac{27\Delta t\boldsymbol{C}}{70} & \frac{27\Delta t\boldsymbol{K}}{560} & \frac{81\boldsymbol{M}}{80}+\frac{27\Delta t\boldsymbol{C}}{560} & \frac{3\Delta t\boldsymbol{K}}{140} & -\frac{3\boldsymbol{M}}{10}+\frac{3\Delta t\boldsymbol{C}}{140}\\ \frac{3\boldsymbol{K}}{10} & \frac{3\Delta t\boldsymbol{K}}{140} & -\frac{81\boldsymbol{K}}{80} & -\frac{27\Delta t\boldsymbol{K}}{560} & \frac{27\boldsymbol{K}}{70} & \boldsymbol{0} & \frac{57\boldsymbol{K}}{80} & -\frac{33\Delta t\boldsymbol{K}}{560}\\ -\frac{3\Delta t\boldsymbol{K}}{140} & \frac{3\boldsymbol{K}}{10}-\frac{3\Delta t\boldsymbol{C}}{140} & \frac{27\Delta t\boldsymbol{K}}{560} & -\frac{81\boldsymbol{M}}{80}+\frac{27\Delta t\boldsymbol{C}}{560} & \boldsymbol{0} & \frac{27\boldsymbol{M}}{70} & \frac{33\Delta t\boldsymbol{K}}{560} & \frac{57\boldsymbol{M}}{80}+\frac{33\Delta t\boldsymbol{C}}{560}\\ -\frac{7\boldsymbol{K}}{80} & -\frac{19\Delta t\boldsymbol{K}}{1680} & \frac{3\boldsymbol{K}}{10} & \frac{3\Delta t\boldsymbol{K}}{140} & -\frac{57\boldsymbol{K}}{80} & -\frac{33\Delta t\boldsymbol{K}}{560} & \frac{\boldsymbol{K}}{2} & -\frac{8\Delta t\boldsymbol{K}}{105}\\ \frac{19\Delta t\boldsymbol{K}}{1680} & -\frac{7\boldsymbol{M}}{80}+\frac{19\Delta t\boldsymbol{C}}{1680} & -\frac{3\Delta t\boldsymbol{K}}{140} & \frac{3\boldsymbol{M}}{10}-\frac{3\Delta t\boldsymbol{C}}{140} & \frac{33\Delta t\boldsymbol{K}}{560} & -\frac{57\boldsymbol{M}}{80}+\frac{33\Delta t\boldsymbol{C}}{560} & \frac{8\Delta t\boldsymbol{K}}{105} & \frac{\boldsymbol{M}}{2}+\frac{8\Delta t\boldsymbol{C}}{105}\end{bmatrix}$$

$$\boldsymbol{X}_{AP_3}=\begin{bmatrix}\boldsymbol{u}(t_n^+) & \boldsymbol{v}(t_n^+) & \boldsymbol{u}(t_{n+\frac{1}{3}}) & \boldsymbol{v}(t_{n+\frac{1}{3}}) & \boldsymbol{u}(t_{n+\frac{2}{3}}) & \boldsymbol{v}(t_{n+\frac{2}{3}}) & \boldsymbol{u}(t_{n+1}^-) & \boldsymbol{v}(t_{n+1}^-)\end{bmatrix}^{\mathrm{T}}$$

$$\boldsymbol{F}_{AP_3}=\begin{bmatrix}\boldsymbol{K}_n\boldsymbol{u}(t_n^-) & \boldsymbol{F}_1+\boldsymbol{M}_n\boldsymbol{v}(t_n^-) & \boldsymbol{0} & \boldsymbol{F}_2 & \boldsymbol{0} & \boldsymbol{F}_3 & \boldsymbol{0} & \boldsymbol{F}_4\end{bmatrix}^{\mathrm{T}},$$

$$\boldsymbol{F}_i=\int_{I_n}\Phi_i(t)\boldsymbol{F}(t)\mathrm{d}t,\quad i=1,2,3,4$$

应用时不变假设的平均值法求解前三阶拉格朗日插值算法公式时，定义相应的算法名称分别为 AP_1,AP_2,AP_3。

3) 拉格朗日插值算法公式的插值法求解

时间结构控制方程的时变系数矩阵 $\boldsymbol{M}(t),\boldsymbol{C}(t),\boldsymbol{K}(t)$ 还可以采用插值方法进行近似求解，对时变质量矩阵、阻尼矩阵及刚度矩阵采用与位移速度相同的拉格朗日插值函数进行插值。基于一阶拉格朗日插值的函数可以表示为

$$\begin{cases}\boldsymbol{M}(t)=N_1(t)\boldsymbol{M}(t_n^+)+N_2(t)\boldsymbol{M}(t_{n+1}^-)\\ \boldsymbol{C}(t)=N_1(t)\boldsymbol{C}(t_n^+)+N_2(t)\boldsymbol{C}(t_{n+1}^-)\\ \boldsymbol{K}(t)=N_1(t)\boldsymbol{K}(t_n^+)+N_2(t)\boldsymbol{K}(t_{n+1}^-)\end{cases} \tag{3.52}$$

基于伽辽金加权余量法的不协调时间有限元法的时变公式为

$$\begin{aligned}\boldsymbol{R}_n=&\int_{I_n}\boldsymbol{w}_2(t)(\boldsymbol{M}(t)\dot{\boldsymbol{v}}(t)+\boldsymbol{C}(t)\boldsymbol{v}(t)+\boldsymbol{K}(t)\boldsymbol{u}(t)-\boldsymbol{F}(t))\mathrm{d}t\\&+\int_{I_n}\boldsymbol{w}_1(t)\boldsymbol{K}(t)(\dot{\boldsymbol{u}}(t)-\boldsymbol{v}(t))\mathrm{d}t+\boldsymbol{w}_1(t_n^+)\boldsymbol{K}(t)\boldsymbol{u}(t_n)+\boldsymbol{w}_2(t_n^+)\boldsymbol{M}(t)\boldsymbol{v}(t_n)=\boldsymbol{0}\end{aligned} \tag{3.53}$$

其中，$\boldsymbol{u}(t_n)=\boldsymbol{u}(t_n^+)-\boldsymbol{u}(t_n^-),\boldsymbol{v}(t_n)=\boldsymbol{v}(t_n^+)-\boldsymbol{v}(t_n^-)$，将插值函数及其权函数代入并整理得

$$\begin{aligned}\boldsymbol{R}_n=&\int_{I_n}\begin{bmatrix}\boldsymbol{0}\\ \boldsymbol{w}_2^h(t)\end{bmatrix}\left[\hbar_1\boldsymbol{X}^h-\boldsymbol{F}(t)\right]\mathrm{d}t+\int_{I_n}\begin{bmatrix}\boldsymbol{w}_1^h(t)\\ \boldsymbol{0}\end{bmatrix}\hbar_2\boldsymbol{X}^h\mathrm{d}t\\&+\begin{bmatrix}\boldsymbol{w}_1^h(t_n^+)\\ \boldsymbol{0}\end{bmatrix}\boldsymbol{K}(t)\boldsymbol{u}(t_n)+\begin{bmatrix}\boldsymbol{0}\\ \boldsymbol{w}_2^h(t_n^+)\end{bmatrix}\boldsymbol{M}(t)\boldsymbol{v}(t_n)=\boldsymbol{0}\end{aligned} \tag{3.54}$$

令 $\boldsymbol{m}_{1,2}=\boldsymbol{M}(t_n^{\pm}),\boldsymbol{c}_{1,2}=\boldsymbol{C}(t_n^{\pm}),\boldsymbol{k}_{1,2}=\boldsymbol{K}(t_n^{\pm})$，进一步化简可得

$$\tilde{\boldsymbol{A}}_{PP_1}\left[\boldsymbol{u}(t_n^+)\ \ \boldsymbol{u}(t_{n+1}^-)\ \ \boldsymbol{v}(t_n^+)\ \ \boldsymbol{v}(t_{n+1}^-)\right]^{\mathrm{T}}=\left[\boldsymbol{k}_1\boldsymbol{u}(t_n^-)\ \ \boldsymbol{0}\ \ \boldsymbol{m}_1\boldsymbol{v}(t_n^-)+\boldsymbol{F}_1(t)\ \ \boldsymbol{F}_2(t)\right]^{\mathrm{T}} \tag{3.55}$$

$$\tilde{\boldsymbol{A}}_{PP_1}=\begin{bmatrix}\dfrac{12\boldsymbol{k}_1-3\boldsymbol{k}_2}{18} & \dfrac{6\boldsymbol{k}_1+3\boldsymbol{k}_2}{18} & \dfrac{-\Delta t(3\boldsymbol{k}_1+\boldsymbol{k}_2)}{12} & \dfrac{-\Delta t(\boldsymbol{k}_1+\boldsymbol{k}_2)}{12}\\ \dfrac{-3\boldsymbol{k}_1-6\boldsymbol{k}_2}{18} & \dfrac{3\boldsymbol{k}_1+6\boldsymbol{k}_2}{18} & \dfrac{-\Delta t(\boldsymbol{k}_1+\boldsymbol{k}_2)}{12} & \dfrac{-\Delta t(\boldsymbol{k}_1+3\boldsymbol{k}_2)}{12}\\ \dfrac{\Delta t(3\boldsymbol{k}_1+\boldsymbol{k}_2)}{12} & \dfrac{\Delta t(\boldsymbol{k}_1+\boldsymbol{k}_2)}{12} & \dfrac{12\boldsymbol{m}_1-3\boldsymbol{m}_2}{18}+\dfrac{\Delta t(3\boldsymbol{c}_1+\boldsymbol{c}_2)}{12} & \dfrac{6\boldsymbol{m}_1+3\boldsymbol{m}_2}{18}+\dfrac{\Delta t(\boldsymbol{c}_1+\boldsymbol{c}_2)}{12}\\ \dfrac{\Delta t(\boldsymbol{k}_1+\boldsymbol{k}_2)}{12} & \dfrac{\Delta t(\boldsymbol{k}_1+3\boldsymbol{k}_2)}{12} & \dfrac{-3\boldsymbol{m}_1-6\boldsymbol{m}_2}{18}+\dfrac{\Delta t(\boldsymbol{c}_1+\boldsymbol{c}_2)}{12} & \dfrac{3\boldsymbol{m}_1+6\boldsymbol{m}_2}{18}+\dfrac{\Delta t(\boldsymbol{c}_1+3\boldsymbol{c}_2)}{12}\end{bmatrix}$$

上式中如果 $\boldsymbol{m}_1=\boldsymbol{m}_2=\boldsymbol{M}_n,\boldsymbol{c}_1=\boldsymbol{c}_2=\boldsymbol{C}_n,\boldsymbol{k}_1=\boldsymbol{k}_2=\boldsymbol{K}_n$，式(3.55)即可变为式(3.42)。

3.1.1.2 Hermite 插值算法

状态变量的 Hermite 插值表示为

$$\begin{aligned}\boldsymbol{X}^h(t)=&(1-3\tau^2+2\tau^3)\boldsymbol{X}^h(t_n^+)+(\tau-2\tau^2+\tau^3)\Delta t\boldsymbol{X}^h(t_n^+)\\&+(3\tau^2-2\tau^3)\boldsymbol{X}^h(t_{n+1}^-)+(-\tau^2+\tau^3)\Delta t\boldsymbol{X}^h(t_{n+1}^-)\end{aligned}\tag{3.56}$$

其中，$\tau=\dfrac{t_{n+1}-t_n}{\Delta t}$。

其伽辽金型的权函数从左到右分别令之为W_1,W_2,W_3,W_4，代入式(3.11)得

$$\boldsymbol{R}\left[\boldsymbol{u}^h(t_n^+)\quad \Delta t\boldsymbol{u}(t_n^+)\quad \boldsymbol{u}^h(t_{n+1}^-)\quad \Delta t\boldsymbol{u}^h(t_{n+1}^-)\right]^{\mathrm{T}}=\boldsymbol{Q}\left[\boldsymbol{u}^h(t_n^-)\quad \Delta t\boldsymbol{u}^h(t_n^-)\right]^{\mathrm{T}}+\Delta t\tilde{\boldsymbol{F}}\tag{3.57}$$

式中

$$\boldsymbol{R}=\begin{bmatrix}\frac{-62\Delta t^2\boldsymbol{K}}{105}-\frac{3\Delta t\boldsymbol{C}}{2} & -\frac{\boldsymbol{M}}{10}+\frac{11\Delta t^2\boldsymbol{K}}{210}+\frac{\Delta t\boldsymbol{C}}{10} & \frac{6\boldsymbol{M}}{5}+\frac{9\Delta t^2\boldsymbol{K}}{70}+\frac{\Delta t\boldsymbol{C}}{2} & -\frac{\boldsymbol{M}}{10}-\frac{13\Delta t^2\boldsymbol{K}}{420}-\frac{\Delta t\boldsymbol{C}}{10}\\ \frac{7\boldsymbol{M}}{6}-\frac{9\Delta t^2\boldsymbol{K}}{70}-\frac{\Delta t\boldsymbol{C}}{6} & -\frac{2\boldsymbol{M}}{15}+\frac{\Delta t^2\boldsymbol{K}}{105} & \frac{\boldsymbol{M}}{10}+\frac{13\Delta t^2\boldsymbol{K}}{420}+\frac{\Delta t\boldsymbol{C}}{10} & \frac{\boldsymbol{M}}{30}-\frac{\Delta t^2\boldsymbol{K}}{140}-\frac{\Delta t\boldsymbol{C}}{60}\\ -\frac{121\Delta t^2\boldsymbol{K}}{210}+\frac{3\Delta t\boldsymbol{C}}{2} & \frac{\boldsymbol{M}}{10}+\frac{13\Delta t^2\boldsymbol{K}}{420}-\frac{\Delta t\boldsymbol{C}}{10} & -\frac{6\boldsymbol{M}}{5}+\frac{13\Delta t^2\boldsymbol{K}}{35}+\frac{\Delta t\boldsymbol{C}}{2} & \frac{11\boldsymbol{M}}{10}-\frac{11\Delta t^2\boldsymbol{K}}{210}+\frac{\Delta t\boldsymbol{C}}{10}\\ -\frac{7\boldsymbol{M}}{6}+\frac{17\Delta t^2\boldsymbol{K}}{140}-\frac{\Delta t\boldsymbol{C}}{6} & \frac{\boldsymbol{M}}{30}-\frac{\Delta t^2\boldsymbol{K}}{140}+\frac{\Delta t\boldsymbol{C}}{60} & \frac{\boldsymbol{M}}{10}-\frac{11\Delta t^2\boldsymbol{K}}{210}-\frac{\Delta t\boldsymbol{C}}{10} & -\frac{2\boldsymbol{M}}{15}+\frac{\Delta t^2\boldsymbol{K}}{105}\end{bmatrix}\tag{3.58}$$

$$\boldsymbol{Q}^{\mathrm{T}}=\begin{bmatrix}\frac{5\boldsymbol{M}}{6}-\frac{101\Delta t^2\boldsymbol{K}}{105}-\Delta t\boldsymbol{C} & \frac{19\boldsymbol{M}}{15}-\frac{19\Delta t^2\boldsymbol{K}}{105}-\frac{\Delta t\boldsymbol{C}}{15} & -\frac{6\boldsymbol{M}}{5}-\frac{74\Delta t^2\boldsymbol{K}}{105}+2\Delta t\boldsymbol{C} & -\frac{16\boldsymbol{M}}{15}+\frac{16\Delta t^2\boldsymbol{K}}{105}-\frac{4\Delta t\boldsymbol{C}}{15}\\ \boldsymbol{M} & \boldsymbol{0} & \boldsymbol{0} & \boldsymbol{0}\end{bmatrix}\tag{3.59}$$

$$\tilde{\boldsymbol{F}}^{\mathrm{T}}=\left\{\int_{I_n}W_1\boldsymbol{F}\mathrm{d}t\quad \int_{I_n}W_2\boldsymbol{F}\mathrm{d}t\quad \int_{I_n}W_3\boldsymbol{F}\mathrm{d}t\quad \int_{I_n}W_4\boldsymbol{F}\mathrm{d}t\right\}\tag{3.60}$$

外力的 Hermite 插值为

$$\begin{aligned}\boldsymbol{F}^h(t)=&(1-3\tau^2+2\tau^3)\boldsymbol{F}(t_n^+)+(\tau-2\tau^2+\tau^3)\Delta t\dot{\boldsymbol{F}}(t_n^+)\\&+(3\tau^2-2\tau^3)\boldsymbol{F}(t_{n+1}^-)+(-\tau^2+\tau^3)\Delta t\dot{\boldsymbol{F}}(t_{n+1}^-)\end{aligned}\tag{3.61}$$

积分得

$$\tilde{\boldsymbol{F}}=\Delta t\boldsymbol{F}_{i,j}\bar{\boldsymbol{F}}=\Delta t\boldsymbol{S}\bar{\boldsymbol{F}}\tag{3.62}$$

其中

$$\boldsymbol{F}_{i,j}=\int_0^1 W_iW_j\mathrm{d}\tau\tag{3.63}$$

$$\bar{\boldsymbol{F}}=\left[\boldsymbol{F}(t_n)\ \Delta t\dot{\boldsymbol{F}}(t_n)\ \boldsymbol{F}(t_{n+1})\ \Delta t\dot{\boldsymbol{F}}(t_{n+1})\right]^{\mathrm{T}}\tag{3.64}$$

$$S=\begin{bmatrix}13/35 & 11/210 & 9/70 & -13/420\\ 11/210 & 1/105 & 13/420 & -1/140\\ 9/70 & 13/420 & 13/35 & -11/210\\ -13/420 & -1/140 & -11/210 & 1/105\end{bmatrix}\otimes E \tag{3.65}$$

其中，E 是与系统同阶的单位矩阵；$\otimes$ 是矩阵 Kronecker 张量积。

3.1.2 不协调时间有限元算法的精度和稳定性

为评价不协调时间有限元法的算法特性，考虑如下单自由度、无阻尼、无外载的情况

$$M(t)\ddot{u}+K(t)u=0$$

初始条件为

$$u(0)=u_0,\ \dot{u}(0)=v(0)=v_0$$

首先分析时不变情况，令 $M(t)=1, K(t)=\omega^2$，每个单元的末端点用上个单元的末端点表示，不协调时间有限元的算法公式可以表示成如下形式：

$$\begin{bmatrix}u(t_{n+1}^-)\\ \Delta tv(t_{n+1}^-)\end{bmatrix}=A_n\begin{bmatrix}u(t_n^-)\\ \Delta tv(t_n^-)\end{bmatrix}=\begin{bmatrix}A_{n1} & A_{n2}\\ A_{n3} & A_{n4}\end{bmatrix}\begin{bmatrix}u(t_n^-)\\ \Delta tv(t_n^-)\end{bmatrix}$$

其中，A_n 是扩大矩阵，求特征方程 $\det(A_n-\lambda I)=0$ 可得扩大矩阵 A_n 的特征值，表示为

$$\lambda_{1,2}(A_n)=\frac{A_{n1}+A_{n4}\pm\sqrt{(A_{n1}-A_{n4})^2+4A_{n2}A_{n3}}}{2}$$

谱半径表示为

$$\rho(A_n)=\max\left(\left|\lambda_1(A_n)\right|,\ \left|\lambda_2(A_n)\right|\right)$$

基于伽辽金法的不协调时间有限元法公式的扩大矩阵分别为 $A_{P_1}, A_{P_2}, A_{P_3}$（$a=\Delta t\omega$）

$$A_{P_1}=\frac{1}{a^4+4a^2+36}\begin{bmatrix}36-14a^2 & 36-2a^2\\ 2a^4-36a^2 & 36-14a^2\end{bmatrix}$$

$$A_{P_2}=\frac{1}{a^6+9a^4+216a^2+3600}\begin{bmatrix}51a^4-1584a^2+3600 & 3a^4-384a^2+3600\\ -3a^6+384a^4-3600a^2 & 51a^4-1584a^2+3600\end{bmatrix}$$

$$A_{P_3} = \frac{1}{a^8+16a^6+720a^4+28800a^2+705600}\begin{bmatrix} -124a^6+15720a^4-324000a^2+705600 & -4a^6+1800a^4-88800a^2+705600 \\ 4a^8-1800a^6+88800a^4-705600a^2 & -124a^6+15720a^4-324000a^2+705600 \end{bmatrix}$$

根据扩大矩阵求得前三阶拉格朗日插值的不协调时间有限元法的谱半径曲线，如图 3.1 所示。

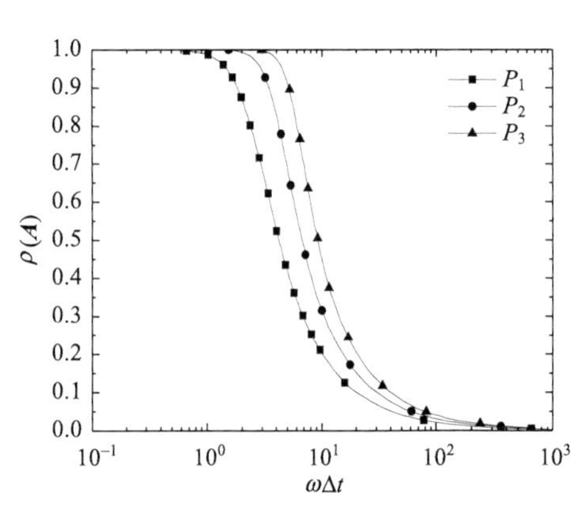

图 3.1　P_1,P_2,P_3 法的谱半径曲线

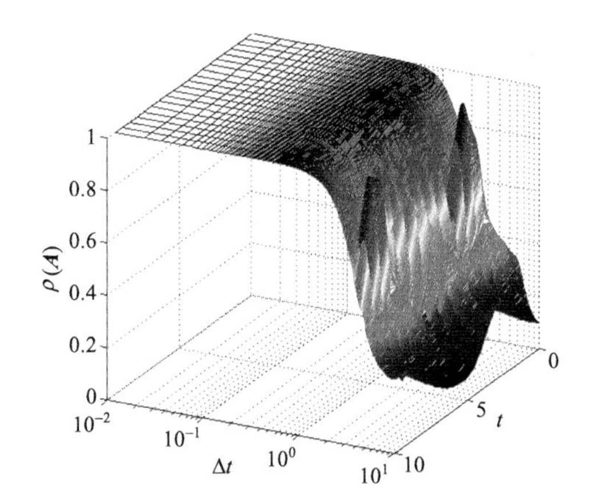

图 3.2　P_1 法的谱半径曲线

对谱半径求极限

$$\lim_{\Delta t\to 0}\rho(A_n)=1,\ \lim_{\Delta t\to\infty}\rho(A_n)=0$$

结合谱半径曲线可知谱半径都无条件地小于 1，具体有 $\rho(A_n)<1$，$|A_n|<1$。因此算法总的迭代扩大矩阵 $|A|=|A_1|\cdot|A_2|\cdot\cdots\cdot|A_n|<1$，这说明算法是无条件稳定的，同时也是收敛的，由此可得出不协调时间有限元法具有强稳定性。

对于带时变系数的单自由度、无阻尼、无外载的情况，令 $M(t)=1, K(t)=2\sin(t)$，不协调时间有限元的算法公式变为

$$\begin{Bmatrix} u(t_{n+1}^-) \\ \Delta t v(t_{n+1}^-) \end{Bmatrix} = A_n(t_n,\Delta t)\begin{Bmatrix} u(t_n^-) \\ \Delta t v(t_n^-) \end{Bmatrix}$$

解特征方程 $\det(A_n(t_n,\Delta t)-\lambda(t_n,\Delta t)I)=0$，谱半径表示为

$$\rho(A_n(t_n,\Delta t))=\max\left(|\lambda_1(A_n)|,|\lambda_2(A_n)|\right)$$

前三阶拉格朗日插值的不协调时间有限元法的谱半径曲线如图 3.2～图 3.4 所示。可以看出，采用一阶拉格朗日插值函数的计算格式是无条件稳定的，采用二阶拉格朗日插值函数时 $\Delta t\leqslant 2$ 或 $3.46\leqslant\Delta t$ 范围内是稳定的，采用三阶拉格朗日插

值函数时稳定范围为$\Delta t \leqslant 0.1$。

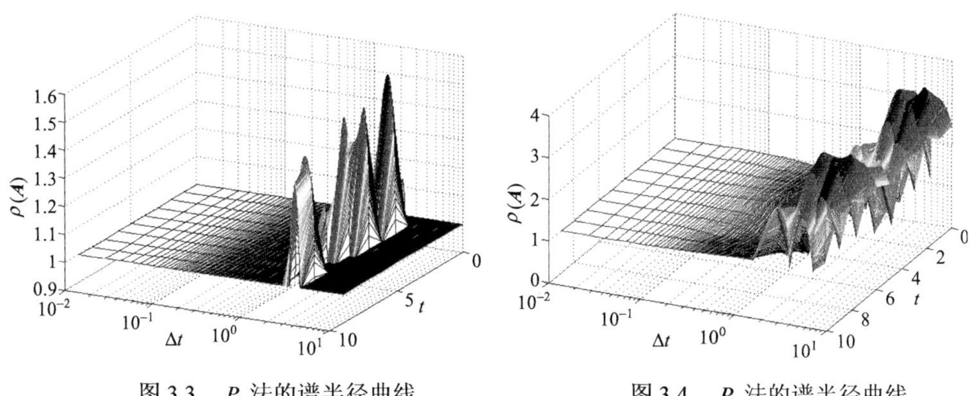

图 3.3　P_2法的谱半径曲线　　图 3.4　P_3法的谱半径曲线

超调特性是无条件稳定算法的另外一个重要特性，由于 TDG 法不需要计算初始加速度，所以不会出现超调。有关算法的精度将结合下面的数值算例进行分析。

对基于 Hermite 插值的算法，扩大矩阵$\boldsymbol{A}_n$的各元素为

$$
\begin{aligned}
A_{11} &= \left(-\frac{231525}{2}+\frac{215775}{4}\Omega^2-\frac{329355}{112}\Omega^4+\frac{8487}{224}\Omega^6-\frac{22195}{1568}\Omega^8+\frac{121}{31360}\Omega^{10}\right)/D \\
A_{12} &= \left(-\frac{231525}{2}+\frac{61425}{4}\Omega^2-\frac{44175}{112}\Omega^4+\frac{579}{224}\Omega^6-\frac{1}{224}\Omega^8\right)/D \\
A_{21} &= \left(\frac{231525}{2}\Omega^2-\frac{61425}{4}\Omega^4+\frac{44175}{112}\Omega^6-\frac{579}{224}\Omega^8+\frac{1}{224}\Omega^{10}\right)/D \\
A_{22} &= \left(-\frac{231525}{2}+\frac{215775}{4}\Omega^2-\frac{329355}{112}\Omega^4+\frac{8487}{224}\Omega^6-\frac{31}{224}\Omega^8\right)/D
\end{aligned}
\tag{3.66}
$$

其中

$$
D=-\frac{231525}{2}-\frac{7875}{2}\Omega^2-\frac{4815}{56}\Omega^4-\frac{51}{28}\Omega^6-\frac{131}{896}\Omega^8+\frac{1}{896}\Omega^{10} \tag{3.67}
$$

$$
\Omega=\Delta t w^h,\overline{\Omega}=\Delta t\overline{w}^h
$$

对应的特征方程根的模小于等于这个稳定性条件，等价于：

$$
1-2A_1+A_2 \geqslant 0,\quad 1+2A_1+A_2 \geqslant 0,\quad 1-A_2 \geqslant 0 \tag{3.68}
$$

可以验证上式无条件稳定，由此对谱半径也可得$\lim\limits_{\Omega\to\infty}\rho=0$，此即为所谓的高频响应渐进消除。局部截断误差定义为

$$\Gamma(t)=\Delta t^{-2}(u^h(t_{n+1}^-)-2A_1u^h(t_n^-)+A_2u^h(t_{n-1}^-)) \tag{3.69}$$

将 A_1, A_2 代入截断误差表达式，并将 $u(t_n+\Delta t)$ 和 $u(t_n-t)$ 在 $t=t_n$ 处按泰勒级数展开，重复利用运动方程并整理得

$$\Gamma(t_n^-)=\frac{179\Delta t^7}{2127985}S(\Omega)u^{(9)}+o(\Delta t^8) \tag{3.70}$$

其中，$S(\Omega)$ 为分子与分母均为 Ω 的同阶有理分式，由此可知算法是收敛的，具有 7 阶精度。

3.1.3 数值算例

3.1.3.1 TDG 法应用于移动质量-等截面悬臂梁系统的时变力学数值计算

1) 移动质量-等截面悬臂梁系统数值算例

悬臂梁横截面为 T 形，横截面积 $A=0.00455\text{m}^2$，梁的长度 $L=1.5\text{m}$，密度 $\rho=7800\text{kg/m}^3$，弹性模量 $E=207\text{GPa}$，转动惯量 $I=1.65\times10^{-6}\text{m}^4$，移动质量 $M=17.8\text{kg}$，质量块匀速运动的速度 10m/s。

利用不协调时间有限元法和 Newmark 法分别进行数值求解，计算结果如图 3.5 和图 3.6 所示，其中 TDGF 表示移动力模型，TDGM 表示移动质量模型。

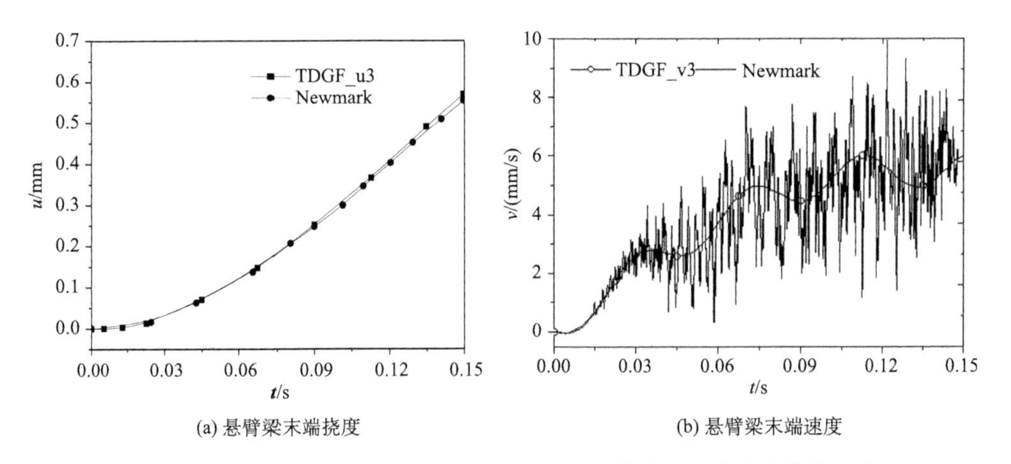

(a) 悬臂梁末端挠度 (b) 悬臂梁末端速度

图 3.5 移动力作用下 TDG 法与 Newmark 法的挠度和速度响应曲线对比

图 3.5 为挠度和速度的 TDG 方法与 Newmark 法的结果对比。可以看出，相同步长下 Newmark 法的速度没有收敛，出现了失真振荡，因此可知不协调时间有限元法比 Newmark 法有优势。在计算移动质量模型时 TDG 法比 Newmark 法同样具有优势。

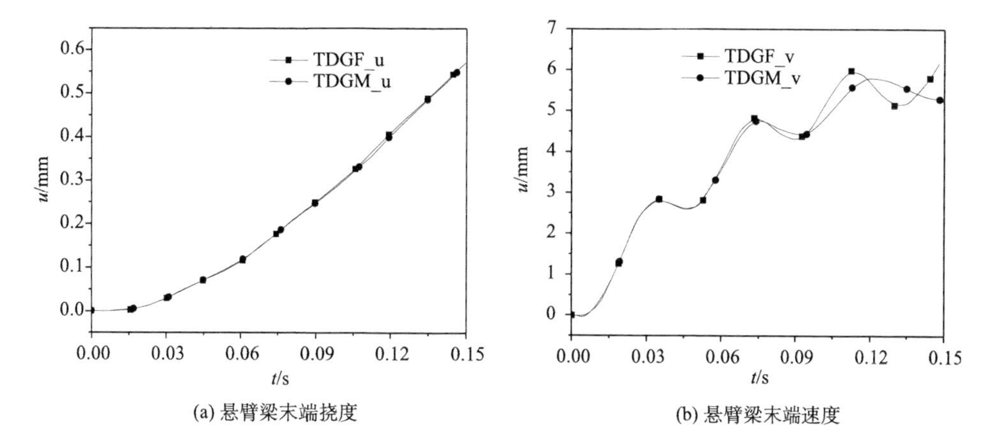

(a) 悬臂梁末端挠度

(b) 悬臂梁末端速度

图 3.6　移动力模型和移动质量模型的挠度和速度响应曲线对比

移动质量模型和移动力模型的结果对比如图 3.6 所示。可以看出，两种模型计算的悬臂梁末端挠度变化规律稍有差别，但时变效应不明显，主要是因为质量块较小且梁的刚度较大；两种模型计算的悬臂梁末端速度变化规律有明显差别，移动质量模型的振动幅度比移动力模型要小，说明移动载荷惯性对末端速度影响较大，对末端的振动起到抑制作用。

图 3.7 为移动力模型和移动质量模型悬臂梁末端的角位移和角速度响应曲线对比。从图中可以看出两种模型对角位移及角速度的变化规律的影响与挠度及速度的基本一致。

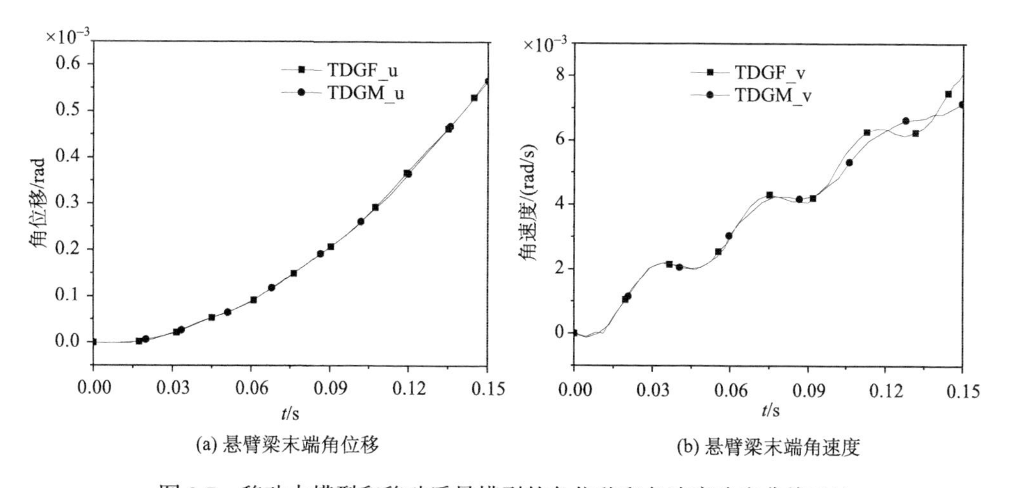

(a) 悬臂梁末端角位移

(b) 悬臂梁末端角速度

图 3.7　移动力模型和移动质量模型的角位移和角速度响应曲线对比

2)质量块的质量大小对系统时变特性的影响

在移动质量-等截面悬臂梁模型中将质量块大小改为100kg，其他条件不变，研究其对系统时变特性的影响。图 3.8 是悬臂梁末端挠度和速度响应结果对比，其中 TDGMu3_100、TDGMv3_100 分别表示 100kg 质量作用下移动质量模型的挠度和速度响应。TDGFu3_100、TDGFv3_100 分别表示 100kg 质量作用下移动力模型挠度和速度响应。未带“_100”的表示移动质量为 17.8kg。

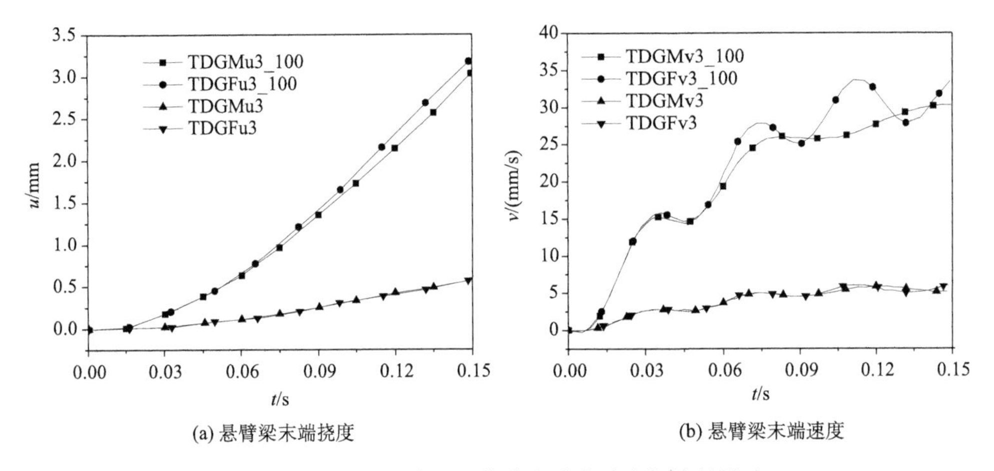

(a) 悬臂梁末端挠度 (b) 悬臂梁末端速度

图 3.8 移动质量大小对挠度和速度响应规律的影响

从图 3.8 中可以看出，100kg 质量作用下移动力模型和移动质量模型悬臂梁末端的挠度和速度响应比 17.8kg 的都明显增大，说明质量块的质量大小对梁动态响应的影响较大。两种质量作用下末时刻悬臂梁末端挠度和速度的对比结果如表 3.2 所示，结合图表可知，移动力模型的末时刻挠度和速度增长比例与质量块质量大小的增长比例相同，而移动质量模型有所不同，因为考虑移动质量的惯性后系统带有时变特性。

表 3.2 两种质量作用下末时刻挠度和速度结果对比

类别	质量块质量/kg	末端挠度/mm		末端速度/(mm/s)	
	TDGF/TDGM	TDGF	TDGM	TDGF	TDGM
17.8kg 模型	17.8	0.573	0.568	5.98	5.13
100kg 模型	100	3.22	3.02	33.63	30.41
倍数	5.62	5.62	5.32	5.62	5.93

对比 100kg 质量作用下移动力模型和移动质量模型可知，悬臂梁末端的挠度曲线有明显差别，即时变特性表现明显，且移动质量模型的挠度比移动力模型要小，说明移动质量的惯性有抑制悬臂梁的挠度变形的作用，且质量越大对梁的抑制作用就越大。另外可以看到悬臂梁末端的速度曲线差别也更加明显，移动质量模型的悬臂梁末端速度振动幅度比移动力模型的小，说明移动质量的惯性有抑制末端振动速度的作用。综上所述，可知移动质量惯性的时变特性对悬臂梁末端的动态响应起到抑制作用，且随着质量增加，抑制作用增加。

3) 质量块的移动速度大小对系统时变特性的影响

在移动质量-等截面悬臂梁模型中改变质量块的移动速度，质量块为 17.8kg，将移动速度改为 20m/s，其他条件不变，研究速度大小对系统时变特性的影响。图 3.9 和图 3.10 是悬臂梁末端挠度和速度响应对比，其中 TDGMu3_20、TDGMv3_20 分别表示 20m/s 速度作用下移动质量模型的挠度和速度响应。TDGFu3_20、TDGFv3_20 分别表示 20m/s 速度作用下移动力模型的挠度和速度响应。未带“_20”的表示移动速度为 10m/s 的模型。

图 3.9 为速度 20m/s 作用下移动力模型和移动质量模型悬臂梁末端的挠度和速度响应对比，从图中可以看出两种模型的曲线有明显差别，即时变特性表现明显，且移动质量模型计算的悬臂梁末端挠度比移动力模型的要小，说明移动质量惯性有抑制悬臂梁挠度变形的作用。另外可以看到悬臂梁末端的速度曲线差别显著，移动质量模型计算的振动幅度比移动力模型的小，说明质量块速度对移动质量惯性的影响有抑制末端振动速度的作用。综上所述，可知速度对移动质量的惯性有较大影响，表现出明显的时变特性，对悬臂梁末端的动态响应起到抑制作用，并且随着速度的增加，对梁的抑制作用增加。

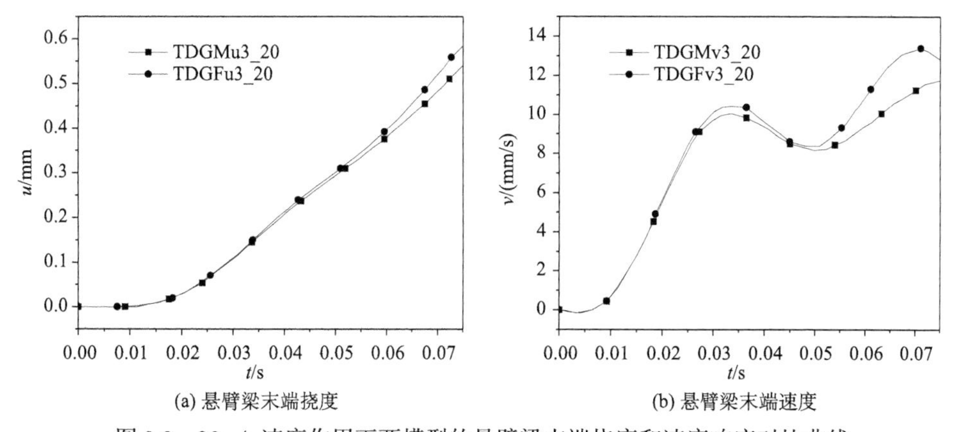

(a) 悬臂梁末端挠度　(b) 悬臂梁末端速度

图 3.9　20m/s 速度作用下两模型的悬臂梁末端挠度和速度响应对比曲线

图 3.10 为 10m/s 和 20m/s 两种速度作用下移动力模型和移动质量模型计算的悬臂梁末端挠度和速度响应对比曲线(时间进行无量纲处理)。可以看出，20m/s 速度下移动力模型计算的悬臂梁末端挠度变化规律与 10m/s 下的几乎一致；而两种速度作用下移动质量模型计算的悬臂梁末端挠度变化规律则有一定的差异，说明移动质量的移动速度大小对悬臂梁末端挠度响应有一定的影响，速度越大对梁的抑制作用越大。从速度响应曲线可以看到，两种速度作用下移动力模型和移动质量模型计算的悬臂梁末端速度变化规律都有较大差异，说明质量块的移动速度对悬臂梁末端速度响应有较大影响。

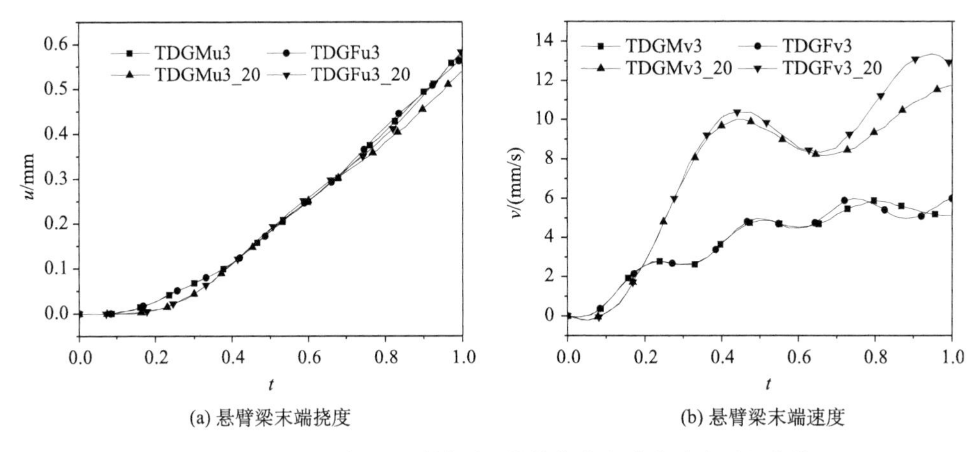

(a) 悬臂梁末端挠度　　(b) 悬臂梁末端速度

图 3.10　不同速度下两种模型计算的挠度和速度响应对比曲线

表 3.3 为两种速度作用下末时刻挠度和速度结果对比。从表中可以看出移动力模型的挠度稍大，说明速度对梁的挠度有影响；移动质量模型的挠度有所变小，说明随着速度增大，移动质量惯性的时变特性对梁的抑制作用增大。从表中还可以看到末端末时刻速度的变化明显，说明质量块的移动速度对末端振动速度影响较大。

表 3.3　不同速度作用下末时刻挠度和速度结果对比

模型	质量块速度/(m/s)	末端挠度/mm		末端速度/(mm/s)	
	TDGF/TDGM	TDGF	TDGM	TDGF	TDGM
10m/s 模型	10	0.573	0.568	5.98	5.13
20m/s 模型	20	0.584	0.540	12.82	11.76

4) 移动加速度大小对系统时变特性的影响

基于移动质量-等截面悬臂梁系统模型，研究移动加速度大小对悬臂梁动态响应规律的影响。按图 3.11 中所示三种运动状态计算，载荷移动的最大速度为 10m/s。

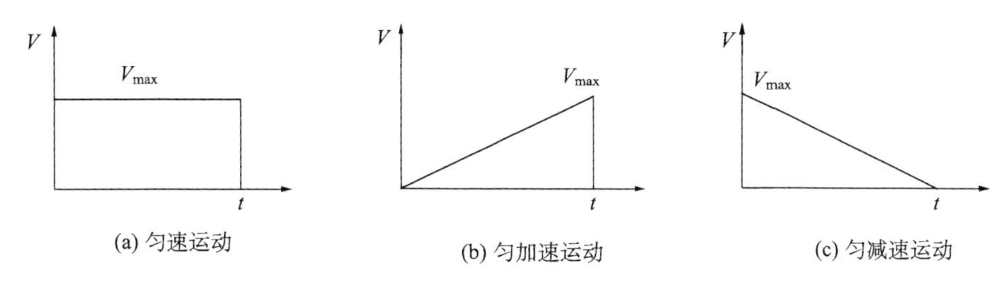

图 3.11 移动载荷的运动规律

计算结果如图 3.12～图 3.14 所示，其中末尾字母“_M”“_MA”“_MD”分别表示移动质量模型计算的匀速、匀加速和匀减速运动工况，末尾字母“_F”“_FA”“_FD”分别表示移动力模型计算的匀速、匀加速和匀减速运动工况。

匀加速运动状态作用下，由于初始速度为零，质量块的运动状态从低速逐渐到高速运动，因此梁的响应曲线开始阶段要相对匀速运动滞后，随着速度的逐渐增大，响应曲线的斜率逐渐变大。与匀加速运动相反，匀减速运动时，由于速度从高速逐渐降为零，梁的响应曲线开始阶段相对匀速要提前，随着速度的降低，响应曲线的斜率逐渐变小。

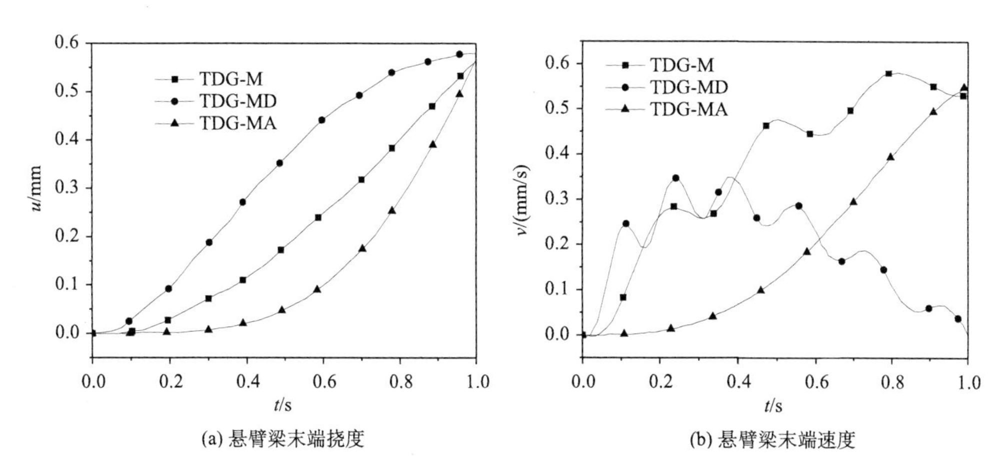

图 3.12 移动质量模型计算的悬臂梁末端挠度和速度响应对比

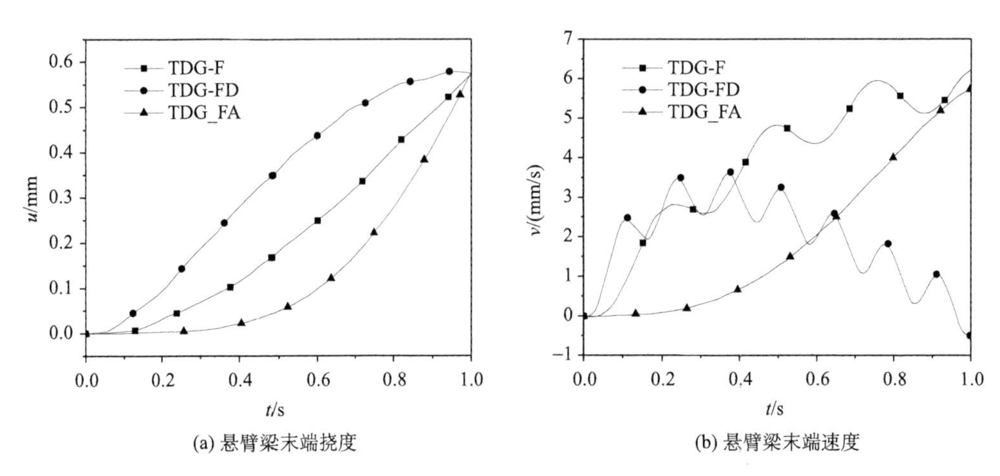

图 3.13 移动力模型计算的悬臂梁末端挠度和速度响应对比

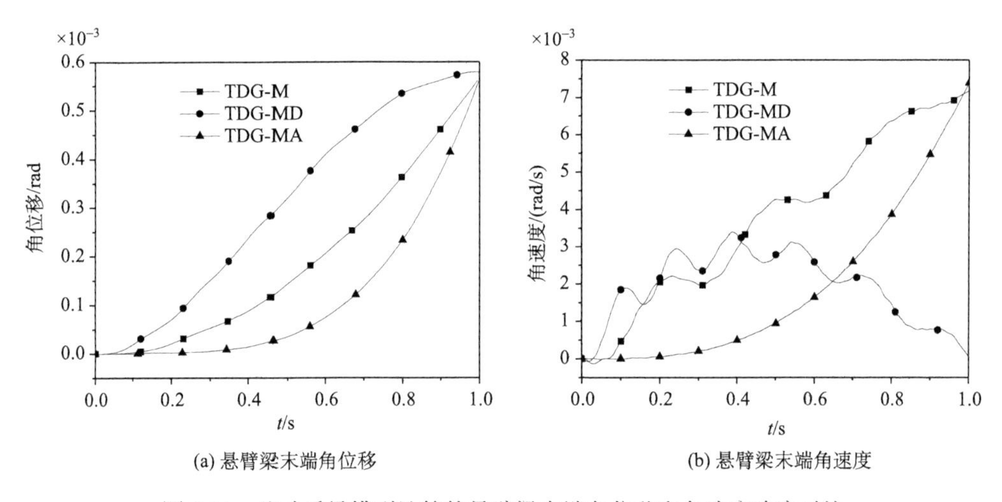

图 3.14 移动质量模型计算的悬臂梁末端角位移和角速度响应对比

3.1.3.2 TDG 法应用于移动质量-变截面悬臂梁系统的时变力学数值计算

变截面悬臂梁如图 3.15 所示，等截面部分面积 $A=0.00455\text{m}^2$，梁的长度 $L=1.9\text{m}$，密度 $\rho=7800\text{kg/m}^3$，弹性模量 $E=207\text{GPa}$，惯性矩 $I=1.65\times10^{-6}\text{m}^4$，移动质量 $M=17.8\text{kg}$，质量块匀速运动的速度 10m/s。

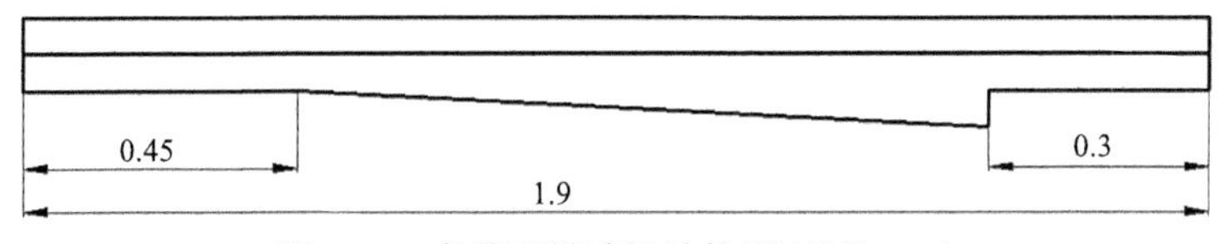

图 3.15 变截面悬臂梁结构图(单位：m)

采用不协调时间有限元法，分别对移动质量模型和移动力模型进行数值计算，变截面悬臂梁末端挠度和速度的动态响应曲线如图 3.16 所示。

从图中可以看出，两种模型计算的悬臂梁末端挠度变化规律差别不大，移动质量模型的挠度值比移动力模型的要小，可知移动质量惯性对变截面悬臂梁的影响与等截面悬臂梁相同。对于速度响应，由于梁截面形状的变化，两种模型计算的变截面悬臂梁末端速度响应振动幅度增大。由于火炮的身管和摇架都是变截面结构，因此，移动质量-变截面悬臂梁时变力学模型对研究火炮时变力学模型具有很大的借鉴意义。

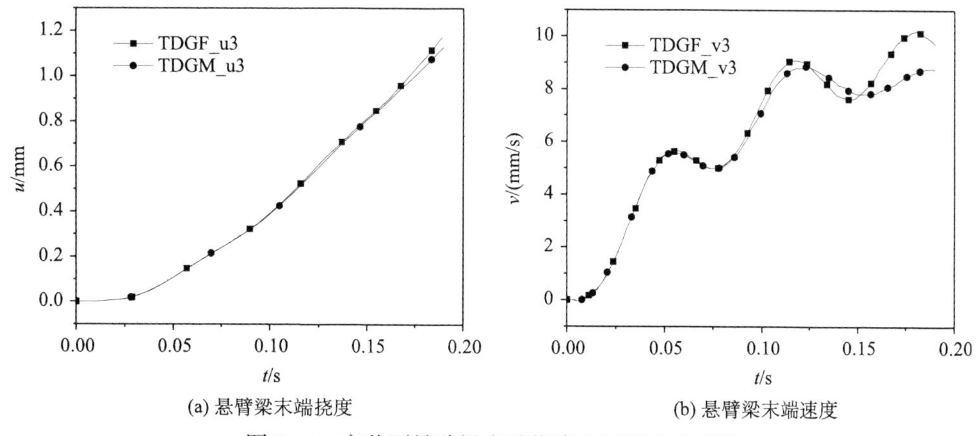

(a) 悬臂梁末端挠度　(b) 悬臂梁末端速度

图 3.16　变截面悬臂梁末端挠度和速度响应对比

3.1.3.3　移动刚体-悬臂梁间隙模型及数值求解

将移动质量作为小跨度刚体，移动刚体与梁的运动关系简化为移动刚体前端和后端与梁各有一个接触点，考虑移动刚体前、后接触点与梁表面之间的配合间隙对系统振动特性的影响，则移动刚体与弹性梁的相对运动变成接触/碰撞运动，由此建立了移动刚体-悬臂梁耦合系统的碰撞模型，不计移动刚体与悬臂梁的切向碰撞和摩擦效应，如图 3.17 所示。

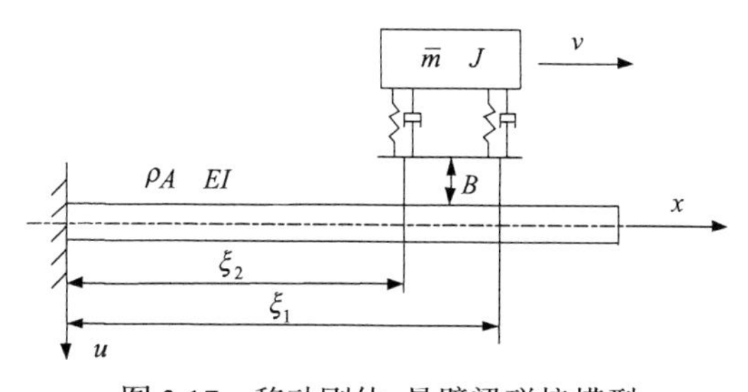

图 3.17　移动刚体-悬臂梁碰撞模型

在 Euler-Bernoulli 梁理论和小挠度变形假设下，移动刚体作用下梁的弯曲振动方程为

$$\begin{cases}\dfrac{\partial^2}{\partial x^2}\left(EI\dfrac{\partial^2 u(x,t)}{\partial x^2}\right)+\rho A\dfrac{\partial^2 u(x,t)}{\partial t^2}=Q_1\delta(\xi_1-x)+Q_2\delta(\xi_2-x) \quad (0\leqslant x\leqslant L)\\ \xi_1-\xi_2=l_0\cos\theta\end{cases} \tag{3.71}$$

其中，ρ 为梁的单位长度质量密度；A 为梁的横截面积；EI 为梁的抗弯刚度；L 为梁的长度；$u(x,t)$ 为梁在 t 时刻 x 处的挠度；ξ_1、ξ_2 为移动刚体前后接触点在 t 时刻的位移；Q_1、Q_2 为前后接触点处的载荷；δ 为 Dirac 函数；l_0 为移动刚体两接触点间的距离；θ 为移动刚体角位移。

移动刚体的运动微分方程为

$$\begin{cases}\bar{m}\left(\dfrac{\mathrm{d}^2 s_{mr}(t)}{\mathrm{d}t^2}+\dfrac{\mathrm{d}^2 u(x,t)}{\mathrm{d}t^2}\cdot\delta(\xi_m-x)\right)=\bar{m}g-(Q_1+Q_2)\\ J\ddot{\theta}(t)=Q_2 l_2-Q_1 l_1\end{cases} \tag{3.72}$$

其中，$\bar{m}$ 为移动刚体质量；J 为移动刚体俯仰转动惯量；s_{mr} 为移动刚体质心相对于梁轴线的横向位移；ξ_m 为移动刚体质心在 t 时刻的位移；l_1、l_2 为移动刚体与梁前后接触点至质心距离。由于移动刚体翻转角位移很小，可以近似认为

$$\begin{cases}l_0=\xi_1-\xi_2\\ \ddot{\theta}=\dfrac{\ddot{s}_1-\ddot{s}_2}{l_o}\end{cases} \tag{3.73}$$

法向碰撞力 Q_1、Q_2 由下式计算：

$$Q_i(t)=\begin{cases}c_1\dot{s}_{ir}+k_1\left(|s_{ir}|-B\right)^n\operatorname{sgn}(s_{ir}) & |s_{ir}|>B\\ 0 & |s_{ir}|\leqslant B\end{cases}\quad (i=1,2) \tag{3.74}$$

其中，s_1、s_2 为移动刚体前后接触点相对于惯性坐标系的横向位移，$s_{1\mathrm{r}}$、$s_{2\mathrm{r}}$ 为滑块前后接触点相对于梁轴线的横向位移，即两者间的间隙；c_1 为碰撞接触阻尼系数；k_1 为碰撞接触刚度，由实验测试、理论技术或经验选取；B 为配合间隙。

采用与 3.1.3.1 节相同参数的移动质量-等截面悬臂梁系统模型，编写考虑间隙碰撞的移动质量-等截面悬臂梁系统的不协调时间有限元法求解程序，分别计算 0.3mm、0.5mm、0.8mm、1.0mm、1.2mm、1.5mm、2.0mm 和 2.5mm 间隙下移动质量作用下悬臂梁的动态响应。图 3.18 和图 3.19 为不同间隙下悬臂梁末端的挠度响应与不考虑间隙时的对比曲线。图中 TDGM 表示移动质量模型，u3 前面的数字表示间隙大小。

从图中可以看出，考虑间隙的时变力学模型计算的悬臂梁末端挠度曲线出现

较大幅度振动，悬臂梁末端的最大挠度比无间隙模型计算的要大，并且随着间隙的增大最大挠度相应增大。从图中还可以看出，随着间隙增大，挠度曲线的振动幅度增大，说明存在间隙的接触碰撞对悬臂梁的动态响应产生较大影响，间隙越大，对梁的影响也越大。

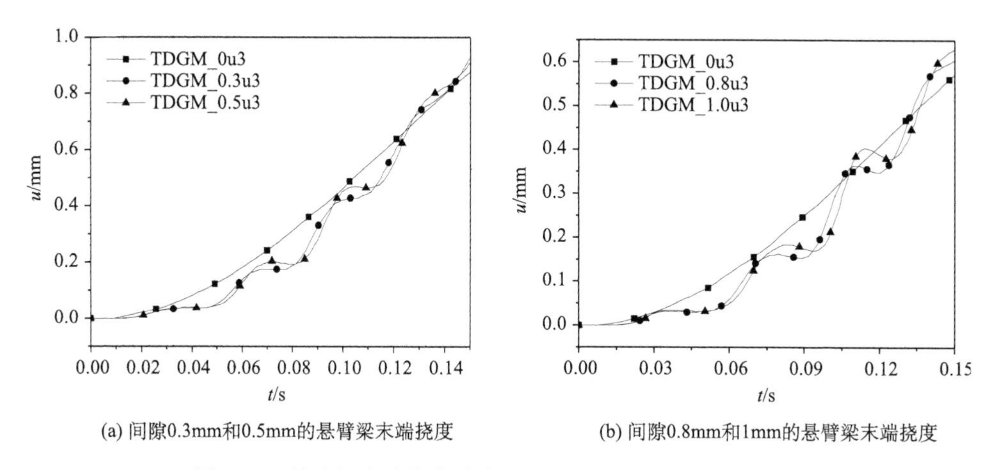

(a) 间隙0.3mm和0.5mm的悬臂梁末端挠度　　(b) 间隙0.8mm和1mm的悬臂梁末端挠度

图 3.18　悬臂梁末端挠度响应对比曲线(间隙 0.3mm～1mm)

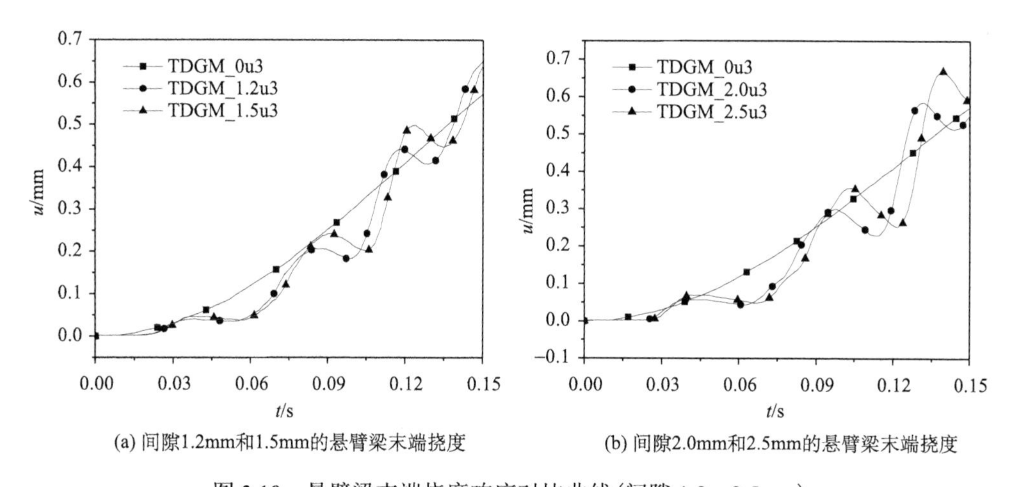

(a) 间隙1.2mm和1.5mm的悬臂梁末端挠度　　(b) 间隙2.0mm和2.5mm的悬臂梁末端挠度

图 3.19　悬臂梁末端挠度响应对比曲线(间隙 1.2～2.5mm)

3.2　高精度时间有限元离散方法

3.1 节介绍的不协调时间有限元算法主要以加权残值法为理论基础，一般都假定所研究的全域相当于一个时间单元，在单元内对位移或惯性力以简单的线性、高阶拉格朗日插值、Hermite 插值、三次样条插值作为试验函数，再由权函数与运动方程相乘并在时间区间上积分得到逐步或递归的计算格式。这类递推格式属于无条件稳定的算法但精度不会超过二阶，如果在状态空间中用两个或更多的权函数建立算法，虽然扩大了矩阵维数，但能得到无条件稳定的高阶精度算法。

3.2.1 时间单元离散方法

降阶后的线性时变动力学方程为

$$\begin{cases} \boldsymbol{M}(t)\dot{\boldsymbol{V}}+\boldsymbol{C}(t)\boldsymbol{V}+\boldsymbol{K}(t)\boldsymbol{U}=\boldsymbol{F}(t) \\ \boldsymbol{K}(t)\left(\dot{\boldsymbol{U}}-\boldsymbol{V}\right)=\boldsymbol{0} \\ \boldsymbol{U}(0)=\boldsymbol{U}_0 \\ \boldsymbol{V}(0)=\boldsymbol{V}_0 \end{cases} \tag{3.75}$$

把控制方程降阶为两个一阶方程进行求解，这样会使方程的求解数目为原来的两倍。为减少计算量，考虑只对位移场采用插值形式，而速度场通过位移的一阶导数得到。

于是位移和速度函数可以表示为

$$\boldsymbol{u}_n(t)=\boldsymbol{u}_n^-+\sum_{i=1}^{p}\varphi_i(t)\cdot\boldsymbol{u}_i^n,\quad \boldsymbol{v}_n(t)=\dot{\boldsymbol{u}}_n=\sum_{i=1}^{p}\dot{\varphi}_i(t)\cdot\boldsymbol{u}_i^n \tag{3.76}$$

$\boldsymbol{u}_n^-$ 表示前一个单元的末节点。

试函数的形式为

$$\boldsymbol{\varphi}(\hat{t})=\left[\varphi_0(\hat{t})\quad \varphi_1(\hat{t})\quad \cdots\quad \varphi_p(\hat{t})\right] \tag{3.77}$$

其中，$\varphi_i(t)$ 的表达式为

$$\varphi_i(t)=\hat{t}^i,\quad \hat{t}\in(0,1),\quad i=0,1,2,\cdots,p,\quad \hat{t}=\frac{t-t_n}{\Delta t} \tag{3.78}$$

则

$$\overline{\boldsymbol{u}}_n^h(\hat{t})=\begin{bmatrix} u_n^- \\ v_n^- \end{bmatrix}+\sum_{i=0}^{p}\phi_i(\hat{t})\begin{bmatrix} u_i \\ v_i \end{bmatrix}=\overline{\boldsymbol{u}}_n^-+\sum_{i=0}^{p}\phi_i(\hat{t})\overline{\boldsymbol{u}}_i \tag{3.79}$$

用加权残值法对时变动力学方程(3.75)进行处理，有

$$\begin{aligned} &\left(\dot{\boldsymbol{w}}(t),\ell\boldsymbol{u}_h^n\right)+\dot{\boldsymbol{w}}(t_n^+)\cdot\boldsymbol{M}(t_n)\cdot\dot{\boldsymbol{u}}_h^n(t_n^+)+\boldsymbol{w}(t_n^+)\cdot\boldsymbol{K}(t_n)\cdot\boldsymbol{u}_h^n(t_n^+) \\ &=\left(\dot{\boldsymbol{w}}(t),\boldsymbol{f}-\boldsymbol{K}(t)\cdot\boldsymbol{u}_h^n(t_n^-)\right)+\dot{\boldsymbol{w}}(t_n^+)\cdot\boldsymbol{M}(t_n)\cdot\dot{\boldsymbol{u}}_h^n(t_n^-)+\boldsymbol{w}(t_n^+)\cdot\boldsymbol{K}(t_n)\cdot\boldsymbol{u}_h^n(t_n^-) \end{aligned} \tag{3.80}$$

其中

$$\ell\boldsymbol{u}_h^n=\boldsymbol{M}(t)\cdot\ddot{\boldsymbol{u}}_h^n+\boldsymbol{C}(t)\cdot\dot{\boldsymbol{u}}_h^n+\boldsymbol{K}(t)\cdot\boldsymbol{u}_h^n$$

令 $\boldsymbol{\Phi}(t)=\begin{bmatrix}\varphi_1(t) & \varphi_2(t) & \cdots & \varphi_p(t)\end{bmatrix}$ ，把位移和相应的权函数写成矩阵的形式：

$$\begin{aligned}\boldsymbol{u}_n^h(\hat{t})&=\boldsymbol{u}_n+\left[\boldsymbol{\varphi}(\hat{t})\otimes\boldsymbol{I}_{\text{neq}}\right]\overline{\boldsymbol{u}}\\ \boldsymbol{w}^h(\hat{t})&=\left[\boldsymbol{\varphi}(\hat{t})\otimes\boldsymbol{I}_{\text{neq}}\right]\overline{\boldsymbol{u}}\end{aligned}\tag{3.81}$$

其中，$\overline{\boldsymbol{u}}=\begin{bmatrix}\overline{u}_1 & \overline{u}_2 & \cdots & \overline{u}_p\end{bmatrix}^{\mathrm{T}}$ 为一组待求向量；$\boldsymbol{I}_{\text{neq}}$ 为 neq 阶单位矩阵，neq 表示系统自由度。

把式(3.81)代入式(3.80)得

$$\begin{aligned}\boldsymbol{A}_n=\Delta t\int_0^1&\Big\{\left(\dot{\boldsymbol{\varphi}}^{\mathrm{T}}(\hat{t})\cdot\ddot{\boldsymbol{\varphi}}(\hat{t})\right)\otimes\boldsymbol{M}(t_n+\hat{t}\Delta t)\cdot\dot{\boldsymbol{u}}_h^n(t_n^+)+\left(\dot{\boldsymbol{\varphi}}^{\mathrm{T}}(\hat{t})\cdot\dot{\boldsymbol{\varphi}}(\hat{t})\right)\otimes\boldsymbol{C}(t_n+\hat{t}\Delta t)\\&+\left(\dot{\boldsymbol{\varphi}}^{\mathrm{T}}(\hat{t})\cdot\boldsymbol{\varphi}(\hat{t})\right)\otimes\boldsymbol{K}(t_n+\hat{t}\Delta t)\cdot\boldsymbol{u}_h^n(t_n^-)\Big\}\mathrm{d}\hat{t}+\left(\dot{\boldsymbol{\varphi}}^{\mathrm{T}}(0)\cdot\dot{\boldsymbol{\varphi}}(0)\right)\otimes\boldsymbol{M}(t_n)\end{aligned}\tag{3.82}$$

$$\boldsymbol{B}_n=\Delta t\int_0^1\dot{\boldsymbol{\varphi}}^{\mathrm{T}}(\hat{t})\otimes\left(\boldsymbol{f}(t_n+\hat{t}\Delta t)-\boldsymbol{K}(t_n+\hat{t}\Delta t)\cdot\boldsymbol{u}_n\right)\mathrm{d}\hat{t}+\dot{\boldsymbol{\varphi}}^{\mathrm{T}}(0)\otimes\boldsymbol{M}(t_n)\cdot\boldsymbol{v}_n^-\tag{3.83}$$

$$\boldsymbol{A}_n\cdot\overline{\boldsymbol{u}}=\boldsymbol{B}_n\tag{3.84}$$

在每个单元上解方程组(3.84)可得节点位移，再利用式(3.76)可得单元内任一点位移和速度。可以看出本算法用 p 次多项式插值会得到 neq $\cdot p$ 阶方程组，对单自由度系统来说，在每一个时间步求解 p 个方程。

3.2.2　算法的稳定性分析

由式(3.77)、式(3.82)、式(3.83)及式(3.84)可知，每个单元的末节点的数值解可以用上一个单元相应节点的数值解表示：

$$\begin{bmatrix}\boldsymbol{u}^h(t_{n+1})\\ \Delta t\boldsymbol{v}^h(t_{n+1}^-)\end{bmatrix}=\boldsymbol{A}\begin{bmatrix}\boldsymbol{u}^h(t_n)\\ \Delta t\boldsymbol{v}^h(t_n^-)\end{bmatrix}\tag{3.85}$$

其中，$\boldsymbol{A}$ 是该算法的扩大矩阵。

考虑一个无阻尼自由振动问题：

$$\ddot{\boldsymbol{u}}+\omega^2\boldsymbol{u}=0\tag{3.86}$$

分别计算二次和三次插值的放大矩阵。

3.2.2.1　二次试函数放大矩阵

二次试函数为

$$\boldsymbol{\varphi}(\hat{t})=[\hat{t}\quad \hat{t}^2],\ \dot{\boldsymbol{\varphi}}(\hat{t})=\begin{bmatrix}\dfrac{1}{\Delta t} & \dfrac{2\hat{t}}{\Delta t}\end{bmatrix},\ \ddot{\boldsymbol{\varphi}}(\hat{t})=\begin{bmatrix}0 & \dfrac{2}{\Delta t^2}\end{bmatrix}\tag{3.87}$$

权函数为

$$\boldsymbol{w}^h(\hat{t})=[\hat{t} \quad \hat{t}^2]^{\mathrm{T}} \tag{3.88}$$

则位移和速度可表示为

$$\boldsymbol{u}_n^h(\hat{t})=\boldsymbol{u}_n+\hat{t}\bar{\boldsymbol{u}}_1+\hat{t}^2\bar{\boldsymbol{u}}_2 \tag{3.89}$$

$$\boldsymbol{v}_n^h(\hat{t})=\frac{\bar{\boldsymbol{u}}_1+2\hat{t}\bar{\boldsymbol{u}}_2}{\Delta t} \tag{3.90}$$

单元末端点的值为

$$\boldsymbol{u}_{n+1}=\boldsymbol{u}_n^h(1)=\boldsymbol{u}_n+\bar{\boldsymbol{u}}_1+\bar{\boldsymbol{u}}_2 \tag{3.91}$$

$$\boldsymbol{v}_{n+1}^-=\boldsymbol{v}_n^h(1)=\frac{\bar{\boldsymbol{u}}_1+2\bar{\boldsymbol{u}}_2}{\Delta t} \tag{3.92}$$

把式(3.87)和式(3.88)代入式(3.82)和式(3.83)，得到

$$\boldsymbol{A}_n=\Delta t\int_0^1\begin{bmatrix}1/\Delta t\\ 2\hat{t}/\Delta t\end{bmatrix}\left(\begin{bmatrix}0 & 2/\Delta t^2\end{bmatrix}+\omega^2\begin{bmatrix}\hat{t} & \hat{t}^2\end{bmatrix}\right)\mathrm{d}\hat{t}+\begin{bmatrix}1/\Delta t & 0\end{bmatrix}^{\mathrm{T}}\begin{bmatrix}1/\Delta t & 0\end{bmatrix} \tag{3.93}$$

$$\boldsymbol{B}_n=-\Delta t\int_0^1\begin{bmatrix}1/\Delta t\\ 2\hat{t}/\Delta t\end{bmatrix}\omega^2\boldsymbol{u}_n\mathrm{d}t+\begin{bmatrix}1/\Delta t\\ 0\end{bmatrix}\boldsymbol{v}_n^- \tag{3.94}$$

计算积分得

$$\boldsymbol{A}_n=\begin{bmatrix}\dfrac{\omega^2}{2}+\dfrac{1}{\Delta t^2} & \dfrac{\omega^2}{3}+\dfrac{2}{\Delta t^2}\\ \dfrac{2\omega^2}{3} & \dfrac{\omega^2}{2}+\dfrac{2}{\Delta t^2}\end{bmatrix} \tag{3.95}$$

$$\boldsymbol{B}_n=\begin{bmatrix}\dfrac{1}{\Delta t}\boldsymbol{v}_n^- -\omega^2\boldsymbol{u}_n\\ -\omega^2\boldsymbol{u}_n\end{bmatrix}=\begin{bmatrix}-\omega^2 & \dfrac{1}{\Delta t^2}\\ -\omega^2 & 0\end{bmatrix}\begin{bmatrix}\boldsymbol{u}_n\\ \Delta t\boldsymbol{v}_n^-\end{bmatrix} \tag{3.96}$$

因为 $\boldsymbol{A}_n\begin{bmatrix}\bar{\boldsymbol{u}}_1\\ \bar{\boldsymbol{u}}_2\end{bmatrix}=\boldsymbol{B}_n$，所以

$$\begin{bmatrix}\bar{\boldsymbol{u}}_1\\ \bar{\boldsymbol{u}}_2\end{bmatrix}=\boldsymbol{A}_n^{-1}\boldsymbol{B}_n=\frac{6}{72+6\Omega^2+\Omega^4}\begin{bmatrix}-\Omega^4 & 12+3\Omega^2\\ \Omega^4-6\Omega^2 & -4\Omega^2\end{bmatrix}\begin{bmatrix}\boldsymbol{u}_n\\ \Delta t\boldsymbol{v}_n^-\end{bmatrix} \tag{3.97}$$

上式中 $\Omega=\Delta t\omega$，再由式(3.91)和式(3.92)知

$$\boldsymbol{u}_{n+1}=\boldsymbol{u}_n+[1 \quad 1]\begin{bmatrix}\bar{\boldsymbol{u}}_1\\ \bar{\boldsymbol{u}}_2\end{bmatrix} \tag{3.98}$$

$$\Delta t\boldsymbol{v}_{n+1}^{-}=[1\quad 2]\begin{bmatrix}\bar{\boldsymbol{u}}_1\\ \bar{\boldsymbol{u}}_2\end{bmatrix} \tag{3.99}$$

得到

$$\begin{bmatrix}\boldsymbol{u}_{n+1}\\ \Delta t\boldsymbol{v}_{n+1}^{-}\end{bmatrix}=\frac{1}{72+6\Omega^2+\Omega^4}\begin{bmatrix}72-30\Omega^2+\Omega^4 & 72-6\Omega^2\\ 6\Omega^4-72\Omega^2 & 72-30\Omega^2\end{bmatrix}\begin{bmatrix}\boldsymbol{u}_n\\ \Delta t\boldsymbol{v}_n^{-}\end{bmatrix} \tag{3.100}$$

所以取二次试函数的计算格式的放大矩阵为

$$\boldsymbol{A}_2=\frac{1}{72+6\Omega^2+\Omega^4}\begin{bmatrix}72-30\Omega^2+\Omega^4 & 72-6\Omega^2\\ 6\Omega^4-72\Omega^2 & 72-30\Omega^2\end{bmatrix} \tag{3.101}$$

3.2.2.2　三次试函数放大矩阵

三次试函数为

$$\boldsymbol{\varphi}(\hat{t})=[\hat{t}\quad \hat{t}^2\quad \hat{t}^3],\ \dot{\boldsymbol{\varphi}}(\hat{t})=\begin{bmatrix}\frac{1}{\Delta t} & \frac{2\hat{t}}{\Delta t} & \frac{3\hat{t}^2}{\Delta t}\end{bmatrix},\ \ddot{\boldsymbol{\varphi}}(\hat{t})=\begin{bmatrix}0 & \frac{2}{\Delta t^2} & \frac{6\hat{t}}{\Delta t^2}\end{bmatrix} \tag{3.102}$$

权函数为

$$\boldsymbol{w}^h(\hat{t})=[\hat{t}\quad \hat{t}^2\quad \hat{t}^3]^{\mathrm{T}} \tag{3.103}$$

则位移和速度可表示为

$$\boldsymbol{u}_n^h(\hat{t})=\boldsymbol{u}_n+\hat{t}\bar{\boldsymbol{u}}_1+\hat{t}^2\bar{\boldsymbol{u}}_2+\hat{t}^3\bar{\boldsymbol{u}}_3 \tag{3.104}$$

$$\boldsymbol{v}_n^h(\hat{t})=\frac{\bar{\boldsymbol{u}}_1+2\hat{t}\bar{\boldsymbol{u}}_2+3\hat{t}^2\bar{\boldsymbol{u}}_3}{\Delta t} \tag{3.105}$$

该单元末端点处

$$\boldsymbol{u}_{n+1}=\boldsymbol{u}_n^h(1)=\boldsymbol{u}_n+\bar{\boldsymbol{u}}_1+\bar{\boldsymbol{u}}_2+\bar{\boldsymbol{u}}_3 \tag{3.106}$$

$$\boldsymbol{v}_{n+1}^{-}=\boldsymbol{v}_n^h(1)=\frac{\bar{\boldsymbol{u}}_1+2\bar{\boldsymbol{u}}_2+3\bar{\boldsymbol{u}}_3}{\Delta t} \tag{3.107}$$

$$\boldsymbol{A}_n=\Delta t\int_0^1\begin{bmatrix}\frac{1}{\Delta t}\\ \frac{2\hat{t}}{\Delta t}\\ \frac{3\hat{t}^2}{\Delta t}\end{bmatrix}\left([0\quad \frac{2}{\Delta t^2}\quad \frac{6\hat{t}}{\Delta t^2}]+\omega^2\begin{bmatrix}\hat{t} & \hat{t}^2 & \hat{t}^3\end{bmatrix}\right)\mathrm{d}\hat{t}+[\frac{1}{\Delta t}\quad 0\quad 0]^{\mathrm{T}}[\frac{1}{\Delta t}\quad 0\quad 0]$$

(3.108)

$$\boldsymbol{B}_n = -\Delta t\int_0^1 \begin{bmatrix} \dfrac{1}{\Delta t} \\ \dfrac{2\hat{t}}{\Delta t} \\ \dfrac{3\hat{t}^2}{\Delta t} \end{bmatrix} \omega^2 \boldsymbol{u}_n \mathrm{d}t + \begin{bmatrix} \dfrac{1}{\Delta t} \\ 0 \\ 0 \end{bmatrix} \boldsymbol{v}_n^- \tag{3.109}$$

计算积分得

$$\boldsymbol{A}_n = \begin{bmatrix} \dfrac{\omega^2}{2}+\dfrac{1}{\Delta t^2} & \dfrac{\omega^2}{3}+\dfrac{2}{\Delta t^2} & \dfrac{\omega^2}{4}+\dfrac{3}{\Delta t^2} \\ \dfrac{2\omega^2}{3} & \dfrac{\omega^2}{2}+\dfrac{2}{\Delta t^2} & \dfrac{2\omega^2}{5}+\dfrac{4}{\Delta t^2} \\ \dfrac{3\omega^2}{4} & \dfrac{3\omega^2}{5}+\dfrac{2}{\Delta t^2} & \dfrac{\omega^2}{2}+\dfrac{9}{2\Delta t^2} \end{bmatrix} \tag{3.110}$$

$$\boldsymbol{B}_n = \begin{bmatrix} -\omega^2 \boldsymbol{u}_n + \dfrac{1}{\Delta t^2}\boldsymbol{v}_n^- \\ -\omega^2 \boldsymbol{u}_n \\ -\omega^2 \boldsymbol{u}_n \end{bmatrix} = \begin{bmatrix} -\omega^2 & \dfrac{1}{\Delta t^3} \\ -\omega^2 & 0 \\ -\omega^2 & 0 \end{bmatrix} \begin{bmatrix} \boldsymbol{u}_n \\ \Delta t \boldsymbol{v}_n^- \end{bmatrix} \tag{3.111}$$

$$\begin{bmatrix} \bar{\boldsymbol{u}}_1 \\ \bar{\boldsymbol{u}}_2 \\ \bar{\boldsymbol{u}}_3 \end{bmatrix} = \boldsymbol{A}_n^{-1}\boldsymbol{B}_n = \frac{\begin{bmatrix} 120\Omega^4 - 12\Omega^6 & 72\Omega^4 + 360\Omega^2 + 7200 \\ 30\Omega^6 - 720\Omega^4 - 3600\Omega^2 & -240\Omega^2 \\ -20\Omega^6 + 720\Omega^4 & 180\Omega^4 - 1200\Omega^2 \end{bmatrix}}{7200 + 360\Omega^2 + 12\Omega^4 + \Omega^6} \begin{bmatrix} \boldsymbol{u}_n \\ \Delta t \boldsymbol{v}_n^- \end{bmatrix} \tag{3.112}$$

$$\boldsymbol{u}_{n+1} = \boldsymbol{u}_n + [1 \quad 1 \quad 1] \begin{bmatrix} \bar{\boldsymbol{u}}_1 \\ \bar{\boldsymbol{u}}_2 \\ \bar{\boldsymbol{u}}_3 \end{bmatrix} \tag{3.113}$$

$$\Delta t \boldsymbol{v}_{n+1}^- = [1 \quad 2 \quad 3] \begin{bmatrix} \bar{\boldsymbol{u}}_1 \\ \bar{\boldsymbol{u}}_2 \\ \bar{\boldsymbol{u}}_3 \end{bmatrix} \tag{3.114}$$

得到

$$\begin{bmatrix} \boldsymbol{u}_{n+1} \\ \Delta t \boldsymbol{v}_{n+1}^- \end{bmatrix} = \frac{\begin{bmatrix} 7200 - 3240\Omega^2 + 132\Omega^4 - \Omega^6 & 7200 - 840\Omega^2 + 12\Omega^4 \\ -7200\Omega^2 + 840\Omega^4 - 12\Omega^6 & 7200 - 3240\Omega^2 + 132\Omega^4 \end{bmatrix}}{7200 + 360\Omega^2 + 12\Omega^4 + \Omega^6} \begin{bmatrix} \boldsymbol{u}_n \\ \Delta t \boldsymbol{v}_n^- \end{bmatrix} \tag{3.115}$$

所以

$$A_3 = \frac{\begin{bmatrix} 7200-3240\Omega^2+132\Omega^4-\Omega^6 & 7200-840\Omega^2+12\Omega^4 \\ 7200\Omega^2+840\Omega^4-12\Omega^2 & 7200-3240\Omega^2+132\Omega^4 \end{bmatrix}}{7200+360\Omega^2+12\Omega^4+\Omega^6} \tag{3.116}$$

求特征方程$|\boldsymbol{A}-\lambda\boldsymbol{I}|=0$的解，如果谱半径满足$\rho(\boldsymbol{A})=\max\left(|\lambda_1(\boldsymbol{A})|,\ |\lambda_2(\boldsymbol{A})|\right)\leqslant 1$，则算法是稳定的。$\omega\Delta t$取任何值都有$\rho(\boldsymbol{A})\leqslant 1$，如图 3.20 所示，所以算法是无条件稳定的。

考虑时变动力学方程：

$$\ddot{\boldsymbol{u}}+\left(2+\sin(t)\right)\boldsymbol{u}=0,\quad 0<t<T=10 \tag{3.117}$$

令$\omega^2(t)$=2+sin(t)，把定义域分为n个单元，$0<t_1<t_2<\cdots<t_n<t_{n+1}=T$，每个单元步长$\Delta t$，则在第$n$个单元$[t_n,t_{n+1}]$内，频率的平方表示为

$$\omega^2\left(t_n+\hat{t}\Delta t\right)=2+\sin(t_n+\hat{t}\Delta t),\quad 0<\hat{t}<1 \tag{3.118}$$

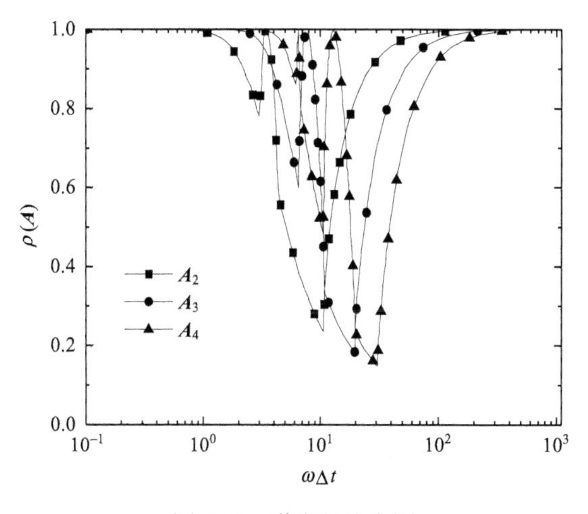

图 3.20　谱半径分布图

选用二次试函数求解：

$$\boldsymbol{A}_n=\Delta t\int_0^1\begin{bmatrix}\dfrac{1}{\Delta t}\\ \dfrac{2\hat{t}}{\Delta t}\end{bmatrix}\left(\begin{bmatrix}0 & \dfrac{2}{\Delta t^2}\end{bmatrix}+(2+\sin(t_n+\hat{t}\Delta t))\begin{bmatrix}\hat{t} & \hat{t}^2\end{bmatrix}\right)\mathrm{d}\hat{t}+\begin{bmatrix}\dfrac{1}{\Delta t} & 0\end{bmatrix}^{\mathrm{T}}\begin{bmatrix}\dfrac{1}{\Delta t} & 0\end{bmatrix} \tag{3.119}$$

$$\boldsymbol{B}_n=-\Delta t\int_0^1\begin{bmatrix}\dfrac{1}{\Delta t}\\ \dfrac{2\hat{t}}{\Delta t}\end{bmatrix}\left[2+\sin(t_n+\hat{t}\Delta t)\right]\boldsymbol{u}_n\mathrm{d}t+\begin{bmatrix}\dfrac{1}{\Delta t}\\ 0\end{bmatrix}\boldsymbol{v}_n^- \tag{3.120}$$

计算积分 $\boldsymbol{A}_n=\begin{bmatrix}A_{11} & A_{12}\\ A_{21} & A_{22}\end{bmatrix}$，其中

$$\begin{aligned}A_{11}=&\frac{1}{4\Delta t^2}(\sin^2(t_n+\Delta t)-2\Delta t\sin(t_n+\Delta t)\cos(t_n+\Delta t)+16\sin(t_n+\Delta t)\\&-16\cos(t_n+\Delta t)-\sin^2(t_n)-16\sin(t_n)+9\Delta t^2+1)\end{aligned} \tag{3.121}$$

$$\begin{aligned}A_{12}=&\frac{1}{4\Delta t^3}(9\Delta t+6\Delta t^3-32\cos(t_n)+2t_n\cos^2(t_n)+32\cos(t_n+\Delta t)-16\Delta t^2\cos(t_n+\Delta t)\\&-2\Delta t\cos^2(t_n+\Delta t)-2t_n\cos^2(t_n+\Delta t)-\cos(t_n)\sin(t_n)+2t_n\sin^2(t_n)+32\Delta t\sin(t_n+\Delta t)\\&+\sin(t_n+\Delta t)\cos(t_n+\Delta t)-2\Delta t^2\sin(t_n+\Delta t)\cos(t_n+\Delta t)-2t_n\sin^2(t_n+\Delta t))\end{aligned} \tag{3.122}$$

$$\begin{aligned}A_{21}=&\frac{1}{2\Delta t^3}(\Delta t+6\Delta t^3-32\cos(t_n)+2t_n\cos^2(t_n)+32\cos(t_n+\Delta t)-16\Delta t^2\cos(t_n+\Delta t)\\&-2\Delta t\cos^2(t_n+\Delta t)-2t_n\cos^2(t_n+\Delta t)-\cos(t_n)\sin(t_n)+2t_n\sin^2(t_n)\\&+32\Delta t\sin(t_n+\Delta t)+\sin(t_n+\Delta t)\cos(t_n+\Delta t)-2\Delta t^2\sin(t_n+\Delta t)\cos(t_n+\Delta t)\\&-2t_n\sin^2(t_n+\Delta t))\end{aligned} \tag{3.123}$$

$$\begin{aligned}A_{22}=&\frac{1}{4\Delta t^4}(11\Delta t^2+9\Delta t^4+192\Delta t\cos(t_n+\Delta t)-32\Delta t^3\cos(t_n+\Delta t)\\&-6\Delta t^2\cos^2(t_n+\Delta t)+192\sin(t_n)+3\sin^2(t_n)-192\sin(t_n+\Delta t)\\&+96\Delta t^2\sin(t_n+\Delta t)+6\Delta t\sin(t_n+\Delta t)\cos(t_n+\Delta t)-4\Delta t^3\sin(t_n+\Delta t)\\&\cdot\cos(t_n+\Delta t)-3\sin^2(t_n+\Delta t))\end{aligned} \tag{3.124}$$

$$\boldsymbol{B}_n=\begin{bmatrix}B_{n11} & \dfrac{1}{\Delta t^3}\\ B_{n21} & \boldsymbol{0}\end{bmatrix}\begin{bmatrix}\boldsymbol{u}_n\\ \Delta t\boldsymbol{v}_n^-\end{bmatrix} \tag{3.125}$$

其中

$$B_{n11}=-\frac{9\Delta t+8\cos(t_n)-8\cos(t_n+\Delta t)+\sin(t_n)\cos(t_n)-\sin(t_n+\Delta t)\cos(t_n+\Delta t)}{2\Delta t} \tag{3.126}$$

$$B_{n21}=-\frac{2\Delta t^{2}-16\Delta t\cos(t_{n}+\Delta t)-16\sin(t_{n})-\sin^{2}(t_{n})+16\sin(t_{n}+\Delta t)}{2\Delta t^{2}}-\frac{2\Delta t\sin(t_{n}+\Delta t)\cos(t_{n}+\Delta t)-\sin^{2}(t_{n}+\Delta t)}{2\Delta t^{2}} \tag{3.127}$$

通过解特征方程获得谱半径，如图 3.21 所示。

同理可得三次和四次试函数格式谱半径，如图 3.22 和图 3.23 所示。从图上看出在计算的时间域内，分别用二次、三次和四次试函数插值，谱半径 ρ 在任意的时间和步长下都满足 $\rho \leqslant 1$，所以算法是无条件稳定的。

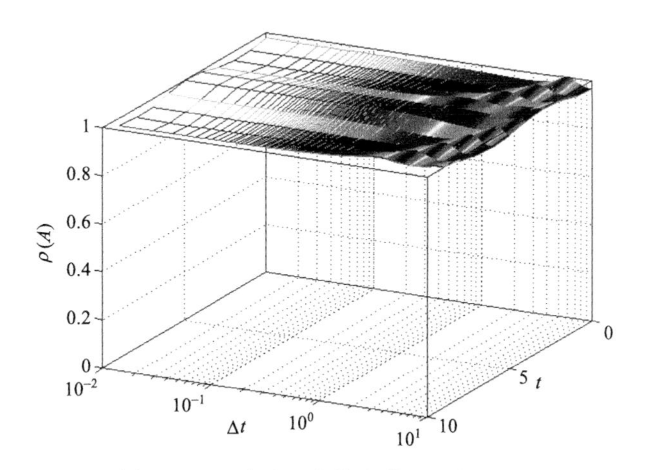

图 3.21　二次试函数格式谱半径变化曲线

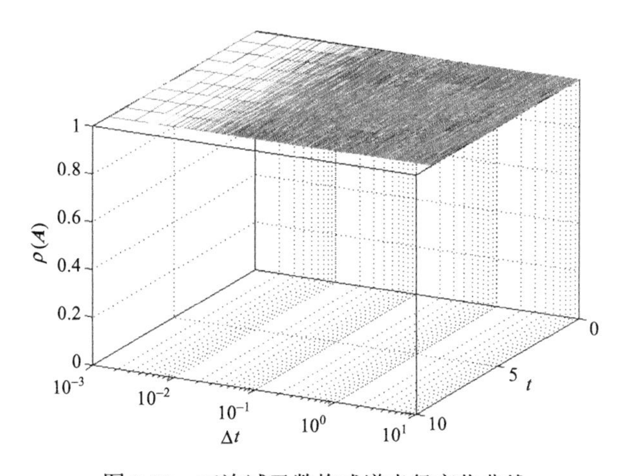

图 3.22　三次试函数格式谱半径变化曲线

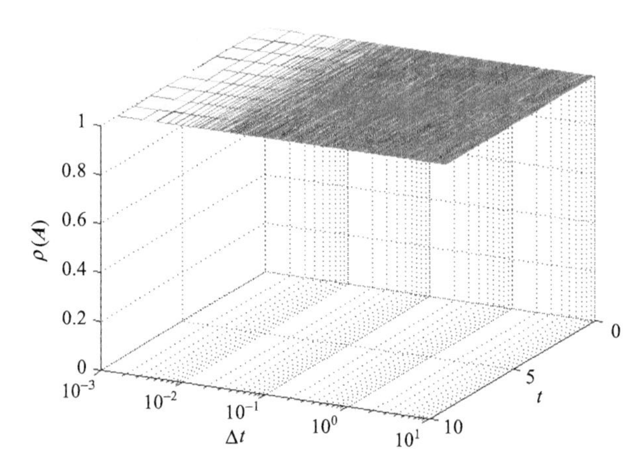

图 3.23 四次试函数格式谱半径变化曲线

3.2.3 算法的精度分析

如果在式(3.76)中取位移 $\boldsymbol{u}$ 是单元内各个节点的无限次插值，则得到的数值解就是一个精确的解，即

$$\boldsymbol{u}(t_n)=\boldsymbol{u}_n^- +\sum_{i=1}^{\infty}\varphi_i(t)\cdot\boldsymbol{u}_i^n \tag{3.128}$$

把这样的数值解代入式(3.81)和式(3.84)，得到的扩大矩阵将是一个精确的扩大矩阵 $\boldsymbol{A}$。把 $\boldsymbol{A}$ 的每一个元素对 Δt 进行 Taylor 展开，和其他次幂的多项式得到放大矩阵的展开项做对比，即可分析出其精度。以下面方程为例。

$$\ddot{u}+2\xi\dot{u}+\omega^2 u=0 \tag{3.129}$$

算法的放大矩阵为

$$\boldsymbol{A}=\begin{bmatrix} A_{11} & A_{12}\\ A_{21} & A_{22}\end{bmatrix} \tag{3.130}$$

放大矩阵 $\boldsymbol{A}$ 对 Δt 的 Taylor 展开(都取其前 9 项)得

$$\begin{aligned}A_{11}=&1-\frac{1}{2}\omega^2\Delta t^2+\frac{1}{3}\xi\omega^2\Delta t^3+\frac{1}{24}(\omega^2-4\xi^2)\omega^2\Delta t^4+\frac{1}{30}(2\xi^2-\omega^2)\xi\omega^2\Delta t^5\\&+\frac{1}{720}(12\xi^2\omega^2-16\xi^4-\omega^4)\omega^2\Delta t^6+\frac{1}{2520}(16\xi^4-16\xi^2\omega^2+3\omega^4)\xi\omega^2\Delta t^7\\&+\frac{1}{40320}(\omega^6+80\xi^4\omega^2-24\xi^2\omega^4-64\xi^6)\omega^2\Delta t^8\\&+\frac{1}{45360}(16\xi^6+10\xi^2\omega^4-24\xi^4\omega^2-\omega^6)\xi\omega^2\Delta t^9+O(\Delta t^{10})\end{aligned} \tag{3.131}$$

$$
\begin{aligned}
A_{12} &= \Delta t - \xi\Delta t^2 + \frac{1}{6}(4\xi^2 - \omega^2)\Delta t^3 + \frac{1}{6}(\xi\omega^2 - 2\xi^3)\Delta t^4 + \frac{1}{120}(16\xi^4 - 12\xi^2\omega^2 + \omega^4)\Delta t^5 \\
&+ \frac{1}{360}(16\xi^3\omega^2 - 16\xi^5 - \xi\omega^4)\Delta t^6 + \frac{1}{5040}(64\xi^6 - 80\xi^4\omega^2 + 24\xi^2\omega^4 - \omega^6)\Delta t^7 \\
&+ \frac{1}{5040}(\xi\omega^6 - 16\xi^7 + 24\xi^5\omega^2 - 10\xi^3\omega^4)\Delta t^8 + \frac{1}{362880}(\omega^8 + 256\xi^8 - 448\xi^6\omega^2 \\
&+ 240\xi^4\omega^4 - 40\xi^2\omega^6)\Delta t^9 + O(\Delta t^{10})
\end{aligned} \tag{3.132}
$$

$$
\begin{aligned}
A_{21} &= -\omega^2\Delta t + \xi\omega^2\Delta t^2 + \frac{1}{6}(\omega^2 - 4\xi^2)\omega^2\Delta t^3 + \frac{1}{6}(2\xi^2 - \omega^2)\xi\omega^2\Delta t^4 + \frac{1}{120}(12\xi^2\omega^2 \\
&- 16\xi^4 - \omega^4)\omega^2\Delta t^5 + \frac{1}{360}(16\xi^4 - 16\xi^2\omega^2 + 3\omega^4)\xi\omega^2\Delta t^6 + \frac{1}{5040}(\omega^6 - 64\xi^6 \\
&+ 80\xi^4\omega^2 - 24\xi^2\omega^4)\omega^2\Delta t^7 + \frac{1}{5040}(16\xi^6 - 24\xi^4\omega^2 + 10\xi^2\omega^4 - \omega^6)\xi\omega^2\Delta t^8 \\
&+ \frac{1}{362880}(1728\xi^6\omega^4 - 256\xi^8\omega^2 - 240\xi^4\omega^6 + 40\xi^2\omega^8 - \omega^{10})\Delta t^9 + O(\Delta t^{10})
\end{aligned} \tag{3.133}
$$

$$
\begin{aligned}
A_{22} &= 1 - 2\xi\Delta t + \frac{1}{2}(4\xi^2 - \omega^2)\Delta t^2 + \frac{2}{3}(\omega^2 - 2\xi^2)\xi\Delta t^3 + \frac{1}{24}(16\xi^4 - 12\xi^2\omega^2 + \omega^4)\Delta t^4 \\
&+ \frac{1}{60}(16\xi^2\omega^2 - 16\xi^4 - 3\omega^4)\xi\Delta t^5 + \frac{1}{720}(64\xi^6 - 80\xi^4\omega^2 + 24\xi^2\omega^4 - \omega^6)\Delta t^6 \\
&+ \frac{1}{630}(\omega^6 - 16\xi^6 + 24\xi^4\omega^2 - 10\xi^2\omega^4)\xi\Delta t^7 + \frac{1}{40320}(256\xi^8 - 448\xi^6\omega^2 \\
&+ 240\xi^4\omega^4 - 40\xi^2\omega^6 + \omega^8)\Delta t^8 \\
&+ \frac{1}{32688}\left((512\xi^6 - 256\xi^8 - 336\xi^4\omega^2)/5 + 16\xi^2\omega^4 - \omega^6\right)\xi\omega^2\Delta t^9 + O(\Delta t^{10})
\end{aligned} \tag{3.134}
$$

二次多项式放大矩阵 $\boldsymbol{A}_2$ 对 Δt 的 Taylor 展开:

$$A_{11}^2 = \cdots + \frac{1}{72}(\omega^2 - 8\xi^2)\omega^2\Delta t^4 + O(\Delta t^5) \tag{3.135}$$

$$A_{12}^2 = \cdots + \frac{1}{36}(5\xi\omega^2 - 8\xi^3)\Delta t^4 + O(\Delta t^5) \tag{3.136}$$

$$A_{21}^2 = \cdots + \frac{1}{36}(8\xi^3\omega^2 - 5\xi\omega^2)\Delta t^4 + O(\Delta t^5) \tag{3.137}$$

$$A_{22}^2 = \cdots + \frac{1}{36}(16\xi^4 - 14\xi^2\omega^2 + \omega^4)\Delta t^4 + O(\Delta t^5) \tag{3.138}$$

省略号表示和 $\boldsymbol{A}$ 中相同的项。可以看出通过二次函数插值，具有三阶精度。

进一步考察时变动力学方程：

$$\begin{aligned}&(1+\sin(t))\cdot\ddot{u}+t\cdot\dot{u}+4\sin(t)\cdot u=2t\cdot\cos(2t)-4\sin(2t)\\&0\leqslant t\leqslant 20,\quad u(0)=0,\quad \dot{u}(0)=2\end{aligned}\tag{3.139}$$

其精确解为 $u=\sin(2t)$。

试函数分别取二次、三次和四次进行计算，误差收敛率如图 3.24 所示，与精确解对比如图 3.25～图 3.27 所示。

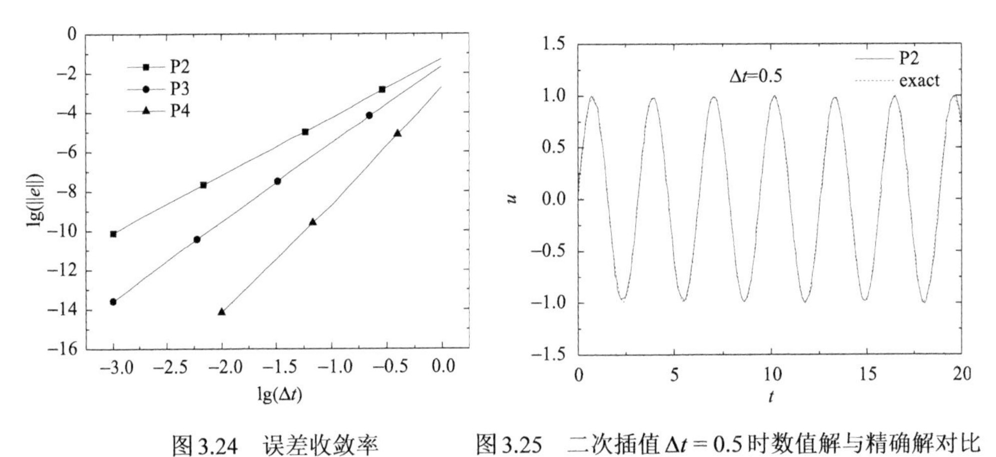

图 3.24 误差收敛率　　图 3.25 二次插值 $\Delta t=0.5$ 时数值解与精确解对比

从图 3.24 可知，当试函数取二次多项式时，算法具有三阶精度；取三次多项式具有四阶精度；取四次多项式具有六阶精度。

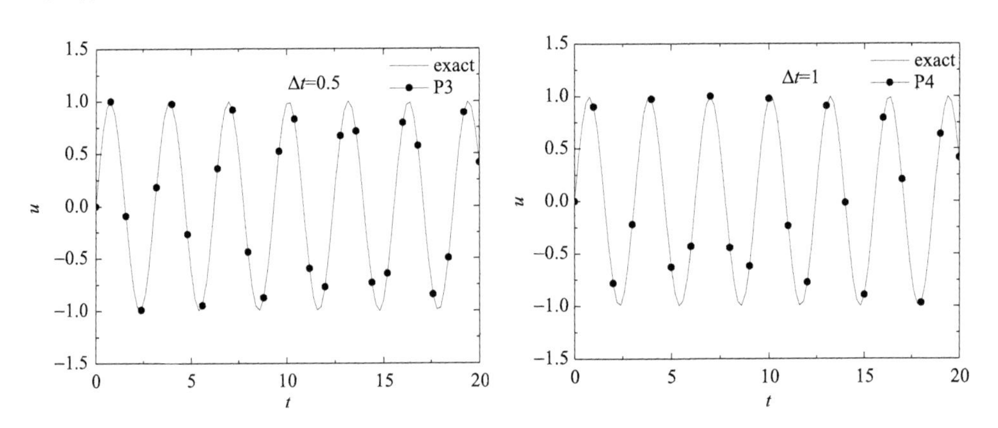

图 3.26 三次插值 $\Delta t=0.5$ 时数值解与精确解对比　图 3.27 四次插值 $\Delta t=1$ 时数值解与精确解对比

3.2.4 数值振荡的抑制方法

考查单自由度振动问题：

$$\ddot{u}(t)+2\xi\dot{u}(t)+\omega^2u(t)=f(t),\quad u(0)=u_0,\quad \dot{u}(0)=v_0 \tag{3.140}$$

其中，ξ 是阻尼系数；ω 是振动频率。把第 n 个单元末端点的解用前一个单元末端点的值表示：

$$\begin{bmatrix} u_{n+1}^- \\ \Delta t\cdot v_{n+1}^- \end{bmatrix}=\boldsymbol{\Lambda}(\xi,\omega,\Delta t)\begin{bmatrix} u_n^- \\ \Delta t\cdot v_n^- \end{bmatrix}+\boldsymbol{Z}(\xi,\omega,\Delta t) \tag{3.141}$$

其中，$\boldsymbol{\Lambda}$ 为 2×2 阶，是扩大矩阵；$\boldsymbol{Z}$ 是荷载矩阵。

数值方法的精度可以通过对比扩大矩阵的数值和解析形式来进行估计。把 $\boldsymbol{\Lambda}$ 的解析形式 $\boldsymbol{\Lambda}^e$ 展开成 Taylor 级数的形式：

$$\begin{aligned}\Lambda_{11}^e=&1-\frac{1}{2}\omega^2\Delta t^2+\frac{1}{3}\xi\omega^2\Delta t^3+\frac{1}{24}(\omega^2-4\xi^2)\omega^2\Delta t^4\\&+\frac{1}{30}(2\xi^2-\omega^2)\xi\omega^2\Delta t^5+O(\Delta t^6)\end{aligned} \tag{3.142}$$

$$\begin{aligned}\Lambda_{12}^e=&\Delta t-\xi\Delta t^2+\frac{1}{6}(4\xi^2-\omega^2)\Delta t^3+\frac{1}{6}(\omega^2-2\xi^2)\xi\Delta t^4\\&+\frac{1}{120}(16\xi^4-12\xi^2\omega^2+\omega^4)\Delta t^5+O(\Delta t^6)\end{aligned} \tag{3.143}$$

$$\begin{aligned}\Lambda_{21}^e=&-\omega^2\Delta t^2+\xi\omega^2\Delta t^3+\frac{1}{6}(\omega^2-4\xi^2)\omega^2\Delta t^4\\&+\frac{1}{6}(2\xi^2-\omega^2)\xi\omega^2\Delta t^5+O(\Delta t^6)\end{aligned} \tag{3.144}$$

$$\begin{aligned}\Lambda_{22}^e=&\Delta t-2\xi\Delta t^2+\frac{1}{2}\left(4\xi^2-\omega^2\right)\Delta t^3+\frac{2}{3}(\omega^2-2\xi^2)\xi\Delta t^4\\&+\frac{1}{24}(16\xi^4-12\xi^2\omega^2+\omega^4)\Delta t^5+O(\Delta t^6)\end{aligned} \tag{3.145}$$

得到扩大矩阵 $\boldsymbol{\Lambda}^p$，p=2 时 Taylor 展开得

$$\Lambda_{11}^p=\cdots+\frac{1}{72}\left(3(1-6\alpha)\omega^2-8\xi^2\right)\omega^2\Delta t^4+O(\Delta t^5) \tag{3.146}$$

$$\Lambda_{12}^p=\cdots+\frac{1}{36}\left((5-18\alpha)\xi\omega^2-8\xi^3\right)\Delta t^4+O(\Delta t^5) \tag{3.147}$$

$$\Lambda_{21}^p=\cdots+\frac{1}{36}\left(8\xi^2+(18\alpha-5)\omega^2\right)\xi\omega^2\Delta t^5+O(\Delta t^6) \tag{3.148}$$

$$\Lambda_{22}^{p}=\cdots+\frac{1}{36}\left(16\xi^{4}+2(18\alpha-7)\xi^{2}\omega^{2}+\omega^{4}\right)\Delta t^{5}+O(\Delta t^{6}) \tag{3.149}$$

以上公式中 $\alpha=4\tau/\Delta t^{3}$，$p$=2 时算法具有三阶精度。

扩大矩阵的谱半径为 $\rho(\boldsymbol{A})=\max|\lambda_1,\lambda_2|$，特征值为 $\lambda_{1,2}=A_1\pm\sqrt{A_1^2-A_2}$ 。其中：$A_1=\frac{1}{2}\mathrm{tr}\boldsymbol{A}$，$A_2=\det\boldsymbol{A}$。为分析方便，令 $\xi=0$，τ 取不同值的谱半径，如图 3.28 所示。

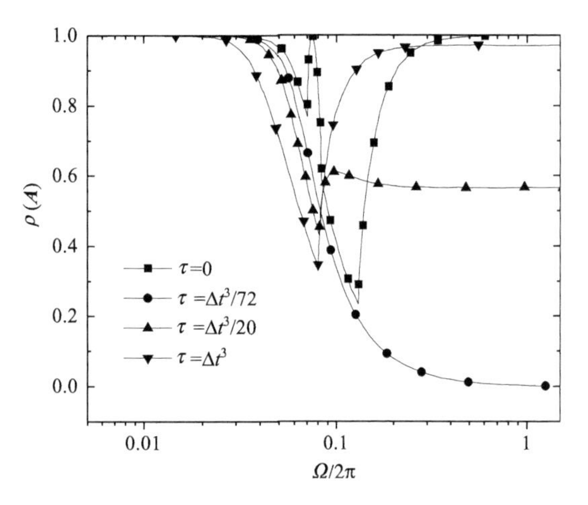

图 3.28 τ 取不同值时的谱半径曲线

由图 3.28 可知，本节使用的算法具有无条件稳定的特点，当 $\tau=\Delta t^{3}/72$ 时算法是 A-稳定的。对于振动问题，希望一个算法具有一定的数值阻尼，并且具有较小的相误差。从图 3.29 和图 3.30 可知，该算法比 HHT-α 法（两阶精度）有较大的数值阻尼，有较小的相误差。而 Newmark 法（α=1/2, β=1/4）具有两阶精度，无数值阻尼。

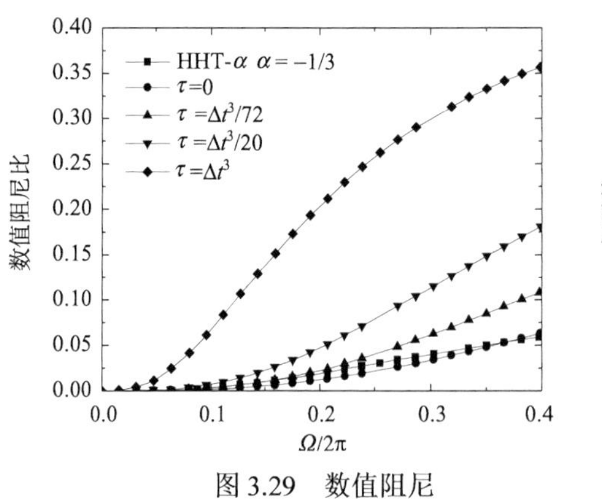

图 3.29 数值阻尼

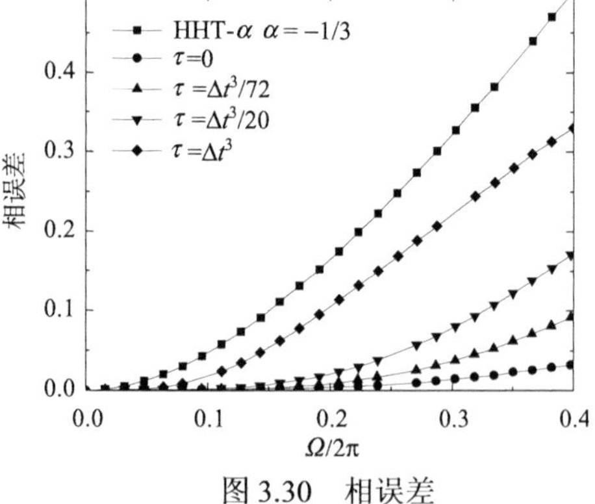

图 3.30 相误差

3.2.5 数值算例

以移动质量-梁时变力学系统为研究对象，利用上述高精度时间有限元离散方法建立其数值计算模型，分别以简支梁和悬臂梁为例，讨论分析数值计算精度。

3.2.5.1 移动质量-梁时变力学系统的时间有限元模型

$$\begin{aligned}\boldsymbol{A}_m &= \Delta t\int_0^1\left(\left(\dot{\boldsymbol{\phi}}(\hat{t})\cdot\ddot{\boldsymbol{\phi}}(\hat{t})\right)\otimes\boldsymbol{m}_m(t)+\left(\dot{\boldsymbol{\phi}}(\hat{t})\cdot\dot{\boldsymbol{\phi}}(\hat{t})\right)\otimes\boldsymbol{c}_m(t)+\left(\dot{\boldsymbol{\phi}}(\hat{t})\cdot\boldsymbol{\phi}(\hat{t})\right)\otimes\boldsymbol{k}_m(t)\right)\mathrm{d}\hat{t}\\&\quad+\left(\dot{\boldsymbol{\phi}}^{\mathrm{T}}(0)\cdot\dot{\boldsymbol{\phi}}(0)\right)\otimes\boldsymbol{m}_m(t_n)\end{aligned} \tag{3.150}$$

上式中 $\boldsymbol{u}_m^n$ 和 $\boldsymbol{v}_m^{n-}$ 表示移动质量单元的位移和速度。进一步整理得到

$$\boldsymbol{A}_m=\begin{bmatrix}\boldsymbol{A}_{m11} & \boldsymbol{A}_{m12}\\ \boldsymbol{A}_{m21} & \boldsymbol{A}_{m22}\end{bmatrix},\qquad \boldsymbol{B}_m=\begin{bmatrix}\boldsymbol{B}_{m1}\\ \boldsymbol{B}_{m2}\end{bmatrix} \tag{3.151}$$

其中

$$\boldsymbol{B}_{m1}=\boldsymbol{f}_{m1}-\boldsymbol{k}_{m1}\cdot\boldsymbol{u}_m^n+\boldsymbol{m}_m(t_n)\cdot\boldsymbol{v}_m^{n-}$$

$$\boldsymbol{B}_{m2}=\boldsymbol{f}_{m2}-\boldsymbol{k}_{m2}\cdot\boldsymbol{u}_m^n$$

$$\boldsymbol{A}_{m11}=\int_0^1\left(\frac{\boldsymbol{c}_m(t)}{\Delta t}+\hat{t}\cdot\boldsymbol{k}_m(t)\right)\mathrm{d}\hat{t}+\frac{\boldsymbol{m}_m(t_n)}{\Delta t^2}$$

$$\boldsymbol{A}_{m12}=\int_0^1\left(\frac{2\boldsymbol{m}_m(t)}{\Delta t^2}+\frac{2\hat{t}}{\Delta t}\boldsymbol{c}_m(t)+\hat{t}^2\cdot\boldsymbol{k}_m(t)\right)\mathrm{d}\hat{t}$$

$$\boldsymbol{A}_{m21}=\int_0^1\left(\frac{2\hat{t}}{\Delta t}\boldsymbol{c}_m(t)+2\hat{t}^2\cdot\boldsymbol{k}_m(t)\right)\mathrm{d}\hat{t}$$

$$\boldsymbol{A}_{m22}=\int_0^1\left(\frac{4\hat{t}}{\Delta t^2}\boldsymbol{m}_m(t)+\frac{4\hat{t}^2}{\Delta t}\boldsymbol{c}_m(t)+2\hat{t}^3\cdot\boldsymbol{k}_m(t)\right)\mathrm{d}\hat{t}$$

$$\boldsymbol{f}_{m1}=\int_0^1\boldsymbol{f}_m(t)\mathrm{d}\hat{t},\qquad \boldsymbol{f}_{m2}=\int_0^1 2\hat{t}\cdot\boldsymbol{f}_m(t)\mathrm{d}\hat{t}$$

$$\boldsymbol{k}_{m1}=\int_0^1\boldsymbol{k}_m(t)\mathrm{d}\hat{t},\qquad \boldsymbol{k}_{m2}=\int_0^1 2\hat{t}\cdot\boldsymbol{k}_m(t)\mathrm{d}\hat{t}$$

其中，$\boldsymbol{m}_m(t)$，$\boldsymbol{c}_m(t)$，$\boldsymbol{k}_m(t)$ 和 $\boldsymbol{f}_m(t)$ 的表达式是已知的，所以以上积分可以计算出来。$\boldsymbol{A}_{m11}\sim\boldsymbol{A}_{m22}$ 是 4×4 矩阵，$\boldsymbol{B}_{m1}$ 和 $\boldsymbol{B}_{m2}$ 为 4×1 列向量。把 $\boldsymbol{A}_m$ 和 $\boldsymbol{B}_m$ 按照移动质量单元所在的位置组装到 $\boldsymbol{A}$ 和 $\boldsymbol{B}_n$ 中，得到整体矩阵 $\overline{\boldsymbol{A}}$ 和 $\overline{\boldsymbol{B}}$：

$$\overline{A}=\begin{bmatrix}\overline{A}_{11} & \overline{A}_{12}\\ \overline{A}_{21} & \overline{A}_{22}\end{bmatrix},\qquad \overline{B}=\begin{bmatrix}\overline{B}_{1}\\ \overline{B}_{2}\end{bmatrix} \tag{3.152}$$

上式中

$$\overline{A}_{ijn\times n}=A_{ijn\times n}+A_{m,ij4\times4}$$
$$\overline{B}_{in\times1}=B_{in\times1}+\overline{B}_{m,i4\times1}\quad (i,j=1,2)$$

在每个单元，求解下列线性方程组可得到移动质量梁的解

$$\overline{A}\cdot\overline{u}=\overline{B} \tag{3.153}$$

3.2.5.2 移动质量作用下简支梁的响应

简支梁模型参数为 E=3.45×10^{10} N/m^2，I=11.1m^4，ρ=2500kg/m^3，A=8.97m^2，g=9.8m/s^2，m=8.4×10^{4}kg，v=25m/s，L=32m。

采用 TDG/GLS 法，时间单元取为 Δt=0.01，Newmark 法 Δt=0.0001 梁中点的位移和速度曲线如图 3.31 和图 3.32 所示。

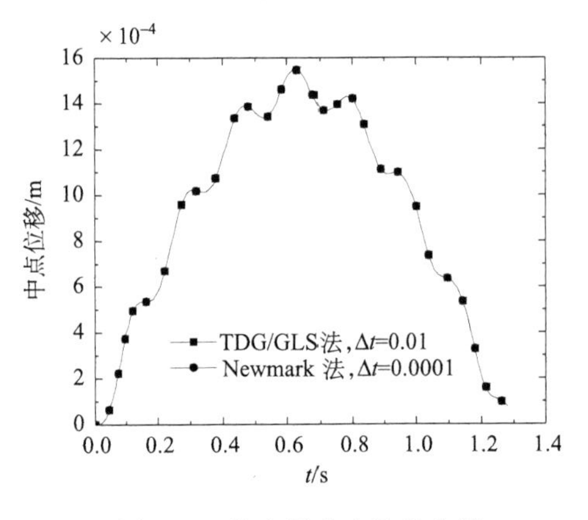

图 3.31 简支梁中点位移曲线

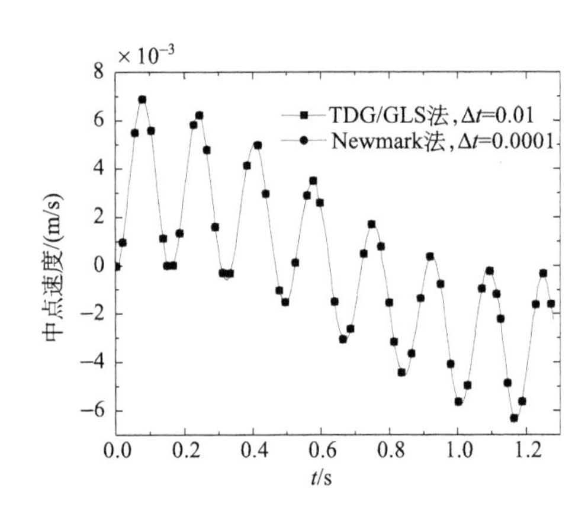

图 3.32 简支梁中点速度曲线

从计算结果可以看出：TDG/GLS 法的时间单元取 Δt=0.01，Newmark 法取 Δt=0.0001 时，两种方法计算的简支梁中点位移和速度响应比较接近，而 TDG/GLS 的时间步长和计算速度远大于 Newmark 法。因此，同等步长情况下，TDG/GLS 法的精度高于 Newmark 法。

3.2.5.3 移动质量作用下悬臂梁的响应

移动质量与悬臂梁参数为 E=2.09×10^{11}N/m^2，I=0.188×10^{-5} m^4，ρ=7800kg/m^3，A=0.0049m^2，g=9.8m/s^2，m=11.13kg，v=1m/s，L=2m。

用 TDG/GLS 法，时间单元 Δt=0.001，$\tau=\Delta t^3/72$，得悬臂梁末端处位移曲线如图 3.33 所示。从计算结果可以看出，当$\tau=\Delta t^3/72$时该算法是稳定的。

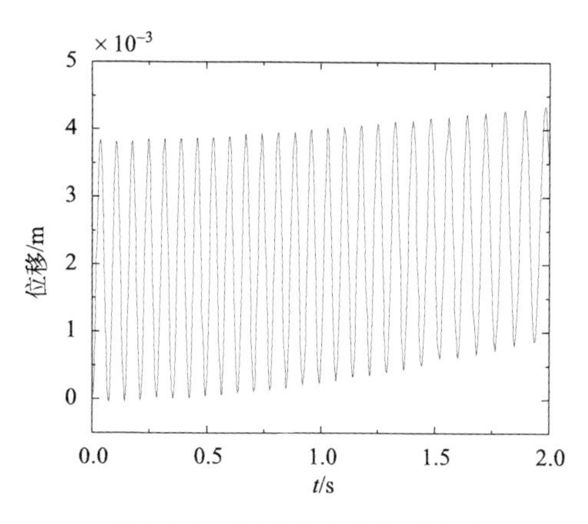

图 3.33　悬臂梁末端位移曲线

3.3　时空有限元数值计算方法

在时间和空间域同时采用有限单元离散的方法称为时空有限元法。对结构动力学问题，时空有限元法可看作通常的空间有限元法在时域的一种扩展，只是单元又增加了一个时间维，如梁单元变成矩形单元、板单元变成三维棱柱体等。通过利用某种力学定律如 Hamilton 原理和定律，在时空域上构造位移的时空插值函数，完成对动力学控制方程的离散，得到求解位移和速度的有限元递推格式。研究表明这种算法公式有较高的计算精度和计算效率，在带移动载荷或支撑的结构振动和波动、接触及塑性问题中是十分有效的，而且该方法还可以扩展到非线性问题。

本节以移动质量-梁时变力学系统为研究对象，在传统有限元质量矩阵和刚度矩阵的基础上，利用迭代格式对位移和速度算式进行更新，推导出每个时间步上的时空质量矩阵和刚度矩阵，以简支梁和悬臂梁为例，计算移动力/移动质量以一定的速度匀速通过时的动力响应，并与现有的数值计算方法进行对比分析，进一步验证时空有限元算法的有效性。

3.3.1　Euler-Bernoulli 梁的时空域离散

考虑时空域 $\Omega=\{(x,t):0\leqslant x\leqslant b,0\leqslant t\leqslant h\}$，时空域上质量块的运动轨迹如图 3.34 所示。

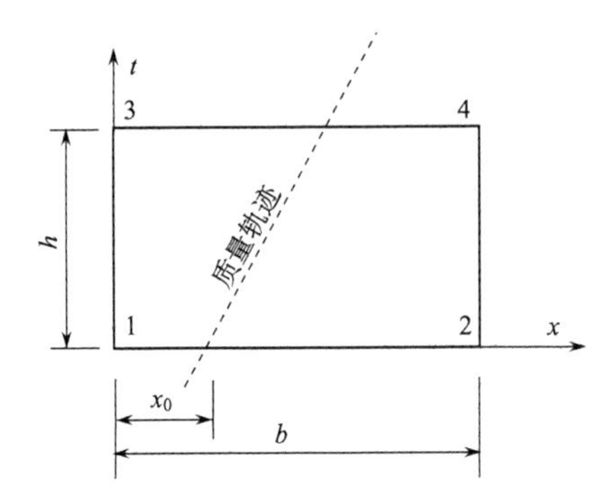

图 3.34 时空域上质量块运动轨迹

对梁振动方程左边乘以虚速度$\upsilon^*(x,t)$并积分，得到虚功为

$$\int_0^h\int_0^b \upsilon^*(x,t)\left(\rho A\frac{\partial^2 u}{\partial t^2}+EI\frac{\partial^4 u}{\partial x^4}\right)\mathrm{d}x\mathrm{d}t=0 \tag{3.154}$$

仅考虑x，对上式进行积分，其中$\upsilon=\partial u/\partial t$得

$$\rho A\iint_\Omega \upsilon^*\frac{\partial \upsilon}{\partial t}\mathrm{d}\Omega+EI\iint_\Omega\frac{\partial^2\upsilon^*}{\partial x^2}\frac{\partial^2 u}{\partial x^2}\mathrm{d}\Omega=0 \tag{3.155}$$

$$\upsilon(x,t)=\sum_{i=1}^{8}N_i(x,t)\upsilon_i \tag{3.156}$$

在时空域中，形函数为

$$\begin{aligned}\boldsymbol{N}=&\left[\left(1-3\frac{x^2}{b^2}+2\frac{x^3}{b^3}\right)\frac{(h-t)}{h},\left(\frac{x}{b}-2\frac{x^2}{b^2}+\frac{x^3}{b^3}\right)b\frac{(h-t)}{h},\left(3\frac{x^2}{b^2}-2\frac{x^3}{b^3}\right)\frac{(h-t)}{h},\right.\\&\left(-\frac{x^2}{b^2}+\frac{x^3}{b^3}\right)b\frac{(h-t)}{h},\left(1-3\frac{x^2}{b^2}+2\frac{x^3}{b^3}\right)\frac{t}{h},\left(\frac{x}{b}-2\frac{x^2}{b^2}+\frac{x^3}{b^3}\right)b\frac{t}{h},\\&\left.\left(3\frac{x^2}{b^2}-2\frac{x^3}{b^3}\right)\frac{t}{h},\left(-\frac{x^2}{b^2}+\frac{x^3}{b^3}\right)b\frac{t}{h}\right]\end{aligned} \tag{3.157}$$

对式(3.156)在时间上积分得到

$$\begin{aligned}u(x,t)&=u(x,0)+\int_0^t(N_1\upsilon_1+N_2\varphi_1+N_3\upsilon_2+N_4\varphi_2+N_5\upsilon_3+N_6\varphi_3+N_7\upsilon_4+N_8\varphi_4)\mathrm{d}t\\&=u(x,0)+\int_0^t\boldsymbol{N}\boldsymbol{v}\mathrm{d}t\end{aligned} \tag{3.158}$$

其中，$\boldsymbol{N}=\begin{bmatrix}N_1 & \cdots & N_8\end{bmatrix}$，$\boldsymbol{v}=[\upsilon_1\quad\varphi_1\quad\upsilon_2\quad\varphi_2\quad\upsilon_3\quad\varphi_3\quad\upsilon_4\quad\varphi_4]^{\mathrm{T}}$。

最终可以得到

$$
\begin{aligned}
u(x,t) &= u(x,0) + \int_0^t (N_1\upsilon_1 + N_2\varphi_1 + N_3\upsilon_2 + N_4\varphi_2 + N_5\upsilon_3 + N_6\varphi_3 + N_7\upsilon_4 + N_8\varphi_4)\mathrm{d}t \\
&= u(x,0) + N_1^* t\upsilon_1 - \frac{N_1^* t^2}{2h}\upsilon_1 + N_2^* bt\varphi_1 - \frac{N_2^* bt^2}{2h}\varphi_1 + N_3^* t\upsilon_2 - \frac{N_3^* t^2}{2h}\upsilon_2 \\
&\quad + N_4^* t\varphi_2 - \frac{N_4^* t^2}{2h}\varphi_2 + \frac{N_1^* t^2}{2h}\upsilon_3 + \frac{N_2^* t^2}{2h} N_1^* t\varphi_3 + \frac{N_3^* t^2}{2h}\upsilon_4 + \frac{N_4^* t^2}{2h}\varphi_4
\end{aligned}
\tag{3.159}
$$

其中，$N_1^* = 1 - 3\dfrac{x^2}{b^2} + 2\dfrac{x^3}{b^3}$，$N_2^* = \left(\dfrac{x}{b} - 2\dfrac{x^2}{b^2} + \dfrac{x^3}{b^3}\right)b$，$N_3^* = 3\dfrac{x^2}{b^2} - 2\dfrac{x^3}{b^3}$，$N_4^* = \left(-\dfrac{x^2}{b^2} + \dfrac{x^3}{b^3}\right)b$。

构造的虚函数为

$$
\begin{aligned}
\upsilon^*(x,t) &= \left(1 - 3\frac{x^2}{b^2} + 2\frac{x^3}{b^3}\right)\upsilon_3 + \left(\frac{x}{b} - 2\frac{x^2}{b^2} + \frac{x^3}{b^3}\right)b\varphi_3 + \left(3\frac{x^2}{b^2} - 2\frac{x^3}{b^3}\right)\upsilon_4 + \left(-\frac{x^2}{b^2} + \frac{x^3}{b^3}\right)b\varphi_4 \\
&= N_1^*\upsilon_3 + N_2^*\varphi_3 + N_3^*\upsilon_4 + N_4^*\varphi_4
\end{aligned}
\tag{3.160}
$$

则方程(3.155)可以写成矩阵形式：

$$
\left(\frac{\rho A}{h}\int_0^b \begin{bmatrix} N_1^* \\ N_2^* \\ N_3^* \\ N_4^* \end{bmatrix} \begin{bmatrix} -N_1^* & -N_2^* & -N_3^* & -N_4^* & N_1^* & N_2^* & N_3^* & N_4^* \end{bmatrix} \mathrm{d}x \right.
$$

$$
\left. + EI\int_0^b \begin{bmatrix} N_1^{*''} \\ N_2^{*''} \\ N_3^{*''} \\ N_4^{*''} \end{bmatrix} \begin{bmatrix} \alpha(1-\alpha/2)[N_1^* & \cdots & N_4^*] & (\alpha^2/2)[N_1^* & \cdots & N_4^*] \end{bmatrix} \mathrm{d}x\Big|_{t=\alpha h} \right) \begin{bmatrix} \upsilon_1 \\ \varphi_1 \\ \vdots \\ \upsilon_2 \\ \varphi_2 \end{bmatrix} = 0
\tag{3.161}
$$

Euler-Bernoulli 梁单元的质量矩阵、刚度矩阵为

$$
\boldsymbol{M}=\frac{1}{h}\left[\begin{array}{cccc|cccc}
-\frac{13\rho Ab}{35} & -\frac{11\rho Ab}{210} & -\frac{9\rho Ab}{70} & \frac{13\rho Ab}{420} & \frac{13\rho Ab}{35} & \frac{11\rho Ab}{210} & \frac{9\rho Ab}{70} & \frac{13\rho Ab}{420} \\
-\frac{11\rho Ab}{210} & -\frac{\rho Ab}{105} & -\frac{13\rho Ab}{420} & \frac{\rho Ab}{140} & \frac{11\rho Ab}{210} & \frac{\rho Ab}{105} & \frac{13\rho Ab}{420} & \frac{\rho Ab}{140} \\
-\frac{9\rho Ab}{70} & -\frac{13\rho Ab}{420} & -\frac{13\rho Ab}{35} & \frac{11\rho Ab}{210} & \frac{9\rho Ab}{70} & \frac{13\rho Ab}{420} & \frac{13\rho Ab}{35} & \frac{11\rho Ab}{210} \\
\frac{13\rho Ab}{420} & \frac{\rho Ab}{140} & \frac{11\rho Ab}{210} & -\frac{\rho Ab}{105} & \frac{13\rho Ab}{420} & \frac{\rho Ab}{140} & \frac{11\rho Ab}{210} & -\frac{\rho Ab}{105}
\end{array}\right]
=\frac{1}{h}\left[-\boldsymbol{M}_s \middle| \boldsymbol{M}_s\right]
\tag{3.162}
$$

$$
\boldsymbol{K}=h\left[\alpha\left(1-\frac{\alpha}{2}\right)\begin{pmatrix}
\frac{12EI}{b^3} & \frac{6EI}{b^2} & -\frac{12EI}{b^3} & \frac{6EI}{b^2} \\
\frac{6EI}{b^2} & \frac{4EI}{b} & \frac{-6EI}{b^2} & \frac{2EI}{b} \\
\frac{-12EI}{b^3} & \frac{-6EI}{b^2} & \frac{12EI}{b^3} & \frac{-6EI}{b^2} \\
\frac{6EI}{b^2} & \frac{2EI}{b} & \frac{-6EI}{b^2} & \frac{4EI}{b}
\end{pmatrix} \middle| \left(\frac{\alpha^2}{2}\right)\begin{pmatrix}
\frac{12EI}{b^3} & \frac{6EI}{b^2} & -\frac{12EI}{b^3} & \frac{6EI}{b^2} \\
\frac{6EI}{b^2} & \frac{4EI}{b} & \frac{-6EI}{b^2} & \frac{2EI}{b} \\
\frac{-12EI}{b^3} & \frac{-6EI}{b^2} & \frac{12EI}{b^3} & \frac{-6EI}{b^2} \\
\frac{6EI}{b^2} & \frac{2EI}{b} & \frac{-6EI}{b^2} & \frac{4EI}{b}
\end{pmatrix}\right]
=h\left[\alpha(1-\frac{\alpha}{2})\boldsymbol{K}_s \middle| \frac{\alpha^2}{2}\boldsymbol{K}_s\right]
\tag{3.163}
$$

其中

$$
\boldsymbol{M}_s=\frac{mb}{420}\begin{bmatrix}
156 & 22b & 54 & -13b \\
22b & 4b^2 & 13b & -3b^2 \\
54 & 13b & 156 & -22b \\
-13b & -3b^2 & -22b & 4b^2
\end{bmatrix}
\tag{3.164}
$$

$$
\boldsymbol{K}_s=\frac{EI}{b^3}\begin{bmatrix}
12 & 6b & -12 & 6b \\
6b & 4b^2 & -6b & 2b^2 \\
-12 & -6b & 12 & -6b \\
6b & 2b^2 & -6b & 4b^2
\end{bmatrix}
\tag{3.165}
$$

$\boldsymbol{M}$、$\boldsymbol{K}$ 分别为时空质量矩阵和刚度矩阵，分别由两个方阵组成，每个方阵的维数与时空单元自由度的个数相等。矩阵 $\boldsymbol{M}_s$、$\boldsymbol{K}_s$ 与传统有限元法得到的质量矩阵、刚度矩阵具有相同的形式。在一个时空单元域 Ω 的边缘建立力的平衡，向量 $\boldsymbol{v}$ 中

包含节点初始时刻 t_i 的速度和末时刻 t_{i+1} 的速度：

$$(\boldsymbol{M}+\boldsymbol{K})\begin{Bmatrix}\boldsymbol{v}_i\\ \boldsymbol{v}_{i+1}\end{Bmatrix}+\boldsymbol{e}_i=\boldsymbol{F}_i,(\boldsymbol{K}_L^*\mid\boldsymbol{K}_R^*)\begin{Bmatrix}\boldsymbol{v}_i\\ \boldsymbol{v}_{i+1}\end{Bmatrix}+\boldsymbol{e}_i=\boldsymbol{F}_i \tag{3.166}$$

其中

$$\boldsymbol{K}^*=\boldsymbol{M}+\boldsymbol{K}\,,\qquad \boldsymbol{e}=\boldsymbol{K}\boldsymbol{u}_i$$

$$\boldsymbol{K}_L^*=\left[-\frac{1}{h}\boldsymbol{M}_s+\boldsymbol{K}_s\left(1-\frac{\alpha}{2}\right)\alpha h\right],\qquad \boldsymbol{K}_R^*=\left[\frac{1}{h}\boldsymbol{M}_s+\boldsymbol{K}_s\frac{\alpha^2}{2}h\right]$$

其中，$\boldsymbol{e}_i$ 为初始时刻的节点力；$\boldsymbol{F}_i$ 为外载荷向量。

由上述递推格式可根据初始时刻的速度 $\boldsymbol{v}_i$ 值求得末时刻速度 $\boldsymbol{v}_{i+1}$ 值，从而求得每一个时间步长上的速度值。根据下式可以求得每个时间步上的位移值：

$$\boldsymbol{u}_{i+1}=\boldsymbol{u}_i+h[\alpha\boldsymbol{v}_i+(1-\alpha)\boldsymbol{v}_{i+1}] \tag{3.167}$$

3.3.2　移动质量作用下 Euler-Bernoulli 梁的离散

在时空有限元法中，移动质量的横向加速度可以表示成如下的形式：

$$\frac{\mathrm{d}^2u(\upsilon_m t,t)}{\mathrm{d}t^2}=\left.\frac{\partial\upsilon(x,t)}{\partial t}\right|_{x=\upsilon_m t}+\upsilon_m\left.\frac{\partial\upsilon(x,t)}{\partial x}\right|_{x=\upsilon_m t} \tag{3.168}$$

考虑梁振动方程右边的惯性项，乘以虚速度，在时空域中积分得

$$\int_0^h\int_0^b \boldsymbol{N}^* m\delta(x-\upsilon_m t)\frac{\partial^2u(\upsilon_m t,t)}{\partial t^2}\mathrm{d}x\mathrm{d}t \tag{3.169}$$

其中

$$\boldsymbol{N}^*=\begin{bmatrix}N_1^* & N_2^* & N_3^* & N_4^*\end{bmatrix}^{\mathrm{T}}$$

移动质量在梁上的位置是变化的，所以系统总体质量矩阵、刚度矩阵必须在每个时间步上建立。由式(3.169)得有移动质量作用的梁单元质量矩阵为

$$\boldsymbol{M}_m=\frac{m}{h}\begin{bmatrix}N_1^*\\ N_2^*\\ N_3^*\\ N_4^*\end{bmatrix}\left.\begin{bmatrix}-N_1^* & -N_2^* & -N_3^* & -N_4^* & N_1^* & N_2^* & N_3^* & N_4^*\end{bmatrix}\right|_{x=\upsilon_m t}$$

$$
=\frac{m}{h}\left[-\begin{bmatrix} N_1^*N_1^* & N_1^*N_2^* & N_1^*N_3^* & N_1^*N_4^* \\ N_2^*N_1^* & N_2^*N_2^* & N_2^*N_3^* & N_2^*N_4^* \\ N_3^*N_1^* & N_3^*N_2^* & N_3^*N_3^* & N_3^*N_4^* \\ N_4^*N_1^* & N_4^*N_2^* & N_4^*N_3^* & N_4^*N_4^* \end{bmatrix} \middle| \begin{bmatrix} N_1^*N_1^* & N_1^*N_2^* & N_1^*N_3^* & N_1^*N_4^* \\ N_2^*N_1^* & N_2^*N_2^* & N_2^*N_3^* & N_2^*N_4^* \\ N_3^*N_1^* & N_3^*N_2^* & N_3^*N_3^* & N_3^*N_4^* \\ N_4^*N_1^* & N_4^*N_2^* & N_4^*N_3^* & N_4^*N_4^* \end{bmatrix}\right]_{x=\upsilon_m t}
$$

$$
=\frac{m}{h}\left[-\boldsymbol{M}_{ms} \middle| \boldsymbol{M}_{ms}\right]\Big|_{x=\upsilon_m t} \tag{3.170}
$$

移动质量作用下梁的单元刚度矩阵为

$$
\boldsymbol{K}_m = mh\upsilon_m^2\left[\alpha\left(1-\frac{\alpha}{2}\right)\begin{bmatrix} N_1^*N_1^{*''} & N_1^*N_2^{*''} & N_1^*N_3^{*''} & N_1^*N_4^{*''} \\ N_2^*N_1^{*''} & N_2^*N_2^{*''} & N_2^*N_3^{*''} & N_2^*N_4^{*''} \\ N_3^*N_1^{*''} & N_3^*N_2^{*''} & N_3^*N_3^{*''} & N_3^*N_4^{*''} \\ N_4^*N_1^{*''} & N_4^*N_2^{*''} & N_4^*N_3^{*''} & N_4^*N_4^{*''} \end{bmatrix} \middle| \left(\frac{\alpha^2}{2}\right)\begin{bmatrix} N_1^*N_1^{*''} & N_1^*N_2^{*''} & N_1^*N_3^{*''} & N_1^*N_4^{*''} \\ N_2^*N_1^{*''} & N_2^*N_2^{*''} & N_2^*N_3^{*''} & N_2^*N_4^{*''} \\ N_3^*N_1^{*''} & N_3^*N_2^{*''} & N_3^*N_3^{*''} & N_3^*N_4^{*''} \\ N_4^*N_1^{*''} & N_4^*N_2^{*''} & N_4^*N_3^{*''} & N_4^*N_4^{*''} \end{bmatrix}\right]_{x=\upsilon_m t} \tag{3.171}
$$

$$
= mh\upsilon_m^2\left[\alpha(1-\alpha/2)\boldsymbol{K}_{ms} \middle| \alpha^2/2\boldsymbol{K}_{ms}\right]
$$

其中

$$
\boldsymbol{M}_{ms} = \begin{bmatrix} N_1^*N_1^* & N_1^*N_2^* & N_1^*N_3^* & N_1^*N_4^* \\ N_2^*N_1^* & N_2^*N_2^* & N_2^*N_3^* & N_2^*N_4^* \\ N_3^*N_1^* & N_3^*N_2^* & N_3^*N_3^* & N_3^*N_4^* \\ N_4^*N_1^* & N_4^*N_2^* & N_4^*N_3^* & N_4^*N_4^* \end{bmatrix}_{x=\upsilon_m t} \tag{3.172}
$$

$$
\boldsymbol{K}_{ms} = \begin{bmatrix} N_1^*N_1^{*''} & N_1^*N_2^{*''} & N_1^*N_3^{*''} & N_1^*N_4^{*''} \\ N_2^*N_1^{*''} & N_2^*N_2^{*''} & N_2^*N_3^{*''} & N_2^*N_4^{*''} \\ N_3^*N_1^{*''} & N_3^*N_2^{*''} & N_3^*N_3^{*''} & N_3^*N_4^{*''} \\ N_4^*N_1^{*''} & N_4^*N_2^{*''} & N_4^*N_3^{*''} & N_4^*N_4^{*''} \end{bmatrix}_{x=\upsilon_m t} \tag{3.173}
$$

$\boldsymbol{M}_m$、$\boldsymbol{K}_m$ 为附加时空质量矩阵和刚度矩阵，则时空有限元方程为

$$
(\boldsymbol{K}_L^* + \boldsymbol{K}_{Lm}^* \mid \boldsymbol{K}_R^* + \boldsymbol{K}_{Rm}^*)\begin{bmatrix} \boldsymbol{v}_i \\ \boldsymbol{v}_{i+1} \end{bmatrix} + \boldsymbol{e}_i = \boldsymbol{F}_i \tag{3.174}
$$

其中，$\boldsymbol{K}_L^* = -\dfrac{1}{h}\boldsymbol{M}_s + \alpha h\left(1-\dfrac{\alpha}{2}\right)\boldsymbol{K}_s$；$\boldsymbol{K}_{Lm}^* = mh\upsilon_m^2\alpha\left(1-\dfrac{\alpha}{2}\right)\boldsymbol{K}_{ms}$；$\boldsymbol{K}_R^* = \dfrac{1}{h}\boldsymbol{M}_s + \dfrac{\alpha^2}{2}h\boldsymbol{K}_s$；$\boldsymbol{K}_{Rm}^* = mh\upsilon_m^2\dfrac{\alpha^2}{2}\boldsymbol{K}_{ms}$。

3.3.3　移动质量作用下梁的振动数值分析

1) 简支梁

简支梁长度 L=2m，弹性模量 E=209GPa，惯性矩 I=1.65×10^{-6}m^4，线密度 ρA=35.49kg/m，移动质量 m_m=17.8kg，移动速度 v_m=20m/s。考虑移动质量的惯性作用，简支梁中点的位移和速度响应如图 3.35 和图 3.36 所示。

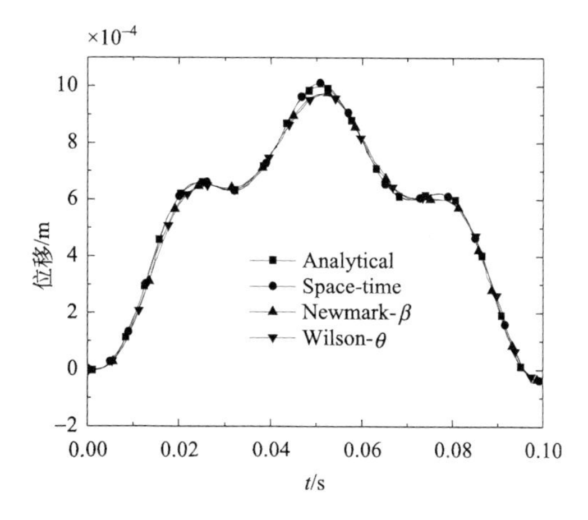

图 3.35　简支梁中点位移响应

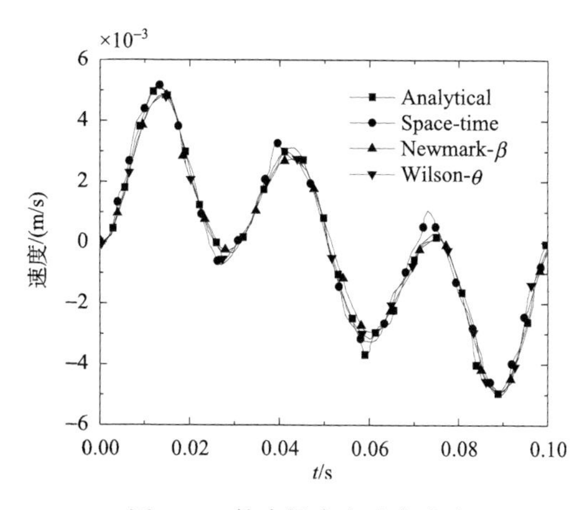

图 3.36　简支梁中点速度响应

在 0.05s 时刻，利用几种算法计算的简支梁中点的位移和速度对比如表 3.4 所示。

表 3.4 简支梁几种算法计算值与解析解比较

算法类型	位移/m	相对误差/%	速度/(m/s)	相对误差 r/%
Analytical	1.0035×10^{-3}	—	0.0021	—
Space-time	1.0107×10^{-3}	0.7	0.0020	4.8
Newmark-β	0.9755×10^{-3}	2.8	0.0018	14.3
Wilson-θ	0.9741×10^{-3}	2.9	0.0019	9.5

由表 3.4 的结果对比可知，与 Newmark-β 法和 Wilson-θ 法相比，利用时空有限元法计算的简支梁中点位移和速度值与解析解更加接近，具有明显的精度优势。

2) 悬臂梁

悬臂梁结构尺寸与材料属性、移动质量与前述简支梁相同，移动质量速度 v_m=10m/s。悬臂梁末端的位移和速度响应如图 3.37 和图 3.38 所示。

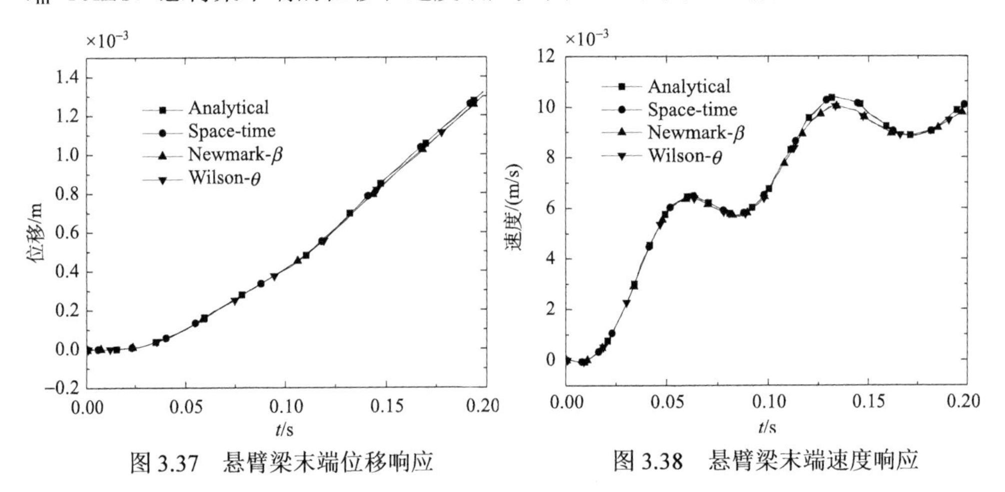

图 3.37 悬臂梁末端位移响应

图 3.38 悬臂梁末端速度响应

在 0.14s 时刻，利用几种算法计算的悬臂梁末端位移和速度对比如表 3.5 所示。

表 3.5 悬臂梁几种算法所得值与解析解比较

算法	位移/m	相对误差/%	速度/(m/s)	相对误差/%
Analytical	7.7576×10^{-4}	—	0.01030	—
Space-time	7.7489×10^{-4}	0.1	0.01030	0
Newmark-β	7.6252×10^{-4}	1.7	0.0099	3.88
Wilson-θ	7.6212×10^{-4}	1.8	0.0068	33.98

由表 3.5 的结果对比可知，与 Newmark-β 法和 Wilson-θ 法相比，利用时空有限元法计算的悬臂梁末端位移和速度值与解析解的差异很小，具有很高的计算精度。

3.4　显式与隐式交叉的直接积分方法

结合显式积分和隐式积分的优点，将单元分为显式单元和隐式单元，显式积分采用 Runge-Kutta 法，隐式积分采用 Newmark-β 法，利用预报–校正积分格式，求解时变力学动态响应。针对火炮时变力学的数值求解，探讨时变参数的高效迭代算法和无条件稳定直接积分算法，建立一种具有高阶精度、无条件稳定和超调特性的时变力学问题直接积分算法。

3.4.1　隐式不协调时间伽辽金有限元方程

初值问题的半离散有限元方程可以表示如下：

$$\begin{aligned}&\boldsymbol{M}\ddot{\boldsymbol{q}}(t)+\boldsymbol{C}\dot{\boldsymbol{q}}(t)+\boldsymbol{S}(\boldsymbol{q}(t))=\boldsymbol{f}(t),\ t\in I=(0,t_N)\\&\boldsymbol{q}(0)=\bar{\boldsymbol{q}}_0\\&\dot{\boldsymbol{q}}(0)=\bar{\boldsymbol{v}}_0\end{aligned}\tag{3.175}$$

其中，$\boldsymbol{q}(t)$ 和 $\dot{\boldsymbol{q}}(t)$ 是空间离散的节点参数向量；$\boldsymbol{M}$ 是对称正定的质量矩阵；$\boldsymbol{C}$ 是黏性阻尼矩阵；$\boldsymbol{S}(\boldsymbol{q}(t))$ 是非线性内力向量；$\boldsymbol{f}(t)$ 是外载荷向量；I 表示时间域。

将有限元方程写成一阶的形式：

$$\begin{aligned}&\dot{\boldsymbol{p}}(t)+\boldsymbol{C}\boldsymbol{M}^{-1}\boldsymbol{p}(t)+\boldsymbol{S}(\boldsymbol{q}(t))=\boldsymbol{f}(t),\ t\in I=(0,t_N)\\&\boldsymbol{M}^{-1}\boldsymbol{p}(t)-\dot{\boldsymbol{q}}(t)=0,t\in I=(0,t_N)\\&\boldsymbol{q}(0)=\bar{\boldsymbol{q}}_0\\&\boldsymbol{p}(0)=\bar{\boldsymbol{p}}_0=\boldsymbol{M}\bar{\boldsymbol{v}}_0\end{aligned}\tag{3.176}$$

其中，$\boldsymbol{q}(t)$ 和 $\boldsymbol{p}(t)$ 表示广义位移和动量向量。双域公式将位移和动量作为独立的域考虑，并且采用线性时间插值。将时间域划分为

$$I_i=(t_i,t_{i+1}),\quad i=0,\cdots,N\tag{3.177}$$

其中，$0=t_0<t_1<\cdots<t_N$，$\Delta t=t_{i+1}-t_i$ 是时间步长。记 $(\boldsymbol{q}_0,\boldsymbol{p}_0)$ 为 $t_i^-=\lim\limits_{t\to t_i^-}t$ 时刻的位移和动量向量，由前一步计算，i=0 时为初始值 $(\bar{\boldsymbol{q}}_0,\bar{\boldsymbol{p}}_0)$。$(\boldsymbol{q}_1,\boldsymbol{p}_1)$ 和 $(\boldsymbol{q}_2,\boldsymbol{p}_2)$ 分别记为 $t_i^+=\lim\limits_{t\to t_i^+}t$ 和 t_{i+1}^- 时刻的位移和动量向量，表示时间区间 $\left(t_i^+,t_{i+1}^-\right)$ 内的四个未知向量，如图 3.39 所示。

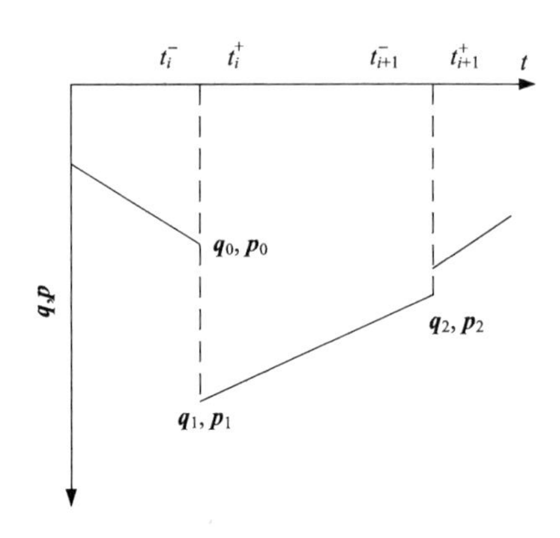

图 3.39 具有线性测试函数和权函数的时间单元

任意$t\in(t_i,t_{i+1})$时刻的位移和动量可以表示为

$$\begin{aligned}\boldsymbol{q}(t)&=t_1(t)\boldsymbol{q}_1+t_2(t)\boldsymbol{q}_2\\\boldsymbol{p}(t)&=t_1(t)\boldsymbol{p}_1+t_2(t)\boldsymbol{p}_2\end{aligned}\tag{3.178}$$

其中

$$t_1(t)=\frac{t_{i+1}-t}{\Delta t},\qquad t_2(t)=\frac{t-t_i}{\Delta t}\tag{3.179}$$

相应的权函数为

$$\begin{aligned}\boldsymbol{w}_q(t)&=t_1(t)\boldsymbol{w}_{q_1}+t_2(t)\boldsymbol{w}_{q_2}\\\boldsymbol{w}_p(t)&=t_1(t)\boldsymbol{w}_{p_1}+t_2(t)\boldsymbol{w}_{p_2}\end{aligned}\tag{3.180}$$

不协调时间有限元方程可由方程(3.176)的加权残值形式得到

$$\begin{aligned}&\int_{I_i}\boldsymbol{w}_q^{\mathrm{T}}(\dot{\boldsymbol{p}}(t)+\boldsymbol{C}\boldsymbol{M}^{-1}\boldsymbol{p}(t)+\boldsymbol{S}(\boldsymbol{q}(t))-\boldsymbol{f}(t))\mathrm{d}t+\int_{I_i}\boldsymbol{w}_p^{\mathrm{T}}(t)(\boldsymbol{M}^{-1}p(t)-\dot{\boldsymbol{q}}(t))\mathrm{d}t\\&-\boldsymbol{w}_p^{\mathrm{T}}(t_i^+)(q(t_i^+)-\boldsymbol{q}_0)+\boldsymbol{w}_q^{\mathrm{T}}(t_i^+)(\boldsymbol{p}(t_i^+)-\boldsymbol{p}_0)=0\end{aligned}\tag{3.181}$$

对所有的$\boldsymbol{w}_{q_1},\boldsymbol{w}_{q_2},\boldsymbol{w}_{p_1},\boldsymbol{w}_{p_2}$均满足方程(3.180)。方程(3.181)采用弱形式施加初值，同样时间步间的数值解可以是不连续的。记此法为 TDG1 法。将方程(3.178)和式(3.180)代入方程(3.181)，可得代数方程组：

$$\begin{aligned}&\boldsymbol{P}_{q_1}+\left(\frac{1}{2}\boldsymbol{I}+\frac{\Delta t}{3}\boldsymbol{C}\boldsymbol{M}^{-1}\right)\boldsymbol{p}_1+\left(\frac{1}{2}\boldsymbol{I}+\frac{\Delta t}{6}\boldsymbol{C}\boldsymbol{M}^{-1}\right)\boldsymbol{p}_2=\boldsymbol{p}_0+\boldsymbol{F}_1\\&\boldsymbol{P}_{q_2}+\left(-\frac{1}{2}\boldsymbol{I}+\frac{\Delta t}{6}\boldsymbol{C}\boldsymbol{M}^{-1}\right)\boldsymbol{p}_1+\left(\frac{1}{2}\boldsymbol{I}+\frac{\Delta t}{3}\boldsymbol{C}\boldsymbol{M}^{-1}\right)\boldsymbol{p}_2=\boldsymbol{F}_2\\&\frac{1}{2}(\boldsymbol{q}_1+\boldsymbol{q}_2)-\frac{\Delta t}{3}\boldsymbol{M}^{-1}\left(\boldsymbol{p}_1+\frac{1}{2}\boldsymbol{p}_2\right)_2=\boldsymbol{q}_0\end{aligned}\tag{3.182}$$

$$\frac{1}{2}(\boldsymbol{q}_1-\boldsymbol{q}_2)+\frac{\Delta t}{3}\boldsymbol{M}^{-1}\left(\frac{1}{2}\boldsymbol{p}_1+\boldsymbol{p}_2\right)=\boldsymbol{0}$$

其中

$$\begin{aligned}
\boldsymbol{P}_{q_1}&=\int_{t_i}^{t_i+1}t_1(t)\boldsymbol{S}(t_1(t)\boldsymbol{q}_1+t_2(t)\boldsymbol{q}_2)\mathrm{d}t\\
\boldsymbol{P}_{q_2}&=\int_{t_i}^{t_i+1}t_2(t)\boldsymbol{S}(t_1(t)\boldsymbol{q}_1+t_2(t)\boldsymbol{q}_2)\mathrm{d}t\\
\boldsymbol{F}_1&=\int_{t_i}^{t_i+1}t_1(t)\boldsymbol{f}(t)\mathrm{d}t,\quad \boldsymbol{F}_2=\int_{t_i}^{t_i+1}t_2(t)\boldsymbol{f}(t)\mathrm{d}t
\end{aligned}\tag{3.183}$$

对于线性问题有

$$\boldsymbol{S}(\boldsymbol{q}(t))=\boldsymbol{K}\boldsymbol{q}(t)\tag{3.184}$$

其中，$\boldsymbol{K}$ 是刚度矩阵。

该显式算法具有三阶精度，并且具有隐式不协调有限元法的耗散特性。TDG1 法的缺点：方程(3.183)的大小是空间离散节点自由度的四倍，离散时间是方程(3.175)的四倍，且整刚矩阵是非对称矩阵。

从隐式 TDG1 法出发，推导出的显式预报校正算法可以克服这些缺点，并且对线性和非线性问题均适用。其精度和稳定性取决于方程(3.183)所采用的积分法则。

3.4.2 显式预报-校正方法

考虑无阻尼的情况，为了得到三阶精度和好的耗散特性，采用上节得到的 TDG1 公式，校正算子的数目为 1～2 个。消去未知动量 $\boldsymbol{p}_1$、 $\boldsymbol{p}_2$ 得

$$\boldsymbol{x}_p=\begin{bmatrix}\boldsymbol{p}_1\\ \boldsymbol{p}_2\end{bmatrix}=\begin{bmatrix}\dfrac{1}{\Delta t}\boldsymbol{M}(3\boldsymbol{q}_1+\boldsymbol{q}_2-4\boldsymbol{q}_0)\\ \dfrac{1}{\Delta t}\boldsymbol{M}(-3\boldsymbol{q}_1+\boldsymbol{q}_2+2\boldsymbol{q}_0)\end{bmatrix}\tag{3.185}$$

综合得

$$(\boldsymbol{B}+\boldsymbol{D})\boldsymbol{x}_q-\boldsymbol{P}_0=0\tag{3.186}$$

其中

$$\boldsymbol{B}=\frac{1}{\Delta t}\begin{bmatrix}\boldsymbol{0}&\boldsymbol{M}\\ \boldsymbol{M}&\boldsymbol{0}\end{bmatrix},\quad \boldsymbol{D}=\begin{bmatrix}\dfrac{\Delta t}{3}\boldsymbol{K}&\dfrac{\Delta t}{6}\boldsymbol{K}\\ -\dfrac{\Delta t}{18}\boldsymbol{K}&-\dfrac{\Delta t}{9}\boldsymbol{K}\end{bmatrix}$$

$$\boldsymbol{x}_p=\begin{bmatrix}\boldsymbol{q}_1\\ \boldsymbol{q}_2\end{bmatrix},\quad \boldsymbol{P}_0=\begin{bmatrix}\boldsymbol{p}_0+\dfrac{1}{\Delta t}\boldsymbol{M}\boldsymbol{q}_0+\boldsymbol{F}_1\\ \dfrac{1}{\Delta t}\boldsymbol{M}\boldsymbol{q}_0-\dfrac{1}{3}\boldsymbol{F}_2\end{bmatrix} \tag{3.187}$$

方程(3.186)是关于未知位移向量 $\boldsymbol{x}_q$ 的方程。为了估算 $\boldsymbol{P}_q$，必须计算 $\boldsymbol{x}_q$。记时间步 $[t_i,t_{i+1}]$ 内未知位移的 k 次试验值为 $\boldsymbol{x}_q^{(k)}$，执行预报、校正等步骤。

1）预报

采用隐式 TDG1 算法解的 Taylor 级数展开，得

$$\begin{aligned}\boldsymbol{q}_1&=\boldsymbol{q}_0-\frac{\Delta t^2}{6}\boldsymbol{M}^{-1}\dot{\boldsymbol{p}}_0+O(\Delta t^3)\\ \boldsymbol{q}_2&=\boldsymbol{q}_0+\Delta t\boldsymbol{M}^{-1}\boldsymbol{p}_0+\frac{\Delta t^2}{2}\boldsymbol{M}^{-1}\dot{\boldsymbol{p}}_0+O(\Delta t^3)\end{aligned} \tag{3.188}$$

在方程(3.188)中，$\dot{\boldsymbol{p}}_0$ 定义 t_i^- 时刻动量关于时间的导数，由平衡方程(3.176)得到

$$\dot{\boldsymbol{p}}_0=\boldsymbol{f}(t_0)-\boldsymbol{S}(q_0) \tag{3.189}$$

为得到最佳精度和耗散特性，$\boldsymbol{x}_q$ 由自由参数 a 和 b 表示：

$$\boldsymbol{x}_q^{(0)}=\begin{bmatrix}\boldsymbol{q}_1^{(0)}\\ \boldsymbol{q}_2^{(0)}\end{bmatrix}=\begin{bmatrix}\boldsymbol{q}_0+a\Delta t^2\boldsymbol{M}^{-1}\dot{\boldsymbol{p}}_0\\ \boldsymbol{q}_0+\Delta t\boldsymbol{M}^{-1}\boldsymbol{p}_0+b\Delta t^2\boldsymbol{M}^{-1}\dot{\boldsymbol{p}}_0\end{bmatrix} \tag{3.190}$$

k=0 取初值。

2）校正

为了求方程(3.186)的近似解，使用位移增量的迭代方案。定义残值

$$\boldsymbol{r}^{(k)}=(\boldsymbol{B}+\boldsymbol{D})\boldsymbol{x}_q^{(k)}-\boldsymbol{P}_0 \tag{3.191}$$

位移增量为

$$\Delta\boldsymbol{x}_q^{(k)}=-\left[\boldsymbol{K}^*\right]^{-1}\boldsymbol{r}^{(k)} \tag{3.192}$$

其中

$$\left[\boldsymbol{K}^*\right]^{-1}=\Delta t\begin{bmatrix}\boldsymbol{0}&\boldsymbol{M}^{-1}\\ \boldsymbol{M}^{-1}&\boldsymbol{0}\end{bmatrix}$$

校正限制次数 $k_{\max}$ 可由线性情况推广而来。该方法记为 E 方法，更进一步，要求一次校正通过的方法（$k_{\max}=1$）记为 E-1C，两次校正通过的方法（$k_{\max}=2$）记为 E-2C。

3.4.3 精度和稳定性分析

对于线性问题，多自由度耦合系统可分解成 n_{DOF} 个非耦合的标量方程，可按单自由度方程来分析，因此方程(3.176)变成标量方程，方程(3.187)中的向量 $\boldsymbol{x}_q$ 只有两个分量。

方程(3.190)中的预报值变为

$$
\begin{aligned}
q_1^{(0)} &= q_0 + \Delta t^2 a \frac{\dot{p}_0}{m} \\
q_2^{(0)} &= q_0 + \Delta t \frac{p_0}{m} + \Delta t^2 b \frac{\dot{p}_0}{m}
\end{aligned}
\tag{3.193}
$$

其中

$$
\dot{p}_0 = f(0) - m\omega^2 q_0 \tag{3.194}
$$

1) 迭代矩阵

由方程(3.191)和方程(3.192)得

$$
\boldsymbol{x}_q^{(k+1)} = -\boldsymbol{B}^{-1}\boldsymbol{D}\boldsymbol{x}_q^{(k)} + \boldsymbol{B}^{-1}\boldsymbol{P}_0 \tag{3.195}
$$

或

$$
\boldsymbol{x}_q^{(k+1)} = \boldsymbol{A}_{IT}\boldsymbol{x}_q^{(k)} + \boldsymbol{g} \tag{3.196}
$$

其中，$\boldsymbol{A}_{IT} = -\boldsymbol{B}^{-1}\boldsymbol{D}$ 称为迭代矩阵，$\boldsymbol{g} = \boldsymbol{B}^{-1}\boldsymbol{P}_0$，因此：

$$
\boldsymbol{A}_{IT} = \begin{bmatrix} \dfrac{1}{18}\Omega^2 & \dfrac{1}{9}\Omega^2 \\ -\dfrac{1}{3}\Omega^2 & -\dfrac{1}{6}\Omega^2 \end{bmatrix},\quad \boldsymbol{g} = \begin{bmatrix} q_0 - \dfrac{1}{2}\dfrac{\Delta t}{m}F_2 \\ q_0 + \dfrac{\Delta t}{m}p_0 + \dfrac{\Delta t}{m}F_1 \end{bmatrix} \tag{3.197}
$$

其中，$\Omega = \omega\Delta t$ 是无量纲频率，$\boldsymbol{A}_{IT}$ 是复共轭特征值。对任意初始向量 $\boldsymbol{x}_q^{(0)}$，方程(3.196)收敛到方程(3.186)精确解的充要条件为

$$
\rho(\boldsymbol{A}_{IT}) < 1 \tag{3.198}
$$

其中，$\rho(\boldsymbol{A}_{IT})$ 是矩阵 $\boldsymbol{A}_{IT}$ 的谱半径。收敛条件为

$$
\rho(\boldsymbol{A}_{IT}) = \frac{1}{6}\Omega^2 < 1 \Rightarrow \Omega < \sqrt{6} \tag{3.199}
$$

此即为显式算法的稳定条件。在收敛的情况下，该法的稳定极限比中心差分法高。

2) 扩大矩阵

考虑显式方法的回归形式：

$$\boldsymbol{y}_1 = \boldsymbol{A}\boldsymbol{y}_0 + \boldsymbol{L}_0 \tag{3.200}$$

其中，$\boldsymbol{y}_0 = \begin{bmatrix} q_0 & p_0 \end{bmatrix}^{\mathrm{T}}$；$\boldsymbol{y}_1 = \begin{bmatrix} q_2 & p_2 \end{bmatrix}^{\mathrm{T}}$；$\boldsymbol{A}$ 是扩大矩阵；$\boldsymbol{L}_0$ 是载荷向量，取决于外力。

扩大矩阵 $\boldsymbol{A}$ 可以通过方程(3.190)定义的预报来描述，迭代矩阵 $\boldsymbol{A}_{IT}$ 和向量 $\boldsymbol{g}$ 分别由方程(3.197)定义，$\boldsymbol{g} = \boldsymbol{G}\boldsymbol{y}_0$，$\boldsymbol{G} = \begin{bmatrix} 1 & 0 \\ 1 & \Delta t / m \end{bmatrix}$。

将方程(3.193)定义的预报用于初始化迭代过程(3.196)得

$$\boldsymbol{x}_q^{(0)} = \begin{bmatrix} q_1^{(0)} \\ q_2^{(0)} \end{bmatrix} = \boldsymbol{E}\boldsymbol{y}_0 \tag{3.201}$$

其中，$\boldsymbol{E} = \begin{bmatrix} 1 - \Delta t^2 a\omega^2 & 0 \\ 1 - \Delta t^2 b\omega^2 & \Delta t / m \end{bmatrix}$ 取决于自由参数 a 和 b，未知位移 $\boldsymbol{x}_q$ 可以通过执行 $k_{\max}$ 校正得到。通过迭代矩阵 $\boldsymbol{A}_{IT}$ 得

$$\boldsymbol{x}_q^{(k_{\max})} = \boldsymbol{A}_{IT}^{k_{\max}}\boldsymbol{E}\boldsymbol{y}_0 + \sum_{i=1}^{k_{\max}-1}\boldsymbol{A}_{IT}^{i}\boldsymbol{G}\boldsymbol{y}_0 + \boldsymbol{G}\boldsymbol{y}_0 = \boldsymbol{Q}\boldsymbol{y}_0 \tag{3.202}$$

其中

$$\boldsymbol{Q} = \left[\boldsymbol{A}_{IT}^{k_{\max}}\boldsymbol{E} + \left(\boldsymbol{I} + \sum_{i=1}^{k_{\max}-1}\boldsymbol{A}_{IT}^{i}\right)\boldsymbol{G}\right] \tag{3.203}$$

由方程(3.202)中求出 $\boldsymbol{x}_q^{(k_{\max})}$ 后，通过方程(3.185)计算出 t_{i+1}^{-} 时刻的动量：

$$p_2 = -\frac{3}{\Delta t}mq_1 + \frac{1}{\Delta t}mq_2 + \frac{2}{\Delta t}mq_0 = (\boldsymbol{W}_1 + \boldsymbol{W}_2\boldsymbol{Q})\boldsymbol{y}_0 \tag{3.204}$$

其中，$\boldsymbol{W}_1 = \begin{bmatrix} 2m/\Delta t & 0 \end{bmatrix}$，$\boldsymbol{W}_2 = \begin{bmatrix} -3m/\Delta t & m/\Delta t \end{bmatrix}$，矩阵 $\boldsymbol{Q}$ 的第二行代表扩大矩阵的第一行，向量 $\boldsymbol{W}_1 + \boldsymbol{W}_2\boldsymbol{Q}$ 代表 $\boldsymbol{A}$ 矩阵的第二行。因此扩大矩阵为

$$\boldsymbol{A} = \begin{bmatrix} 0 & 1 \\ 0 & 0 \end{bmatrix}\boldsymbol{Q} + \begin{bmatrix} 0 \\ 1 \end{bmatrix}(\boldsymbol{W}_1 + \boldsymbol{W}_2\boldsymbol{Q}) \tag{3.205}$$

3) 连续性

由局部截断误差得到

$$\boldsymbol{\tau} = \boldsymbol{y}_1 - \boldsymbol{y}_{ex}(\Delta t) = (\boldsymbol{A} - \boldsymbol{A}_{ex})\boldsymbol{y}_0 \tag{3.206}$$

其中

$$
\boldsymbol{A}_{ex}=\begin{bmatrix} \cos\Omega & \sin\Omega / m\omega \\ -m\omega\sin\Omega & \cos\Omega \end{bmatrix}
$$

E-1C 方案（$k_{\max}=1$）的局部截断误差可通过式(3.201)和式(3.202)计算，因此，可得到二阶精度。动量中局部截断误差的 Taylor 展开式的系数必须为零，得到约束条件：

$$
a=\frac{1}{3}-b \tag{3.207}
$$

因此，只有一个自由参数 b 可用来控制耗散特性。

4)稳定性

对无阻尼系统，对应 E-1C 和 E-2C 方案的 2 个扩大矩阵为

$$
\boldsymbol{A}=\begin{bmatrix} \dfrac{18-9\Omega^2+(2-3b)\Omega^4}{18} & \dfrac{\Delta t}{m}\left(1-\dfrac{\Omega^2}{6}\right) \\ \dfrac{m\Omega^2\left(-6+\Omega^2\right)}{6\Delta t} & 1-\dfrac{\Omega^2}{2} \end{bmatrix} \tag{3.208}
$$

$$
\boldsymbol{A}=\begin{bmatrix} 1-\dfrac{1}{2}\Omega^2+\dfrac{1}{36}\Omega^4-\dfrac{1}{81}\Omega^6+\dfrac{5}{108}\Omega^6 b & -\dfrac{1}{108}\dfrac{\Delta t}{m}\left(-108+18\Omega^2+\Omega^4\right) \\ \dfrac{1}{108}m\Omega^2\dfrac{-108+18\Omega^2-5\Omega^4+12\Omega^4 b}{\Delta t} & 1-\dfrac{1}{2}\Omega^2+\dfrac{1}{36}\Omega^4 \end{bmatrix} \tag{3.209}
$$

稳定特性用 $\boldsymbol{A}$ 的特征值表述：

$$
\lambda_{1,2}=e\left(\Omega,b\right)\pm\sqrt{h\left(\Omega,b\right)} \tag{3.210}
$$

条件为

$$
h\left(\Omega,b\right)=0 \tag{3.211}
$$

5)有阻尼系统显隐交叉算法的连续性和精度

对于有阻尼系统，单自由度系统的运动微分方程为

$$
\ddot{q}\left(t\right)+2\xi\omega\dot{q}\left(t\right)+\omega^2 q\left(t\right)=f\left(t\right)/m \tag{3.212}
$$

动量的导数为

$$
\dot{p}_0=f\left(0\right)-m\left(2\xi\omega\frac{p_0}{m}+\omega^2 q_0\right) \tag{3.213}
$$

精确扩大矩阵 A_{ex} 为

$$\boldsymbol{A}_{ex}=\mathrm{e}^{-\xi\Omega}\begin{bmatrix}\cos(\nu\Omega)+\dfrac{\xi\sin(\nu\Omega)}{\nu} & \dfrac{\sin(\nu\Omega)}{m\nu\omega}\\ -m\omega\dfrac{\sin(\nu\Omega)}{\nu} & -\dfrac{\xi\sin(\nu\Omega)}{\nu}+\cos(\nu\Omega)\end{bmatrix} \tag{3.214}$$

其中，$\nu=\sqrt{\left(1-\xi^2\right)}$。显式有阻尼系统 E-1C 方案的局部截断误差 $\boldsymbol{\tau}$ 为

$$\boldsymbol{\tau}=\begin{bmatrix}\dfrac{1}{3}\omega^3\xi(3b+3a-1)\left(\dfrac{2}{m}\xi p_0\right)\Delta t^3+O\left(\Delta t^4\right)\\ \omega^2\xi(2b-1)(2\xi p_0+\omega q_0 m)\Delta t^2+O\left(\Delta t^3\right)\end{bmatrix} \tag{3.215}$$

从上式可以看出，对一阶精度的情况，显式阻尼处理是必需的。如果 $b=1/2$，可得到二阶精度的情况。

对于 E-2C 方案，局部截断误差 $\boldsymbol{\tau}$ 为

$$\boldsymbol{\tau}=\begin{bmatrix}\dfrac{\omega q_0 m+192a\xi^3 p_0+4\xi p_0+96a\xi^2\omega q_0 m+96b\xi^3 p_0+48b\xi^3\omega q_0 m-12\xi^2\omega q_0 m-24\xi^3 p_0}{72m}\omega^3\Delta t^4+O\left(\Delta t^5\right)\\ -\dfrac{2}{3}\omega^3\xi^2(3b+3a-1)(2\xi p_0+\omega q_0 m)\Delta t^3+O\left(\Delta t^4\right)\end{bmatrix} \tag{3.216}$$

3.4.4 数值算例

m=11.13kg 的移动质量沿 T 形截面悬臂梁匀速运动。梁长度 l=1.9m，横截面积 A= 0.0049m^2，截面惯性矩 I=1.88×10^{-6}m^4，弹性模量 E=207GPa，密度 ρ=7800kg/m^3。

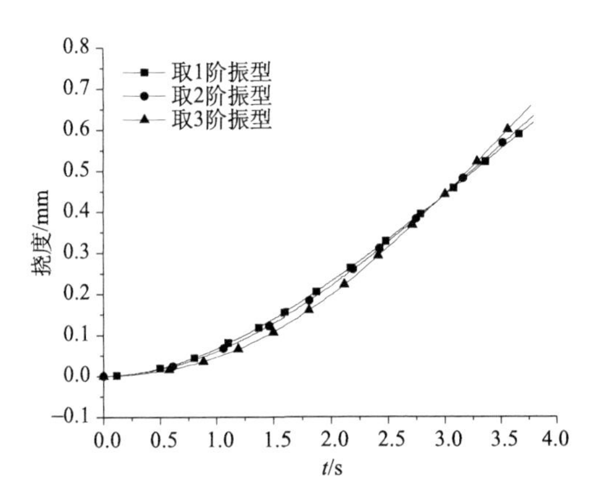

图 3.40 v=0.5m/s 时悬臂梁末端挠度响应

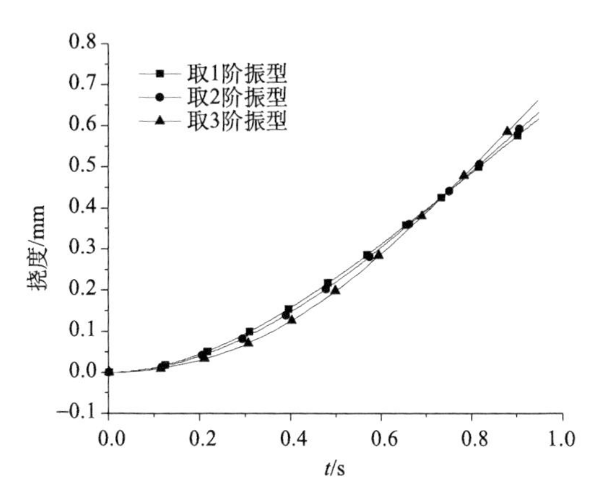

图 3.41　v=2m/s 时悬臂梁末端挠度响应

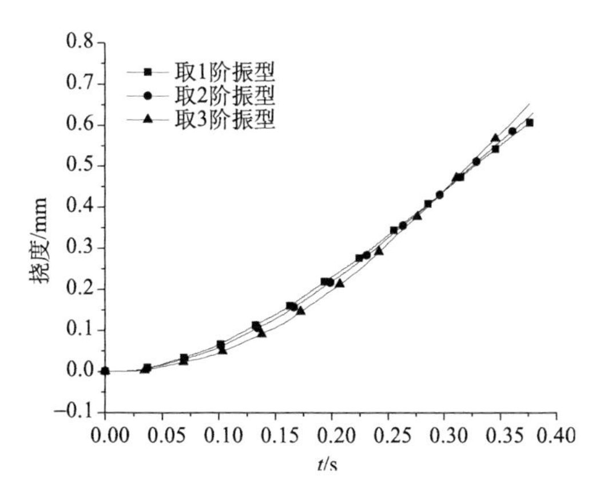

图 3.42　v=5m/s 时悬臂梁末端挠度响应

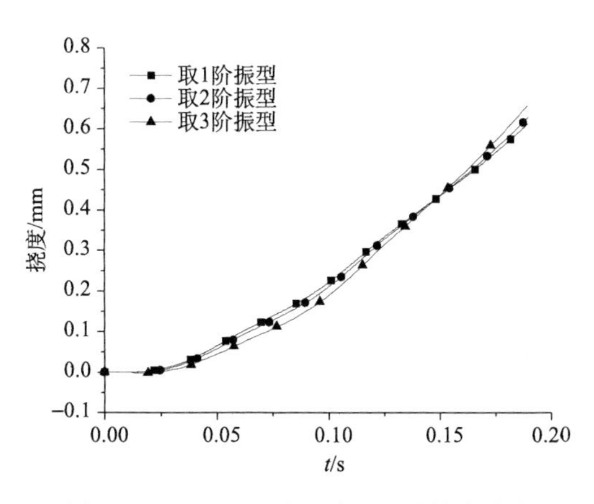

图 3.43　v=10m/s 时悬臂梁末端挠度响应

利用第 2 章建立的移动质量沿悬臂梁运动的时变力学模型，采用显隐交叉的预报校正算法进行数值计算。移动质量速度分别取 0.5m/s、2m/s、5m/s 和 10m/s 时，悬臂梁末端挠度随时间的变化曲线如图 3.40～图 3.43 所示。为考察解的收敛性，基函数分别采用 1～3 个振型进行比较。

从计算结果可以看出：

(1) 当移动质量速度 v=0.5m/s 和 2m/s 时，悬臂梁末端的挠度响应曲线比较光滑，随着移动质量速度的增加，挠度曲线的波动加剧，当 v=10m/s，挠度曲线波动比较明显。

(2) 基函数取不同阶数的振型对悬臂梁末端挠度响应规律有一定的影响。

3.5 时变力学并行算法实现

为了提高计算的规模、精确度和减少计算时间，需要进行并行计算。并行计算的主要思想就是将要计算的工作分为 n 份，然后再分配到 n 个计算节点中同时进行计算。对时变力学的并行数值计算，其重点是研究质量矩阵和刚度矩阵的并行算法，实现基于超级计算机多 CPU 并行计算，突破传统结构动力学并行算法中存在的空间并行但时间串行的瓶颈，建立一种时空并行计算的快速数值计算方法，提高计算效率。

3.5.1 并行算法

1) 单元特性分析的并行计算

当单元数目很多时，逐单元进行分析将花费大量的时间。单元特性分析阶段可以完全并行，根据具体情况，可采用不同的并行计算方案，主要有 3 种形式：①每次同时计算一个单元刚度矩阵的多个位置处的元素；② 每次同时计算多个单元刚度矩阵在同一位置处的元素；③ 每次同时计算多个单元刚度矩阵在多个位置处的元素。

2) 总刚度矩阵的并行装配

由于相邻单元之间存在共同节点，总刚度矩阵的装配不能像单元特性分析阶段那样完全并行，即所有单元的刚度矩阵不可能向总刚度矩阵中实现一次叠加，否则就有可能在计算过程中发生存取冲突和计算错误。

总刚度矩阵装配阶段最大的并行在于每次同时叠加互相没有共同节点的多个单元的刚度矩阵的所有元素，或者每次同时叠加所有单元刚度矩阵中那些不至于导致存取冲突和计算结果报错，能保证总刚度阵各位置处的元素在每次的同时计算中只被一个单元所影响的所有元素。在实际计算过程中可根据情况采用以下三种方案：① 每次同时叠加一个单元刚度矩阵的多个位置处的元素；② 每次同时叠加多个单元刚度矩阵在同一位置处的元素；③ 每次同时叠加多个单元刚度矩阵在多个位置处的元素。

对于动力学分析中的总质量矩阵，当采用一致质量矩阵时，由于其和总刚度矩阵具有同样的结构，所以其并行装配方法与总刚度矩阵的并行装配方法一致。

3)荷载的并行处理

集中力作用在节点上，一种方法是将集中力施加在与其相关的其中一个单元上，但是这种方法并行实现相对比较复杂，因为与节点相关的单元可能位于不同的处理器中。另外一种方法就是在与节点相关的单元中，平均分配集中力荷载。这可能会涉及处理器间的数据交换，但是并行实现相对容易得多。在并行计算时，由于体积力和面积力均是针对单元进行的，不会涉及其他单元，因此可以完全并行进行。

4)位移边界条件的并行处理

传统的有限元方法是首先集成整体刚度矩阵，然后施加边界条件。边界条件一般有两种处理方法：置大数法和直接处理法。置大数法是在总刚度矩阵中与给定的约束节点自由度有关的对角项上乘上一个大数，同时在右端对应项上换成给定的节点约束位移乘上同样的大数再乘上相应的总刚度矩阵对角项。直接处理法是保留与边界条件对应的刚度矩阵中的对角元素的系数，将对应的行和列的其他元素均修改为0，同时修改荷载向量中的元素。置大数法实际上是一种近似方法，但是由于其处理方便，尤其适合于计算机处理，所以在许多大型通用软件中得到广泛的应用，是直接求解方法中最常用的一种方法。相比而言，直接处理法则显得有点烦琐。但是，置大数法的处理结果会导致矩阵的对角元素上某一个元素变得特别大，从而会影响矩阵的特征值分布，导致共轭梯度法的迭代收敛变慢。在并行计算中，每个处理器中都保存有边界条件信息(约束节点和约束位移)，因此，位移边界条件可以完全并行进行。

5)稀疏矩阵压缩及方程组迭代求解

用迭代法求解线性方程组时，需要多次重复计算稀疏矩阵向量乘。在矩阵向量乘时，由于很多向量与工作负载相乘，通过动态技术选取静态分配。这样矩阵数据一旦分配，通过重复矩阵向量乘，运算成本可分摊。为适应不同的稀疏形式，有多种稀疏矩阵压缩格式。本书采用 Scalar ITPACK 格式，可有效地压缩通常稀疏形式的矩阵并能提供存取矩阵元素的简易算法。利用 PETSc 工具实现方程组的并行迭代求解。

3.5.2 网络集群环境

采用的网络集群环境硬件架构如图 3.44 所示。共有 5 台桌面工作站(Inter(R)Core(TM)i7 CPU，16GB 内存，500GB 硬盘)组成，其中 4 台作为计算节点机，1 台作为交换机，连成星形结构的以太网。

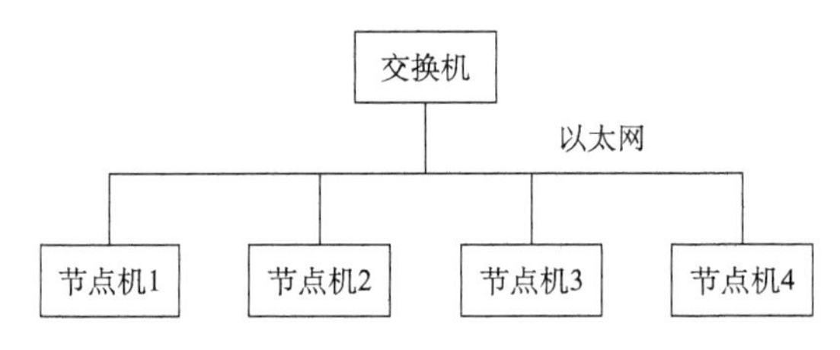

图 3.44 采用的网络集群环境硬件架构

网络集群环境中，软件环境主要包括网络操作系统和并行平台，分别负责对进程和通信的支持。此外，还需要一些辅助开发工具。在网络操作系统方面，可供选择的主要有 Win32/64 平台和 Unix/Linux 平台。Win32/64 平台目前应用广泛，上面的开发工具也非常丰富，PVM 也提供对 Win32/64 平台的支持。但 Win32/64 平台对网络通信和进程的支持能力很弱。而就 Unix/Linux 平台而言，Linux 是自由软件，成本低廉，其卓越的网络性能已得到检验。

并行平台方面，PVM 和 MPI 已形成两大主流。PVM 的特点是系统规模小，成熟度高，应用广泛；其基本函数较少，但使用灵活。而 MPI 的特点是功能较完备，对并行计算中的异步通信和组操作都有较好的支持，但系统规模较大。工具软件方面，有图形界面的并行进程管理工具 XPVM，可用来监控任务之间的消息传递过程。通过 Linux 提供的系统负载监视工具 xosview 与 Xwindow 的 Client 功能相结合，可以监控网络集群的负载情况。

网络操作系统是 Linux，并行平台为 MPI，程序执行过程如图 3.45 所示。

3.5.3 并行计算算例及效率分析

采用并行计算方法对移动质量-悬臂梁时变力学进行数值求解，对并行计算效率进行对比分析。

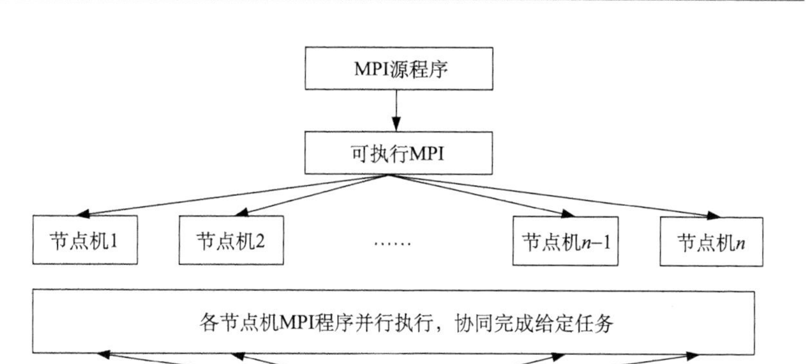

图 3.45　MPI 程序的执行过程

3.5.3.1　并行计算流程

并行计算程序各主要部分如下所述。

1)矩阵数据读取及分配

由第一个处理器获取刚度矩阵的有关参数，并为其分配空间。然后第一个处理器为各个处理器读取矩阵的若干行数据，缓存到 ptr、ind、val，再发送给相应处理器。

```
If(myid==0)
{
Len1=uprange[nprocs]+1;
Len2=uprange[nprocs]*info[nprocs];
Ptr_tmp=(int*)malloc(sizeof(int)*len1);
Ind_tmp=(int*)malloc(sizeof(int)*val_len);
Val_tmp=(double*)malloc(sizeof(double)*val_len);
Printf(“%d %d\n”,len1,len2);
Distrib_(&PETSc_COMM_WORD,info,&nprocs,kfile,ptr,ind,val,ptr_tmp,ind
_tmp,val_tmp,&len1,&val_len);
}
Else{
MPI_Recv(ptr,info[myid]+1,MPI_INT,0,99,PETSC_COMM_WORLD,&status);
If(ptr[info[myid]]>val_len_max)printf(“space inadequate\n”);
MPI_Recv(ind,ptr[info[myid]],MPI_INT,0,99,PETSC_COMM_WORLD,&status);
MPI_Recv(val,ptr[info[myid]],MPI_INT,0,99,PETSC_COMM_WORLD,&status);
```

2)对稀疏矩阵进行并行分块

```
ParMETIS_PartKway(par_vdist,par_ptr,par_ind,NULL,NULL,&par_wgtflag,&
par_numflag,&nprocs,par_option,&par_edgecut,par_oder,&PETSC_COMM_WOR
LD);ierr=ISCreateGeneral(PETSC_COMM_WORLD,info[myid],par_order,&mis);
MatCreateMPIAIJ(PETSC_COMM_WORLD,info[myid],PETSC_DECIDE,n,n,0,dnnz,
0,onnz,&K);
MatSetOption(K,MAT_NONSYMMETRIC);
Ierr=MatGetSubMatrix(K,is,isn,i,MAT_INITIAL_MATRIX,&B);
```

3)方程组右端项的读取及分配

```
    If(myid==0)
    {
    Pind=(int*)malloc(sizeof(int)*n);pdata=(double*)malloc(sizeof(dou
ble)*n);
    Dislp_(mfile,pind,pdata,&i,&n);
    VecSetValues(op,i,pind,pdata,INSERT_VALUES);}
    VecAssemblllyBegin(op)
    VecAssemblllyEnd(op)
    VecScatterCreate(op,ois,u,is,&ctx);
    VecScatterBegin(op,p,INSERT_VALUES,SCATTER_REVERSE,ctx)
    VecScatterEnd(op,p,INSERT_VALUES,SCATTER_REVERSE,ctx)
```

4)方程组求解

首先建立方程组求解环境。

```
SLESCreate(PETSC_COMM_WORLD,&sle);
SLESSetOperators(sle,B,B,SAME_PRECONDITIONER);
SLESSetFromOptions(sle);
```

调用函数SLESSolve求解，满足停止条件时退出。

```
SLESSolve(sle,p,u,&i)
```

3.5.3.2 算例及分析

对移动质量-悬臂梁时变力学模型分别采用 1、2、3、4 台节点机进行计算，计算时间为 0.04s，步长为 0.0002s。表 3.6 是并行计算所需时间及计算效果对比。图 3.46 是一个时间步所需时间对比，图 3.47 是所有的时间步所需要的时间对比，图 3.48 和图 3.49 分别是不同节点机数量的加速比和并行效率。

表 3.6　时变力学并行计算效果

节点机数	每个时间步耗时/min	耗时/min	加速比	并行效率/%
1	0.49	98	1.00	100
2	0.27	54	1.81	90.5
3	0.20	39	2.51	83.7
4	0.16	31	3.16	79.0

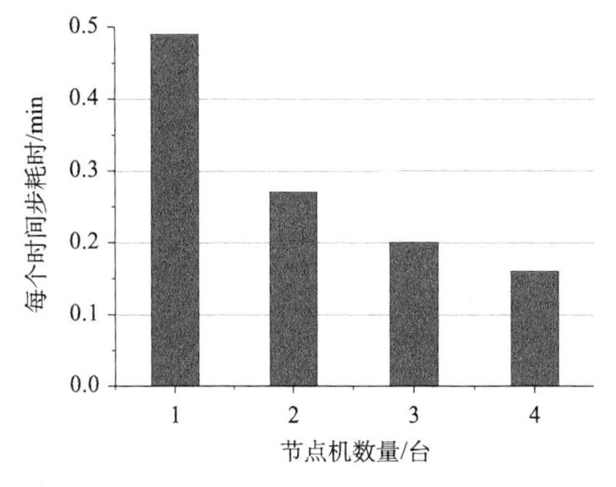

图 3.46　计算一个时间步所需的时间对比

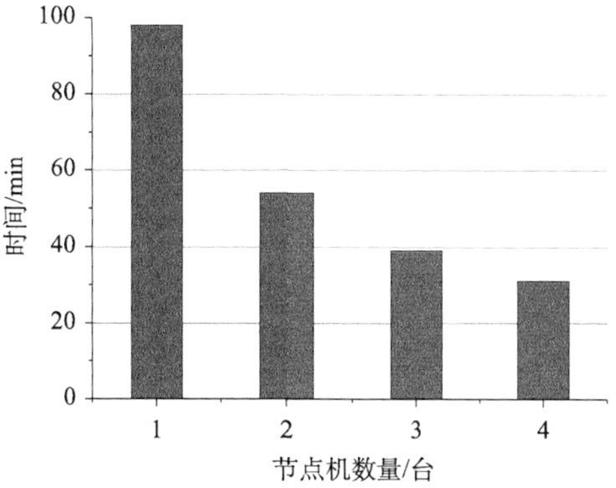

图 3.47　计算所有时间步所需的时间对比

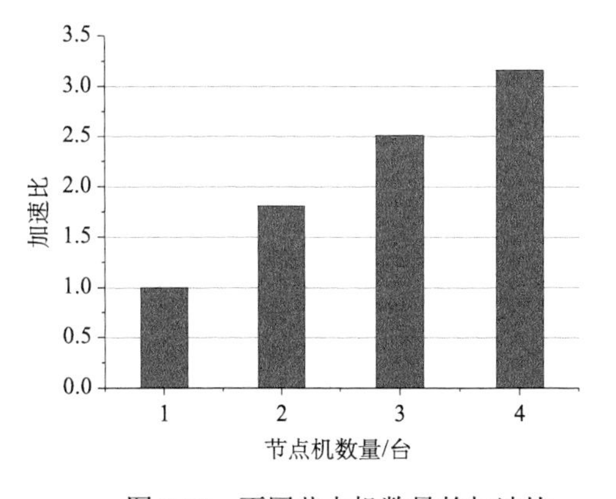

图 3.48　不同节点机数量的加速比

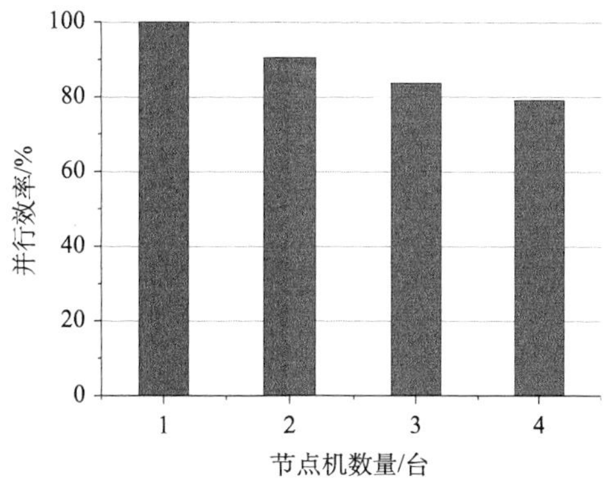

图 3.49　不同节点机数量的并行效率

从表 3.6 及图 3.46～图 3.49 可以看出：

(1) 采用 1 台节点机计算的移动质量-悬臂梁时变力学响应，每时间步需 0.49min，若要计算在 0.04s(对应 200 时间步) 内的响应，则需要约 98min。而使用 4 台节点机作并行计算后，每个时间步只需 0.16min，计算完所有时间步需要 31min，仅为 1 台节点机计算所需时间的 1/3，计算时间显著缩减。

(2)加速比与节点机数量基本呈线性增长，例如 1 台节点机的加速比为 1.0，2 台的加速比为 1.75，3 台为 2.5，4 台为 3.25；并行效率随着节点机数量的增大而略有下降，这说明并行算法的可扩展性很好，对于求解大规模时变力学模型是非常有效的。

第 4 章　炮身大位移运动系统时变模态分析

在移动载荷问题的研究中，大多数研究工作都是从系统时域响应的角度出发，求解支撑梁在移动载荷作用下的动态响应，而对于移动载荷时变力学系统的模态分析研究还不多见。火炮发射过程中受到瞬态的、高速碰撞的外载荷的作用，伴随发生瞬态的空间平移和转动，使火炮的质量和刚度分布、边界条件等在发射瞬间随时间发生快速、复杂的变化，因此火炮固有频率和振型也是随着时间变化的。本章主要对这类系统的时变模态分析理论和方法进行研究，为总体性能分析和结构设计提供理论依据。

4.1　动力刚度矩阵法

动力刚度矩阵法是一种计算结构固有频率的高效方法，在杆系结构的自由振动、屈曲等工程问题中的应用已经十分普遍，相比有限元法等传统理论，具有精度高、效率高等优点，将动力刚度矩阵法应用于时变力学系统固有频率的分析有着巨大的潜力。本节主要采用动力刚度矩阵法对时变力学系统固有频率进行分析，重点介绍动力刚度法的基本原理、建模过程以及 Wittrick-Williams 算法，以移动质量沿梁大位移运动的时变力学系统为例，建立动力刚度矩阵模型，通过 Wittrick-Williams 算法求解系统的时变固有频率，并与有限元计算结果进行对比分析。

4.1.1　动力刚度矩阵

建立动力刚度矩阵的一般方法通常有载荷-位移边界条件法、形函数法和状态空间法，本节介绍载荷-位移边界条件法的一般过程。

结构的自由振动方程可表示为

$$L\left(\boldsymbol{u},\dot{\boldsymbol{u}},\ddot{\boldsymbol{u}};t\right)=0 \tag{4.1}$$

其中，L 是微分算子，$\boldsymbol{u}(x,t)$ 为系统选取位移变量所组成的向量。

通常采用变量分离法处理式(4.1)，假设：

$$\boldsymbol{u}(x,t)=\boldsymbol{U}(x;\omega)\mathrm{e}^{\mathrm{i}\omega t} \tag{4.2}$$

将上式代入式(4.1)，消去时间 t 的相关项，得到频域方程：

$$L_F\left(\boldsymbol{U};\omega\right)=0 \tag{4.3}$$

式(4.3)是常系数高阶常微分方程，求解后可以得到 $\boldsymbol{U}$ 的通解形式为

$$\boldsymbol{U}=\sum_{k=1}^{n}\exp\left(p_k x\right)C_k=\boldsymbol{EC} \tag{4.4}$$

其中，C_k 是常数，n 为式(4.3)的阶数。

引入位移边界条件，可得

$$\boldsymbol{\varDelta}=\boldsymbol{RC} \tag{4.5}$$

式中，$\boldsymbol{\varDelta}$ 是节点的相应位移向量；$\boldsymbol{R}$ 是将式(4.4)代入位移边界条件中获得的矩阵。

引入载荷边界条件，可得

$$\boldsymbol{F}=\boldsymbol{HC} \tag{4.6}$$

式中，$\boldsymbol{F}$ 为节点处的相应节点力向量；$\boldsymbol{H}$ 是与频率相关的矩阵。

综合式(4.5)和式(4.6)，消去常数向量 $\boldsymbol{C}$ 得

$$\boldsymbol{F}=\boldsymbol{HR}^{-1}\boldsymbol{\varDelta}=\boldsymbol{K\varDelta} \tag{4.7}$$

动力刚度矩阵为

$$\boldsymbol{K}(\omega)=\boldsymbol{HR}^{-1} \tag{4.8}$$

以 Euler-Bernoulli 梁为例，其解析形式的动力刚度矩阵为

$$\boldsymbol{K}^e\left(\omega\right)=\begin{bmatrix} k_{11} & k_{12} & k_{13} & k_{14} \\ k_{21} & k_{22} & k_{23} & k_{24} \\ k_{31} & k_{32} & k_{33} & k_{34} \\ k_{41} & k_{42} & k_{43} & k_{44} \end{bmatrix}=\boldsymbol{K}^e\left(\omega\right)^{\mathrm{T}}$$

其中

$$k_{11}=k_{33}=\frac{EI}{L^3}\bar{L}^3\varUpsilon\left(\cos\bar{L}\sinh\bar{L}+\sin\bar{L}\cosh\bar{L}\right)$$

$$k_{22}=k_{44}=\frac{EI}{L}\bar{L}\varUpsilon\left(-\cos\bar{L}\sinh\bar{L}+\sin\bar{L}\cosh\bar{L}\right)$$

$$k_{12}=-k_{34}=\frac{EI}{L^2}\bar{L}^2\varUpsilon\sin\bar{L}\sinh\bar{L}$$

$$k_{13}=-\frac{EI}{L^3}\bar{L}^3\varUpsilon\left(\sin\bar{L}+\sinh\bar{L}\right)$$

$$k_{14}=-k_{23}=\frac{EI}{L^2}\bar{L}^2\varUpsilon\left(-\cos\bar{L}+\cosh\bar{L}\right)$$

$$k_{24}=\frac{EI}{L}\bar{L}\varUpsilon\left(-\sin\bar{L}+\sinh\bar{L}\right)$$

$$\Upsilon = \frac{1}{1-\cos\bar{L}\cosh\bar{L}}$$
$$\bar{L} = p_F l$$
$$p_F = \sqrt[4]{\frac{\rho A\omega^2}{EI}}$$

以上是建立动力刚度矩阵的一般过程，对于特殊问题有许多变化。有些模型中建立的式(4.3)相对复杂，不易得到解析形式，可以根据动力刚度矩阵元素的物理意义，结合位移和载荷的边界条件对式(4.3)直接求解，这是常微分方程边值问题的数值求解问题，现有的算法中 COLSYS 比较常用。

一般情况下，只要结构在一个区域上具有相同的材料属性和集合尺寸，即可作为一个动力刚度矩阵单元处理。如果结构的动力刚度矩阵模型中划分了多个单元，可根据上述过程建立各个单元的动力刚度矩阵，再按照与有限元法相同的方式组装成整体动力刚度矩阵。

4.1.2　Wittrick-Williams 算法

结构自由振动的动力刚度矩阵方程为

$$\boldsymbol{K}(\omega)\boldsymbol{\Delta} = \boldsymbol{0} \tag{4.9}$$

这是一个与频率相关的齐次方程组，为了保证自由度向量 $\boldsymbol{\Delta}$ 有非零解，要求：

$$\det\left(\boldsymbol{K}(\omega)\right) = 0 \tag{4.10}$$

满足式(4.10)的频率 ω 即为结构的固有频率，也就是 $f=\det\left(\boldsymbol{K}(\omega)\right)$ 函数的零点对应结构的固有频率，相应的特征向量 $\boldsymbol{\Delta}$ 为结构的振型。

上节中给出了 Euler-Bernoulli 梁动力刚度矩阵的解析形式，可以看出动力刚度矩阵中各个元素一般都是关于频率的超越函数，式(4.10)是一个超越特征值问题，传统的数值方法难以求解。“图解法”将每一个频率 ω 对应的 $\det\left(\boldsymbol{K}(\omega)\right)$ 求出，也就是画出函数 $f=\det\left(K(\omega)\right)$ 的关于频率的曲线，沿着频域搜索，进而得到结构的固有频率，但是这种计算方法计算量很大，而且函数 $f=\det\left(\boldsymbol{K}(\omega)\right)$ 并不是一个连续函数，不仅在经过 0 时变号，也会在趋于无穷大或无穷小时变号，另外对于式(4.10)出现重根的情况也无法处理。

自 Wittrick 与 Williams 提出 Wittrick-Williams 算法以来，该算法已经被广泛应用于杆件结构的模态分析以及屈曲问题分析中。Wittrick-Williams 算法的基本原理为：

(1)在结构的所有固有频率中，低于某个给定值 ω^* 的固有频率的个数 J 由下式表达：

$$J = J_0 + s\left\{\boldsymbol{K}(\omega^*)\right\} \tag{4.11}$$

其中，J_0为所有低于 ω^*的单元固定边界固有频率ω_F的个数，$s\{\ \}$代表负号的计数，$s\{\boldsymbol{K}(\omega^*)\}$表示用不换行的 Gauss 变换将$\boldsymbol{K}(\omega^*)$转换成上三角矩阵$\boldsymbol{K}^{\Delta}(\omega^*)$后，其主对角线上负元素的个数。

(2) 计算固有频率时，先粗略地确定结构第i阶固有频率的上下界ω_l和ω_u，满足：

$$J(\omega_l) \leqslant i-1,\quad J(\omega_u) \geqslant i \tag{4.12}$$

则结构的第i阶固有频率满足$\omega_i \in (\omega_l, \omega_u)$。

(3) 采用二分法等数值方法逼近固有频率ω_i，当满足$\omega_u - \omega_l \leqslant \varepsilon(1+\omega_u)$时，可以得到允许误差$\varepsilon$范围内的固有频率（图 4.1）。

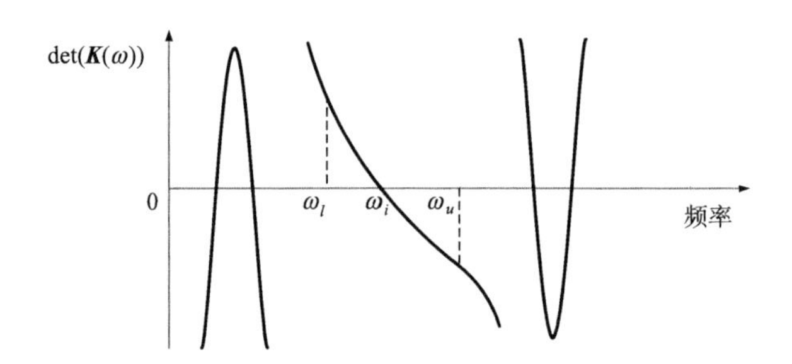

图 4.1 Wittrick-Williams 算法求解示意图

当所建立的动力刚度矩阵不是实数矩阵，而是一般的复数矩阵时，结构的固有频率成对出现，这时J为 0 与ω^*之间固有频率的对数，需要对式(4.10)进行变换，将其扩展为$2n$阶的方程组：

$$\begin{bmatrix} \mathrm{Re}\left(\boldsymbol{K}(\omega)\right) & -\mathrm{Im}\left(\boldsymbol{K}(\omega)\right) \\ \mathrm{Im}\left(\boldsymbol{K}(\omega)\right) & \mathrm{Re}\left(\boldsymbol{K}(\omega)\right) \end{bmatrix} \begin{bmatrix} \mathrm{Re}(\varDelta) \\ \mathrm{Im}(\varDelta) \end{bmatrix} = \begin{bmatrix} 0 \\ 0 \end{bmatrix} \tag{4.13}$$

其中，Re 和 Im 分别表示实部和虚部，0 与ω^*之间固有频率的个数为J_T，表示为

$$J_T = \begin{cases} J, & \text{当 } \boldsymbol{K}(\omega) \text{ 是实数} \\ 2J, & \text{当 } \boldsymbol{K}(\omega) \text{是复数} \end{cases} \tag{4.14}$$

这种情况下，只能确定结构固有频率的实部，固有频率的虚部与结构稳定性有关，本书中不做讨论。对应的振型也有实部和虚部两部分，这两个振型均是可能出现的变形形式。

文献[11-13]中给出了 Wittrick-Williams 算法的证明过程，证明过程中用的 Rayleigh 定理是关键依据，也是结构固有频率定性分析的依据。

Rayleigh 定理　设一个结构的固有频率按照升序排列为 $\omega_i(i=1,2,3,\cdots)$，对该结构增加一个约束，得到新的升序排列固有频率为 $\overline{\omega}_i(i=1,2,3,\cdots)$，则有

$$\omega_i \leqslant \overline{\omega}_i \leqslant \omega_{i+1} \tag{4.15}$$

对结构增加一个约束，一般会增大结构的刚度，刚度越大，固有频率越大，也就是说增加约束会使结构的固有频率变大，但是不会超过下一阶原固有频率。

4.1.3　动力刚度矩阵法与有限元法的对比

通过有限元方法求解系统的固有频率，结构自由振动方程可表示为

$$\boldsymbol{M}\ddot{\boldsymbol{u}}+\boldsymbol{C}\dot{\boldsymbol{u}}+\boldsymbol{K}\boldsymbol{u}=\boldsymbol{0} \tag{4.16}$$

无阻尼的情况下，求解结构的固有频率和振型，可以转化为求解关于质量矩阵 $\boldsymbol{M}$ 和刚度矩阵 $\boldsymbol{K}$ 的广义特征值问题，即

$$\det\left(\boldsymbol{K}-\omega^2\boldsymbol{M}\right)=0 \tag{4.17}$$

这种情况下，所得到的固有频率和振型均是实数，称为实模态分析。

当阻尼矩阵满足瑞利阻尼形式时，也可以通过实模态分析方法计算结构的固有频率和振型，只需将式(4.17)的结果进行一定的转换。若阻尼矩阵不能满足瑞利阻尼形式，那么需要通过复模态分析方法求解结构的固有频率和振型。引入等式：

$$\boldsymbol{M}\dot{\boldsymbol{u}}-\boldsymbol{M}\dot{\boldsymbol{u}}=\boldsymbol{0} \tag{4.18}$$

将式(4.16)扩展为原方程自由度两倍阶数的常微分方程组：

$$\begin{bmatrix}\boldsymbol{0} & \boldsymbol{M}\\ \boldsymbol{M} & \boldsymbol{C}\end{bmatrix}\begin{bmatrix}\dot{\boldsymbol{r}}\\ \dot{\boldsymbol{u}}\end{bmatrix}+\begin{bmatrix}-\boldsymbol{M} & \boldsymbol{0}\\ \boldsymbol{0} & \boldsymbol{K}\end{bmatrix}\begin{bmatrix}\boldsymbol{r}\\ \boldsymbol{u}\end{bmatrix}=\begin{bmatrix}\boldsymbol{0}\\ \boldsymbol{0}\end{bmatrix} \tag{4.19}$$

其中，$\boldsymbol{r}=\dot{\boldsymbol{u}}$。

可以通过求解特征方程，得到结构的固有频率和振型：

$$\det\left(\lambda\begin{bmatrix}\boldsymbol{0} & \boldsymbol{M}\\ \boldsymbol{M} & \boldsymbol{C}\end{bmatrix}+\begin{bmatrix}-\boldsymbol{M} & \boldsymbol{0}\\ \boldsymbol{0} & \boldsymbol{K}\end{bmatrix}\right)=0 \tag{4.20}$$

通常情况下，结构有限元方程中的系数矩阵 $\boldsymbol{M}$、$\boldsymbol{C}$、$\boldsymbol{K}$ 均是常数矩阵，式(4.17)和式(4.20)在数学形式上是一个线性特征值问题，对于大型的有限元模型，可以通过 QR 算法、幂迭代法等数值方法求解。

由于有限元方法是连续体的离散模型，采用假设的多项式形函数是近似的，计算结果也是近似的，可以通过细化单元或者提高单元形函数阶数的办法提高精度，但是也增加了计算量。同时由于有限元法采用的形函数是与频率无关的，有限元模型对高阶模态的计算效率远小于低阶模态。而动力刚度矩阵法则是根据系

统的控制方程，建立随频率变化的精确形函数，推导得到结构的动力刚度矩阵，所得到的动力刚度矩阵，不需要细化单元，就能够对系统的无限高阶固有频率进行求解，其结果被作为“精确解”出现在许多文献中。

通过有限元法与动力刚度矩阵法求解结构固有频率的对比如表 4.1 所示。

表 4.1 通过有限元法与动力刚度矩阵法求解结构固有频率的对比

有限元法	动力刚度矩阵法
单元离散	单元离散
假设的形函数	精确的形函数
近似解	“精确解”
加密网格或使用高精度单元提高精度	具有相同材料、几何参数的结构可作为一个单元
计算规模大	计算规模小
高频问题效率低	精确处理高频问题

取 Euler-Bernoulli 梁的长度为 L=50m，截面形状为 1cm×1cm 矩形，材料线密度 ρA=12000kg/m，弹性模量为 EI=1.275×10^{11}N·m^2，移动质量为 8000kg、20000kg，分别以 20m/s、50m/s、100m/s 的匀速作用在简支梁上。有限元法与动力刚度矩阵法计算的前两阶固有频率对比如表 4.2 所示。

表 4.2 移动质量作用下简支梁一阶和二阶固有频率的比较

	M/kg	v/(m/s)	文献[41]/Hz	DSM/Hz	FEM(50)/Hz	FEM(10)/Hz	FEM(5)/Hz	FEM(2)/Hz
f_1	0	—	12.8684	12.8684	12.8684	12.8698	12.9192	14.2829
	8000	0	12.7860	12.7832	12.7833	12.7847	12.8350	14.1834
	8000	20	—	12.7821	12.7824	12.7838	12.8343	14.1825
	8000	50	—	12.7787	12.7781	12.7795	12.8304	14.1781
	8000	100	—	12.7626	12.7623	12.7638	12.8164	14.1621
	20000	0	12.6609	12.6583	12.6581	12.6595	12.7114	14.0375
	20000	20	—	12.6560	12.6560	12.6574	12.7095	14.0354
	20000	50	—	12.6453	12.6447	12.6461	12.6995	14.0241
	20000	100	—	12.6057	12.6039	12.6056	12.6636	13.9837
f_2	0	—	51.4749	51.4749	51.4749	51.5588	57.1314	65.4523
	8000	0	51.0541	50.8095	50.8073	50.8918	56.4387	64.6728
	8000	20	—	50.8049	50.8057	50.8902	56.4376	64.6719
	8000	50	—	50.7957	50.7972	50.8819	56.4319	64.6670
	8000	100	—	50.7683	50.7668	50.8521	56.4114	64.6496

续表

	M/kg	v/(m/s)	文献[41]/Hz	DSM/Hz	FEM(50)/Hz	FEM(10)/Hz	FEM(5)/Hz	FEM(2)/Hz
f_2	20000	0	49.8830	49.8795	49.8786	49.9623	55.4742	63.5931
	20000	20	—	49.8764	49.8746	49.9585	55.4716	63.5909
	20000	50	—	49.8550	49.8537	49.9382	55.4579	63.5793
	20000	100	—	49.7787	49.7788	49.8655	55.4086	63.5381

如表 4.2 所示，将文献[41]中的计算结果作为动力刚度矩阵法和有限元法计算结果对比分析的基准；“DSM”表示按照本节内容建立的动力刚度矩阵模型，并通过 Wittrick-Williams 法计算得到的结果；“FEM(N)”表示使用 N 个梁单元，按照第 2 章的理论建立的移动质量沿梁大位移运动有限元模型，通过复模态分析方法求解得到的固有频率。从表 4.2 可以看出，有限元模型在单元数较少时，对系统固有频率求解精度较低，而随着单元数的增加，其结果精度收敛到精确解，可以通过细化单元提高有限元模型计算结果的精度，但这是以增加计算规模为代价的。而本章提出的基于动力刚度矩阵法的模型，能够将几何、载荷条件相同的结构作为一个单元处理，使得求解的规模大大降低，同时，由于动力刚度矩阵是基于系统控制方程的精确形函数建立的，能够用有限个节点的模型准确地描述连续系统，计算结果中任意一阶固有频率都具有较高的精度。

文献[41]只讨论了移动质量作用位置对固有频率的影响规律，本节所建立的移动质量作用下弯曲梁动力刚度矩阵模型，能够考虑移动载荷的速度、加速度等因素产生的时变项，可以对速度、加速度的影响进行分析。从表 4.2 中可以看出，在相同质量的移动质量作用下，移动质量运动速度越大，系统固有频率越小。

4.2　移动质量作用下弯曲梁的时变固有频率分析

第 2 章从时域的角度建立了移动质量作用下弯曲梁的时变力学模型，分析了弯曲梁的动态响应规律，本节通过动力刚度矩阵法，从频域角度研究移动质量作用下弯曲梁的时变力学建模方法，通过 Wittrick-Williams 算法对这类时变力学系统的固有频率特性进行分析，研究移动载荷的质量、速度、加速度等因素对系统固有频率的影响规律[61]。

4.2.1　Euler-Bernoulli 梁动力刚度矩阵

忽略系统的阻尼，Euler-Bernoulli 梁的动力学控制方程为

$$\rho A\frac{\partial^2 u(x,t)}{\partial t^2}+EI\frac{\partial^4 u(x,t)}{\partial x^4}=f(x,t) \tag{4.21}$$

其中，ρA 表示弯曲梁的线密度；EI 表示弯曲梁的弯曲刚度；$u(x,t)$ 表示梁上坐标 x 处在 t 时刻的竖向位移；$f(x,t)$ 表示在 t 时刻作用在梁上坐标 x 处的载荷。在移动质量作用下，载荷表示为

$$f(x,t)=\delta(x-s(t))M\left[g-\left(\frac{\partial^2 u(x,t)}{\partial t^2}+2v\frac{\partial^2 u(x,t)}{\partial x\partial t}+v^2\frac{\partial^2 u(x,t)}{\partial x^2}+a\frac{\partial u(x,t)}{\partial x}\right)\right] \tag{4.22}$$

其中，$\delta(\cdot)$ 为 Dirac 函数；M 为移动载荷的质量，中括号中第一项为移动载荷的重力加速度，小括号中的四项均是移动载荷的惯性项，分别表示牵连加速度、科氏加速度、向心加速度和加速度法向分量。

由傅里叶变换假设，Euler-Bernoulli 梁任意位置的挠度是无数阶频率响应的叠加，即

$$u(x,t)=\sum_{n=1}^{\infty}U_n(x;\omega_n)\mathrm{e}^{\mathrm{i}\omega_n t} \tag{4.23}$$

式(4.21)的齐次方程是 Euler-Bernoulli 梁的自由振动的控制方程，对应于每一阶频率都有

$$-\omega^2 mU(x)+EI\frac{\mathrm{d}^4U(x)}{\mathrm{d}x^4}=0 \tag{4.24}$$

求解式(4.24)可得

$$U(x)=\sum_{k=1}^{4}\exp(p_k x)C_k=\boldsymbol{E}^{\mathrm{T}}\boldsymbol{C} \tag{4.25}$$

其中，$p_k=p_F,-p_F,ip_F,-ip_F\,(k=1\sim 4)$，$p_F=\sqrt{\omega}\left(\frac{\rho A}{EI}\right)^{\frac{1}{4}}$；$\boldsymbol{C}=\left[C_1,C_2,C_3,C_4\right]^{\mathrm{T}}$，$\boldsymbol{E}=\left[\exp(p_1x),\exp(p_2x),\exp(p_3x),\exp(p_4x)\right]^{\mathrm{T}}$。

引入 Euler-Bernoulli 梁的位移边界条件：$U_1=U(0)$，$U_2=U(l)$，$\Theta_1=\Theta(0)$，$\Theta_2=\Theta(l)$，得到节点位移的表达式为 $\varDelta=RC$，即

$$\begin{bmatrix}U_1\\ \Theta_1\\ U_2\\ \Theta_2\end{bmatrix}=\begin{bmatrix}1 & 1 & 1 & 1\\ p_1 & p_2 & p_3 & p_4\\ \exp(p_1l) & \exp(p_2l) & \exp(p_3l) & \exp(p_4l)\\ p_1\exp(p_1l) & p_2\exp(p_2l) & p_3\exp(p_3l) & p_4\exp(p_4l)\end{bmatrix}\begin{bmatrix}C_1\\ C_2\\ C_3\\ C_4\end{bmatrix} \tag{4.26}$$

综合式(4.25)和式(4.26)，消去常向量 $\boldsymbol{C}$，得到 Euler-Bernoulli 梁动力刚度矩阵单元的形函数为

$$U(x;\omega)=\boldsymbol{E}\boldsymbol{R}^{-1}\boldsymbol{\Delta}=\boldsymbol{N}_F(x;\omega)\boldsymbol{\Delta} \tag{4.27}$$

其中，$\boldsymbol{\Delta}$ 为 Euler-Bernoulli 梁单元的节点自由度向量，$\boldsymbol{\Delta}=\left[U_1,\Theta_1,U_2,\Theta_2\right]^{\mathrm{T}}$；$\boldsymbol{N}_F(x;\omega)$ 为动力刚度矩阵法 Euler-Bernoulli 梁单元的形函数矩阵，即

$$\boldsymbol{N}_F(x;\omega)=\boldsymbol{E}\boldsymbol{R}^{-1}=\left[N_{F1}\quad N_{F2}\quad N_{F3}\quad N_{F4}\right] \tag{4.28}$$

文献[40]给出了 Euler-Bernoulli 梁单元的形函数的解析形式：

$$\begin{aligned}N_{F1}=\eta^{-1}p_F\Big[&\cos\bar{x}-\cos\left(\bar{L}-\bar{x}\right)\cosh\bar{L}-\cos\bar{L}\cosh\left(\bar{L}-\bar{x}\right)\\&+\cosh\bar{x}+\sin\left(\bar{L}-\bar{x}\right)\sinh\bar{L}-\sin\bar{L}\sinh\left(\bar{L}-\bar{x}\right)\Big]\end{aligned} \tag{4.29}$$

$$\begin{aligned}N_{F2}=\eta^{-1}\Big[&-\cosh\left(\bar{L}-\bar{x}\right)\sin\bar{L}+\cosh\bar{L}\sin\left(\bar{L}-\bar{x}\right)+\sin\bar{x}\\&-\cos\left(\bar{L}-\bar{x}\right)\sinh\bar{L}+\cos\bar{L}\sinh\left(\bar{L}-\bar{x}\right)+\sinh\bar{x}\Big]\end{aligned} \tag{4.30}$$

$$\begin{aligned}N_{F3}=\eta^{-1}p_F\Big[&\cos\left(\bar{L}-\bar{x}\right)-\cos\bar{x}\cosh\bar{L}-\cos\bar{L}\cosh\bar{x}\\&+\cosh\left(\bar{L}-\bar{x}\right)+\sin\bar{x}\sinh\bar{L}-\sin\bar{L}\sinh\bar{x}\Big]\end{aligned} \tag{4.31}$$

$$\begin{aligned}N_{F4}=\eta^{-1}\Big[&-\cosh\bar{x}\sin\bar{L}+\cosh\bar{L}\sin\bar{x}+\sin\left(\bar{L}-\bar{x}\right)\\&-\cos\bar{x}\sinh\bar{L}+\cos\bar{L}\sinh\bar{x}+\sinh\left(\bar{L}-\bar{x}\right)\Big]\end{aligned} \tag{4.32}$$

$$\eta=2k_F\left(1-\cos\bar{L}\cosh\bar{L}\right),\quad \bar{x}=k_F x,\ \bar{L}=p_F l \tag{4.33}$$

在有限元法中，Euler-Bernoulli 梁单元的形函数是关于坐标的三次函数(Hermite 形函数)，与频率无关，而在动力刚度矩阵法中，Euler-Bernoulli 梁单元的形函数是关于坐标和频率的函数。

引入 Euler-Bernoulli 梁载荷边界条件：$M_1=-M(0), M_2=M(l), Q_1=-Q(0), Q_2=Q(l)$，得到节点载荷的表达式为 $\boldsymbol{F}=\boldsymbol{H}\boldsymbol{C}$，即

$$\begin{bmatrix}Q_1\\M_1\\Q_2\\M_2\end{bmatrix}=EI\begin{bmatrix}p_1^{\ 3} & p_2^{\ 3} & p_3^{\ 3} & p_4^{\ 3}\\ -p_1^{\ 2} & -p_2^{\ 2} & -p_3^{\ 2} & -p_4^{\ 2}\\ -p_1^{\ 3}\exp\left(p_1 l\right) & -p_2^{\ 3}\exp\left(p_2 l\right) & -p_3^{\ 3}\exp\left(p_3 l\right) & -p_4^{\ 3}\exp\left(p_4 l\right)\\ p_1^{\ 2}\exp\left(p_1 l\right) & p_2^{\ 2}\exp\left(p_2 l\right) & p_3^{\ 2}\exp\left(p_3 l\right) & p_4^{\ 2}\exp\left(p_4 l\right)\end{bmatrix}\begin{bmatrix}C_1\\C_2\\C_3\\C_4\end{bmatrix} \tag{4.34}$$

消去式(4.26)和式(4.34)中的常数向量 $\boldsymbol{C}$，得到

$$\boldsymbol{F}=\boldsymbol{H}\boldsymbol{R}^{-1}\boldsymbol{\Delta} \tag{4.35}$$

建立 Euler-Bernoulli 梁单元的动力刚度矩阵为

$$\boldsymbol{K}(\omega)=\boldsymbol{H}\boldsymbol{R}^{-1} \tag{4.36}$$

4.2.2 移动载荷引起的附加动力刚度矩阵

为了考虑移动质量惯性力对系统模态特性的影响，忽略重力，并进行傅里叶变换：

$$F_t(x;\omega)=-\delta(x-s)M\left(-\omega^2U(x)+2v\omega\mathrm{i}\frac{\mathrm{d}U(x)}{\mathrm{d}x}+v^2\frac{\mathrm{d}^2U(x)}{\mathrm{d}x^2}+a\frac{\mathrm{d}U(x)}{\mathrm{d}x}\right) \tag{4.37}$$

基于虚功等效原理，并结合动力刚度矩阵法 Euler-Bernoulli 梁单元的形函数，建立移动质量作用下梁单元的载荷向量为

$$\boldsymbol{F}=-M\boldsymbol{N}_F{}^{\mathrm{T}}\left(-\omega^2\boldsymbol{N}_F+2v\omega\mathrm{i}\frac{\mathrm{d}\boldsymbol{N}_F}{\mathrm{d}x}+v^2\frac{\mathrm{d}^2\boldsymbol{N}_F}{\mathrm{d}x^2}+a\frac{\mathrm{d}\boldsymbol{N}_F}{\mathrm{d}x}\right)\boldsymbol{\varDelta} \tag{4.38}$$

建立移动质量作用下 Euler-Bernoulli 梁的动力刚度矩阵方程为

$$\boldsymbol{K}(\omega)\boldsymbol{\varDelta}=\boldsymbol{F} \tag{4.39}$$

将式(4.39)中右边各项移至等号左边，得到

$$\left[\boldsymbol{K}(\omega)+\bar{\boldsymbol{K}}(\omega)\right]\boldsymbol{\varDelta}=0 \tag{4.40}$$

其中，$\bar{\boldsymbol{K}}(\omega)$ 为移动质量惯性项产生的附加动力刚度矩阵：

$$\bar{\boldsymbol{K}}(\omega)=M\boldsymbol{N}_F{}^{\mathrm{T}}\left(-\omega^2\boldsymbol{N}_F+2v\omega\mathrm{i}\frac{\mathrm{d}\boldsymbol{N}_F}{\mathrm{d}x}+v^2\frac{\mathrm{d}^2\boldsymbol{N}_F}{\mathrm{d}x^2}+a\frac{\mathrm{d}\boldsymbol{N}_F}{\mathrm{d}x}\right) \tag{4.41}$$

移动质量作用下弯曲梁的固有频率需满足：

$$\det\left(\boldsymbol{K}(\omega)+\bar{\boldsymbol{K}}(\omega)\right)=0 \tag{4.42}$$

可以看出，所建动力刚度矩阵模型中考虑了移动质量的速度、加速度等因素，能够反映系统的时变效应，是关于频率的超越函数，可以通过 Wittrick-Williams 算法进行求解。

4.2.3 移动载荷沿梁运动的模态特性

为了方便讨论移动质量作用下弯曲梁时变固有频率的影响规律，引入以下无量纲量：

无量纲频率：
$$\lambda=\sqrt{\frac{\rho AL^4}{EI}\omega^2}$$

无量纲速度：
$$\alpha=\frac{v^2ML}{EI}$$

无量纲加速度：
$$\beta = \frac{aML^2}{EI}$$

移动质量无量纲质量：
$$\eta = \frac{M}{\rho A \times 1\text{m}}$$

无量纲位移：
$$\xi = \frac{x}{L}$$

对移动质量分别沿简支梁和悬臂梁两种条件下的时变频率特性进行数值计算，揭示移动质量的移动位移、速度、加速度以及质量大小对固有频率的影响规律曲线。

图 4.2 和图 4.3 是在移动质量的质量大小不变、无量纲加速度 β 为 0 的情况下，移动质量的移动位移和速度对固有频率的影响规律。其中 α=0 的曲线表示不计移动载荷的惯性影响，只将移动质量的重力施加在弯曲梁上考虑的情况。

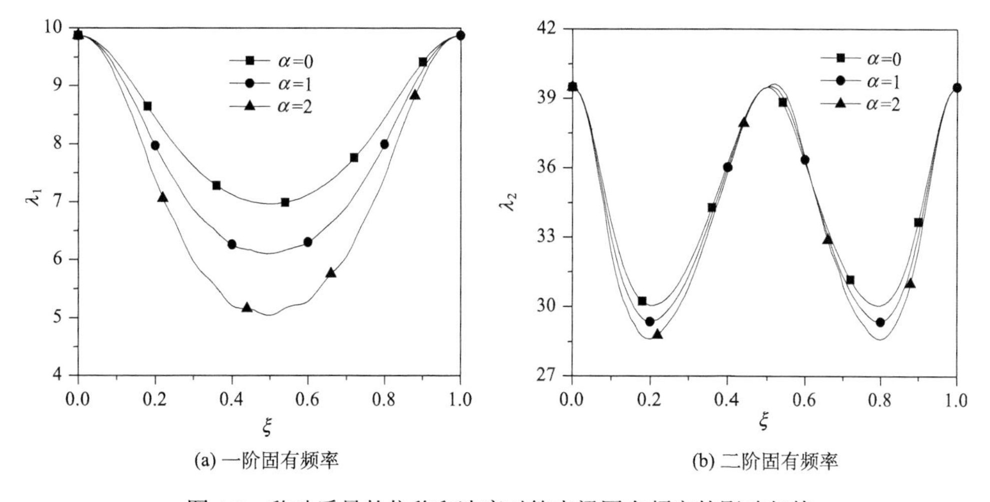

(a) 一阶固有频率　(b) 二阶固有频率

图 4.2　移动质量的位移和速度对简支梁固有频率的影响规律

移动质量的位移对系统固有频率的影响规律为：

(1) 对简支梁而言，移动质量移动至简支梁中点(ξ=0.5)时，系统的一阶固有频率达到最小值，移动质量在简支梁两端时的一阶固有频率达到最大值。移动质量移动至 ξ=0.2 和 ξ=0.8 位置处，二阶固有频率达到最小值，而在简支梁两端和中点处的二阶固有频率达到最大值。

(2) 对悬臂梁而言，移动质量移动至悬臂梁 ξ=0.3 附近时，系统的一阶固有频率达到最大值，随后随着 ξ 增加而不断减小；二阶固有频率在 ξ=0.4 处达到最小值，在悬臂梁左端和 ξ=0.8 处达到最大值。

移动质量的速度对系统固有频率的影响规律为：

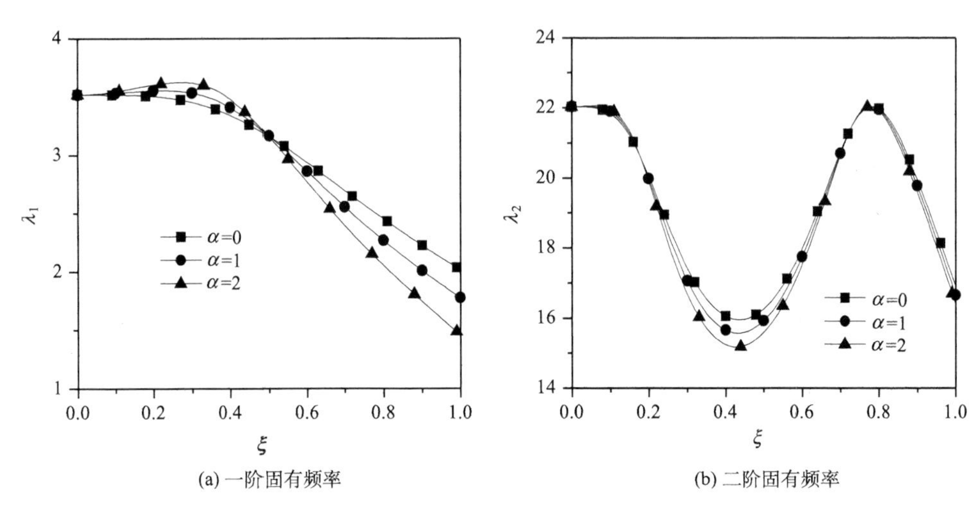

(a) 一阶固有频率　　(b) 二阶固有频率

图 4.3　移动质量的位移和速度对悬臂梁固有频率的影响规律

(1) 对简支梁而言，当移动质量移动至简支梁任意位置时，系统的一阶固有频率随着移动质量速度增加而不断降低。除移动质量在简支梁 ξ=0.45 和 ξ=0.60 之间的位置外，系统的二阶固有频率也随着移动质量速度增加而不断降低。

(2) 对悬臂梁而言，当移动质量从悬臂梁左端移动至 ξ=0.5 位置时，系统的一阶固有频率随着移动质量速度增加而增加；而移动质量从悬臂梁 ξ=0.5 位置移动至末端时，系统的一阶固有频率随着移动质量速度增加而降低。除移动质量在 $\xi\leqslant0.2$、ξ=0.75 和 ξ=0.80 之间的位置外，系统的二阶固有频率也随着移动质量速度增加而不断降低。

图 4.4 是在移动质量的无量纲质量和速度均为 1、作用位置 ξ 为 0.3 的情况下，移动质量加速度对系统固有频率的影响规律曲线。

移动质量加速度对系统固有频率的影响规律为：

(1) 对简支梁而言，随着加速度的增加，系统一阶固有频率有上升的趋势，而二阶固有频率呈线性缓慢下降的趋势。当无量纲加速度小于 30 时，系统的一阶和二阶固有频率变化趋势尤为平缓。

(2) 对悬臂梁而言，系统的一阶固有频率随着加速度的增加而呈线性上升趋势，而二阶固有频率呈线性缓慢下降的趋势。

车桥时变系统中无量纲加速度一般在 0.1 数量级，弹炮耦合系统中无量纲加速度一般在 10 数量级，因此工程领域中加速度对系统固有频率的影响相对于速度是较小的。

图 4.5 和图 4.6 是移动质量无量纲速度为 1、无量纲加速度 β 为 0 的情况下，移动质量的位移和质量对系统固有频率的影响规律曲线。

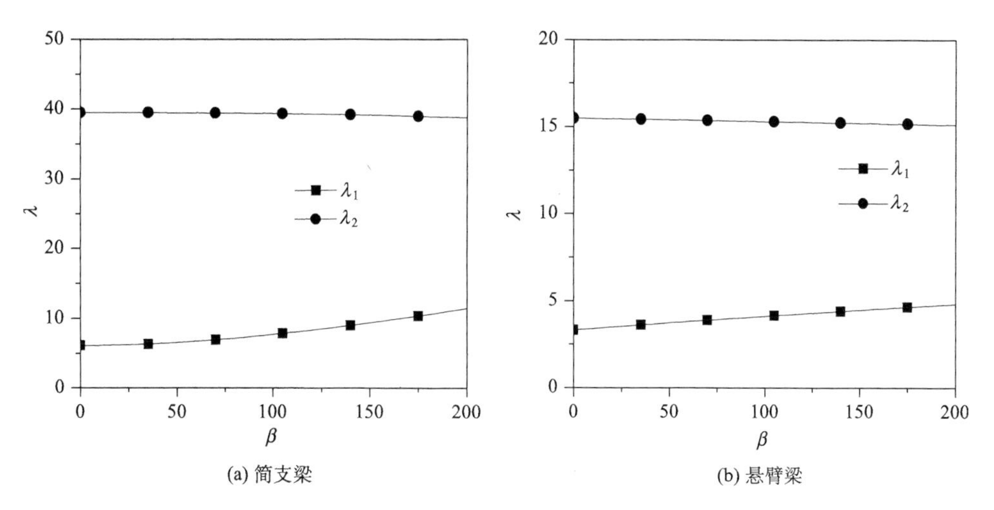

(a) 简支梁　　(b) 悬臂梁

图 4.4　移动质量加速度对系统固有频率的影响规律

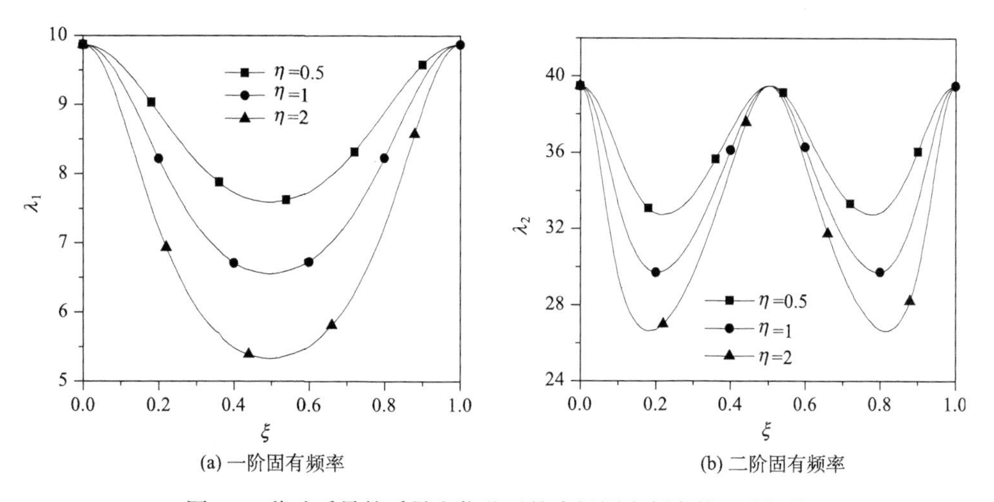

(a) 一阶固有频率　　(b) 二阶固有频率

图 4.5　移动质量的质量和位移对简支梁固有频率的影响规律

移动质量的质量大小对系统固有频率的影响规律为:

(1) 对简支梁而言，随着移动质量的质量增加，系统的一阶固有频率和二阶固有频率均有下降的趋势，且变化幅度比速度对固有频率的影响偏大。

(2) 对悬臂梁而言，系统的一阶固有频率和二阶固有频率随着移动质量的质量增加也呈下降的趋势，同样变化幅度比速度对固有频率的影响偏大。

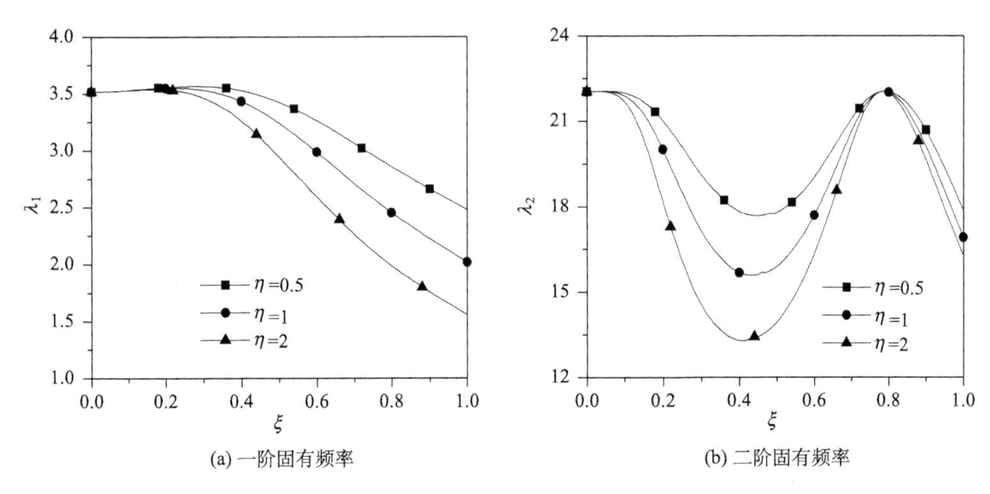

(a) 一阶固有频率 (b) 二阶固有频率

图 4.6　移动质量的质量和位移对悬臂梁固有频率的影响规律

4.3　移动质量与悬臂梁间隙对固有频率特性的影响分析

移动载荷作用下梁的振动是比较常见的非线性振动问题，目前研究大多集中在不同梁的特性及移动质量的速度对系统振动特性的影响上，对移动质量与梁之间的间隙影响系统振动特性的研究相对较少。实验研究表明，实验测试的固有振动频率与理论计算(不考虑间隙)结果差异较大，经分析间隙是产生差异的主要因素，因此有必要研究间隙对这类系统固有频率特性的影响机理[62]。

4.3.1　时变间隙模型

悬臂梁为 T 形等截面梁，移动质量沿悬臂梁自由滑动，如图 4.7 所示。为了保证移动质量沿悬臂梁轨道运动平滑，同时减小两者之间的磨损，在移动质量和悬臂梁导轨之间保留一定的间隙，设移动质量上滑面、下滑面与导轨之间的间隙量分别记为 c_U, c_L。假设移动质量与悬臂梁导轨之间的接触刚度和间隙刚度分别为 k_s, k_c，移动质量与悬臂梁上某一点的垂直位移分别为 u_m, u_b。

根据分段弹簧力模型可得移动质量与悬臂梁之间的作用力为

$$F_c = \begin{cases} k_s\left(u_r - c_U\right) + k_c c_U + c_d \dot{u}_r & u_r > c_U \\ k_c u_r + c_d \dot{u}_r & c_L \leqslant u_r \leqslant c_U \\ k_s\left(u_r - c_L\right) + k_c c_L + c_d \dot{u}_r & u_r < c_L \end{cases} \tag{4.43}$$

其中，c_d 为阻尼系数，$u_r = u_m - u_b$。

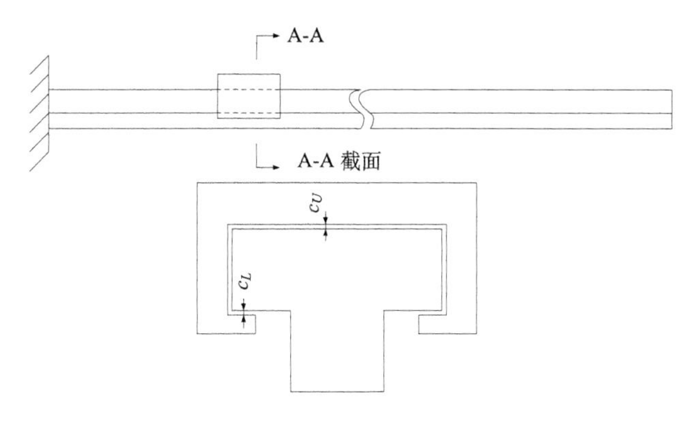

图 4.7　含间隙的移动质量-悬臂梁示意图

接触刚度主要取决于两个相互接触构件的几何形状、材料属性，可以根据赫兹接触理论计算。间隙刚度可采用 Murphy 等[58]提出的方法计算，即

$$k_c = \frac{\pi a_c^{\ 2} K_f}{c_0}\left(1 - \frac{1}{\dfrac{V_c}{V_p} + \dfrac{\kappa a_c}{2}\dfrac{\mathrm{J}_0(\kappa a_c)}{\mathrm{J}_1(\kappa a_c)}}\right) \tag{4.44}$$

其中，c_0 为初始间隙；a_c 为接触半径；$\mathrm{J}_0, \mathrm{J}_1$ 分别为零阶和一阶第 1 类 Bessel 函数；κa_c 表示为

$$\kappa a_c = \sqrt{-\mathrm{i}\omega\left(\frac{12\eta}{K_f}\right)\left(\frac{a_c}{c_0}\right)^2} \tag{4.45}$$

其中，η, K_f 分别为移动质量和悬臂梁导轨之间润滑剂的黏度和体积模量，ω 是角频率，$\mathrm{i} = \sqrt{-1}$。V_c, V_p 分别为

$$V_c = \pi a_c^{\ 2} c_0 \tag{4.46}$$

$$V_p = 2\pi^2 (a_c + b_c) b_c^{\ 2} \tag{4.47}$$

其中，b_c 为润滑剂附着毛孔半径。

引入松弛频率：

$$f_r = \frac{K_f}{12\eta}\left(\frac{c_0}{a_c}\right)^2 \tag{4.48}$$

由 $\omega = 2\pi f$ 和式(4.45)及式(4.48)得

$$\kappa a_c = \sqrt{-2\pi \mathrm{i}\frac{f}{f_r}} \tag{4.49}$$

Kimura 等[59]的研究表明下式成立：

$$\frac{V_c}{V_p} \ll \left| \frac{\kappa a_c}{2} \frac{\mathrm{J}_0(\kappa a_c)}{\mathrm{J}_1(\kappa a_c)} \right| \tag{4.50}$$

这样式(4.44)可简化为

$$k_c = \frac{\pi a_c^{\ 2} K_f}{c_0} \left(1 - \frac{1}{\dfrac{\kappa a_c}{2} \dfrac{\mathrm{J}_0(\kappa a_c)}{\mathrm{J}_1(\kappa a_c)}} \right) \tag{4.51}$$

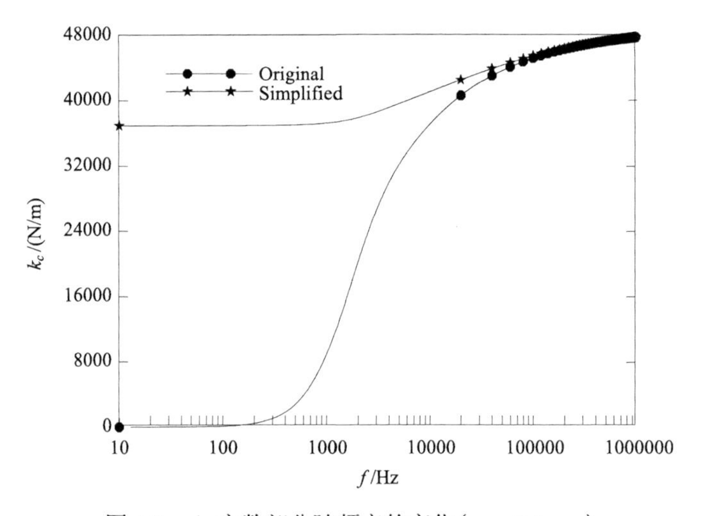

图 4.8　k_c 实数部分随频率的变化($c_0 = 0.1\mathrm{mm}$)

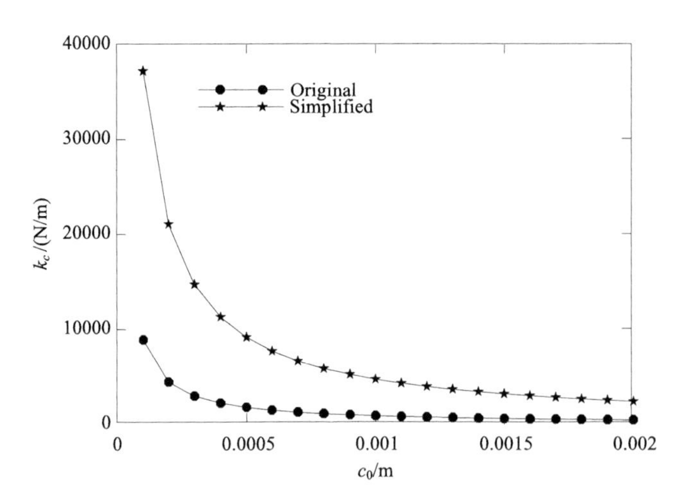

图 4.9　k_c 实数部分随间隙的变化($f = 1000\mathrm{Hz}$)

设 $K_f = 2.195\times10^5$ Pa，$\eta = 0.001$ Pa•s，$a_c = 0.026$mm，$b_c = 0.010$mm，式(4.44)和式(4.51)分别记作 Original 和 Simplified 模型，利用两种模型分别计算间隙刚度，如图 4.8～图 4.12 所示。两种方法计算的间隙刚度最大值和最小值比较如表 4.3 所示。

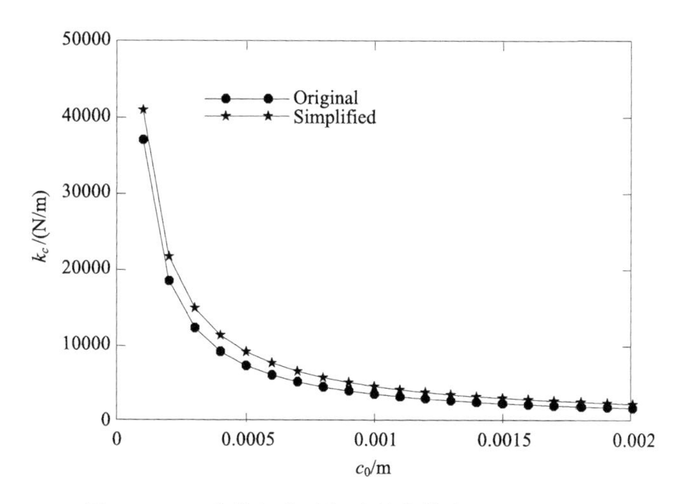

图 4.10　k_c 实数部分随间隙的变化（$f = 10000$Hz）

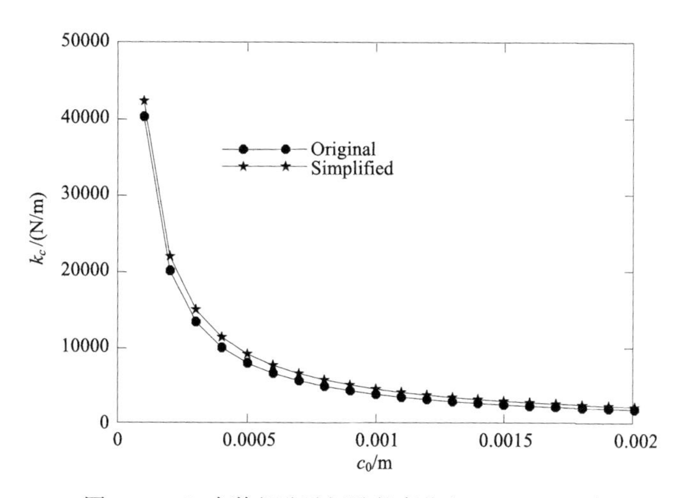

图 4.11　k_c 实数部分随间隙的变化（$f = 19000$Hz）

上述算例中松弛频率为 1829Hz，对上述结果进行分析后可以看出：

(1) 由 Simplified 模型计算的间隙刚度值总是大于 Original 模型计算的结果；

(2) 间隙刚度随着间隙的增大而减小；

(3) 当 $f < f_r$ 时，Simplified 模型的计算误差大于 50%；

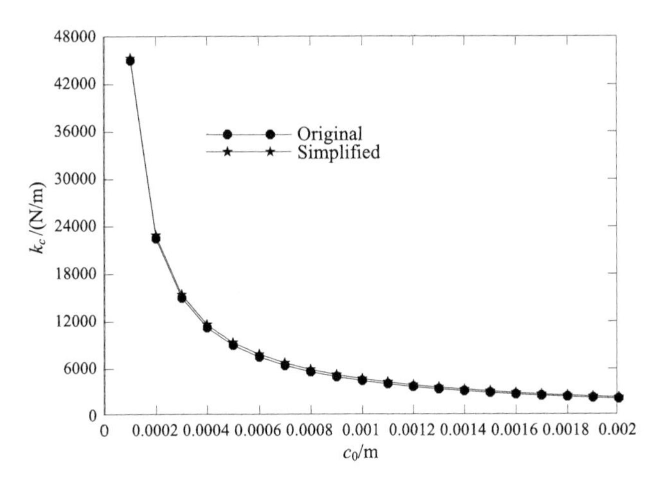

图 4.12 k_c 实数部分随间隙的变化($f=90000\text{Hz}$)

表 4.3 两种方法计算的间隙刚度最大值和最小值比较

f/Hz	$k_{c\min}$ (Original)	$k_{c\min}$ (Simplified)	相对误差/%	$k_{c\max}$ (Original)	$k_{c\max}$ (Simplified)	相对误差/%
1000	445.7	2407.8	81.49	8914.3	37237.9	76.06
1800	916.4	2407.9	61.94	18328.9	37744.0	51.44
2000	1007.3	2407.9	58.17	20146.8	37883.6	46.82
5000	1605.4	2408.2	33.34	32109.1	39592.7	18.90
10000	1853.8	2408.6	23.03	37076.5	41039.8	9.66
19000	2017.5	2409.1	16.26	40350.0	42412.9	4.86
30000	2105.4	2409.6	12.62	42109.3	43360.5	2.89
50000	2182.5	2410.2	9.45	43651.3	44343.3	1.56
90000	2249.9	2411.2	6.69	44998.5	45335.3	0.74
180000	2307.6	2412.7	4.36	46152.5	46290.1	0.30
900000	2384.5	2418.4	1.40	47691.6	47706.6	0.03
1800000	2402.8	2421.9	0.79	48056.1	48061.8	0.01

(4) 当 $f>10f_r$ 时，Simplified 计算的结果与 Original 模型计算的基本一致，因此不等式(4.50)成立的前提是 $f>10f_r$，而 Kimura 等[59]认为任意频率条件下该不等式均成立。

4.3.2 固有频率数值计算及分析

移动质量与悬臂梁可简化为图 4.13 所示的有限元模型。

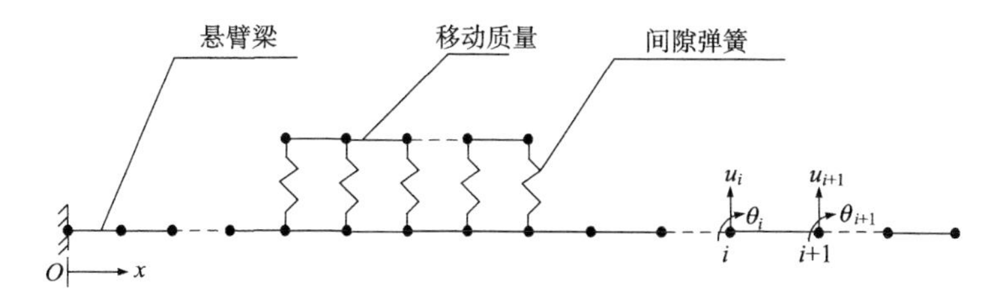

图 4.13　移动质量-悬臂梁有限元模型

移动质量-悬臂梁系统的自由振动方程为

$$\boldsymbol{M}\ddot{\boldsymbol{q}} + \boldsymbol{K}\boldsymbol{q} = \boldsymbol{0} \tag{4.52}$$

其中，$\boldsymbol{q} = \begin{bmatrix} u_{b_1} & \theta_{b_1} & \cdots & u_{b_{n_b}} & \theta_{b_{n_b}} & u_{m_1} & \theta_{m_1} & \cdots & u_{m_{n_m}} & \theta_{m_{n_m}} \end{bmatrix}^{\mathrm{T}}$。$u_{b_i}, \theta_{b_i}$ 为悬臂梁的第 i 个节点的位移；u_{m_i}, θ_{m_i} 为移动质量的第 i 个节点的位移。

悬臂梁 x 处的质量和抗弯刚度分别为

$$m(x) = m(0)\left[(1-\xi) + \gamma\xi\right] \tag{4.53}$$

$$EI(x) = EI(0)\left[(1-\xi) + \delta\xi\right] \tag{4.54}$$

$\gamma = m(l)/m(0), \delta = EI(l)/EI(0), \xi = x/l$。

变截面梁单元的质量矩阵为

$$\boldsymbol{M}_b^e = \int_0^l \boldsymbol{N}_u{}^{\mathrm{T}} m(x) \boldsymbol{N}_u \mathrm{d}x \tag{4.55}$$

其中

$$\boldsymbol{N}_u = \begin{bmatrix} 1-3\zeta^2+2\zeta^3 & \left(\zeta-2\zeta^2+\zeta^3\right)l & 3\zeta^2-2\zeta^3 & \left(-\zeta^2+\zeta^3\right)l \end{bmatrix} \tag{4.56}$$

将式(4.53)和式(4.56)代入式(4.55)得

$$\boldsymbol{M}_b^e = \frac{m(0)l}{420}\begin{bmatrix} 120+36\gamma & (15+7\gamma)l & 27(1+\gamma) & -(7+6\gamma)l \\ (15+7\gamma)l & (5+3\gamma)l^2/2 & (6+7\gamma)l & -3(1+\gamma)l^2/2 \\ 27(1+\gamma) & (6+7\gamma)l & 36+120\gamma & -(7+15\gamma)l \\ -(7+6\gamma)l & -3(1+\gamma)l^2/2 & -(7+15\gamma)l & (3+5\gamma)l^2/2 \end{bmatrix} \tag{4.57}$$

变截面梁单元的刚度矩阵为

$$\boldsymbol{K}_b^e = \int_0^l \left(\frac{\mathrm{d}^2\boldsymbol{N}_u}{\mathrm{d}x^2}\right)^{\mathrm{T}} EI(x) \left(\frac{\mathrm{d}^2\boldsymbol{N}_u}{\mathrm{d}x^2}\right)\mathrm{d}x \tag{4.58}$$

将式(4.54)和式(4.56)代入式(4.58)得

$$\boldsymbol{K}_b^e=\begin{bmatrix}\dfrac{6(1+\delta)EI(0)}{l^3} & \dfrac{2(2+\delta)EI(0)}{l^2} & -\dfrac{6(1+\delta)EI(0)}{l^3} & \dfrac{2(1+2\delta)EI(0)}{l^2}\\ \dfrac{2(2+\delta)EI(0)}{l^2} & \dfrac{(3+\delta)EI(0)}{l} & -\dfrac{2(2+\delta)EI(0)}{l^2} & \dfrac{(1+\delta)EI(0)}{l}\\ -\dfrac{6(1+\delta)EI(0)}{l^3} & -\dfrac{2(2+\delta)EI(0)}{l^2} & \dfrac{6(1+\delta)EI(0)}{l^3} & -\dfrac{2(1+2\delta)EI(0)}{l^2}\\ \dfrac{2(1+2\delta)EI(0)}{l^2} & \dfrac{(1+\delta)EI(0)}{l} & -\dfrac{2(1+2\delta)EI(0)}{l^2} & \dfrac{(1+3\delta)EI(0)}{l}\end{bmatrix} \tag{4.59}$$

间隙弹簧刚度单元矩阵为

$$\boldsymbol{K}_c^e=k\begin{bmatrix}1 & 0 & -1 & 0\\ 0 & 0 & 0 & 0\\ -1 & 0 & 1 & 0\\ 0 & 0 & 0 & 0\end{bmatrix} \tag{4.60}$$

其中，k 为间隙刚度，与初始的间隙量有关。

通过组装所有单元的质量矩阵和刚度矩阵，可获得系统的质量矩阵 $\boldsymbol{M}$ 和刚度矩阵 $\boldsymbol{K}$。将质量矩阵 $\boldsymbol{M}$ 按切比雪夫方法分解成下三角矩阵 $\boldsymbol{L}$，即

$$\boldsymbol{M}=\boldsymbol{L}\boldsymbol{L}^{\mathrm{T}} \tag{4.61}$$

将上式代入式(4.52)得

$$\boldsymbol{L}\boldsymbol{L}^{\mathrm{T}}\ddot{\boldsymbol{q}}+\boldsymbol{K}\boldsymbol{q}=\boldsymbol{0} \tag{4.62}$$

式(4.62)是典型的线性系统，令

$$\boldsymbol{q}=\boldsymbol{\varphi}\mathrm{e}^{\mathrm{i}\omega_n t} \tag{4.63}$$

将上式代入式(4.62)并变换得

$$\boldsymbol{L}^{-1}\boldsymbol{K}\boldsymbol{L}^{-\mathrm{T}}\boldsymbol{\varphi}=\omega_n^2\boldsymbol{\varphi} \tag{4.64}$$

其中，ω_n 为系统的固有频率。由于 $\boldsymbol{L}^{-1}\boldsymbol{K}\boldsymbol{L}^{-\mathrm{T}}$ 是实数对称矩阵，因此可以利用雅可比方法求解式(4.64)的特征值和特征向量。

对移动质量-悬臂梁的模态进行了分析计算，考虑了移动质量位于悬臂梁左端、中间及右端 3 个典型位置。系统的主要参数为：$L_b=1.5\,\mathrm{m}$，$E_b=207\mathrm{GPa}$，$I_b=1.25\times10^{-6}\mathrm{m}^4$，$m_b=35.49\ \mathrm{kg/m}$；$m_m=17.95\mathrm{kg}$，$L_m=0.15\,\mathrm{m}$，$E_m=E_b$，$I_m=6.06\times10^{-7}\mathrm{m}^4$。对移动质量的每个位置计算了 4 种不同工况：工况 1 仅考虑悬臂梁；工况 2 为移动质量在悬臂梁上，但不考虑间隙的影响；工况 3 和工况 4 为移动质量在悬臂梁上，间隙分别为 0.1mm 和 0.5mm。

表 4.4、表 4.5、表 4.6 分别列出了移动质量在悬臂梁左、中、右端时 4 种工

况的前四阶(表 4.6 前五阶)固有频率。

表 4.4　各阶固有频率(移动质量在悬臂梁左端)　　(单位：Hz)

工况	一阶频率	二阶频率	三阶频率	四阶频率
1	23.60	144.48	390.62	730.49
2	23.62	144.48	388.17	684.17
3	23.60	144.55	390.72	730.69
4	23.59	144.49	390.64	730.53

表 4.5　各阶固有频率(移动质量在悬臂梁中间位置)　　(单位：Hz)

工况	一阶频率	二阶频率	三阶频率	四阶频率
1	23.60	144.48	390.62	730.49
2	21.75	126.23	384.16	680.47
3	21.54	107.32	392.99	741.69
4	21.22	151.49	390.80	731.54

表 4.6　各阶固有频率(移动质量在悬臂梁右端)　　(单位：Hz)

工况	一阶频率	二、三阶频率	四阶频率	五阶频率
1	23.60	144.48	390.62	730.49
2	15.71	119.05	342.68	656.34
3	15.55	98.97, 181.13	398.60	733.60
4	15.45	86.06, 164.10	395.17	732.32

可以看出：

(1) 移动质量在不同位置时，系统的一阶和二阶固有频率变化比较明显，而三阶和四阶振动频率变化不大；

(2) 移动质量在悬臂梁左端时，间隙对其固有振动特性几乎没有影响，其各阶振动频率与无移动质量的悬臂梁的振动频率非常接近；

(3) 间隙对系统的二阶固有频率影响较大，但对其他固有频率影响不大；

(4) 除一阶固有频率外，间隙模型与忽略间隙模型计算的振动频率有相当大的差异；

(5) 移动质量在悬臂梁中间位置时除了二阶固有频率外，其他固有频率随着间隙的增大而减小，但当间隙大于 0.5mm 时，间隙的影响几乎不再明显。

另外计算时还发现，如考虑间隙，当移动质量在悬臂梁右端时，小于 750Hz 的固有频率有五阶，而移动质量在其他两个位置时，小于 750Hz 的固有频率则有四阶；如不考虑间隙，则移动质量在三个位置小于 750Hz 的固有频率均有四阶。

图 4.14 为移动质量位于悬臂梁右端、间隙为 0.1mm 时的五阶固有频率对应的各阶振型，图 4.15 为移动质量位于悬臂梁右端、不考虑间隙时的四阶固有频率对应的各阶振型。可以看出，当移动质量位于悬臂梁右端，考虑间隙时，梁的第二阶振型与第三阶振型差别不大，但移动质量的第二阶振型和第三阶差异较大，分别位于悬臂梁振型的上方和下方。

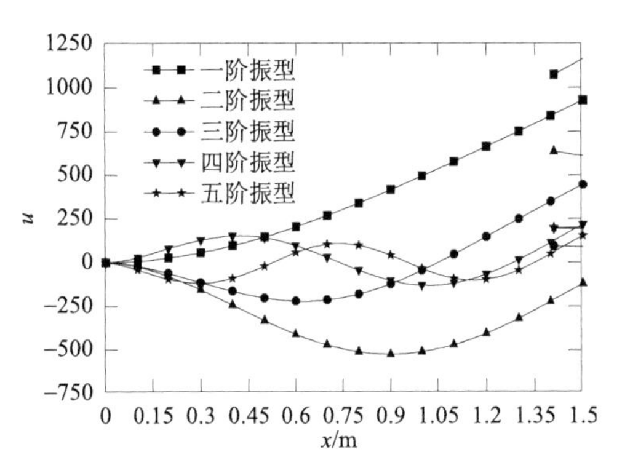

图 4.14 考虑间隙的系统振型

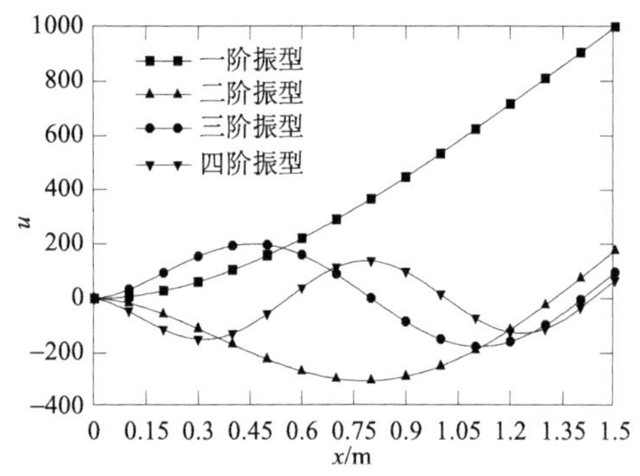

图 4.15 忽略间隙的系统振型

计算发现悬臂梁 1m 处(距左端)为临界位置，即移动质量在临界位置左边时，小于 750Hz 的固有频率有四阶，而移动质量在临界位置右边(含临界位置)时，小于 750Hz 的固有频率有五阶。移动质量位于临界位置的固有频率如表 4.7 所示。

表 4.7 前 5 阶固有频率(移动质量在临界位置) (单位：Hz)

工况	一阶频率	二、三阶频率	四阶频率	五阶频率
1	23.60	144.48	390.62	730.49
2	19.49	142.70	366.10	707.63
3	19.38	122.59, 164.74	401.87	732.75
4	19.29	97.04, 150.26	395.91	731.59

4.3.3 实验测试及结果分析

移动质量-悬臂梁模态测试系统如图 4.16 所示，主要包括悬臂梁、移动质量(在悬臂端)、加速度传感器、击锤、数据采集系统、电荷放大器、计算机及数据处理软件等。

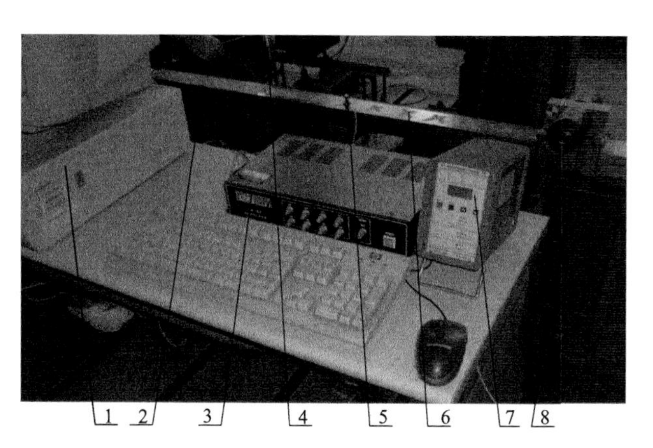

1-计算机及数据处理软件；2-悬臂梁；3-数据采集系统；
4-击锤；5-加速度传感器；6-敲击点；7-电荷放大器；8-移动质量

图 4.16　移动质量-悬臂梁模态测试系统

为了研究不同间隙对系统固有振动特性的影响，设计、加工了专门的双螺纹间隙可调机构及相应的专用扳手，如图 4.17 所示。

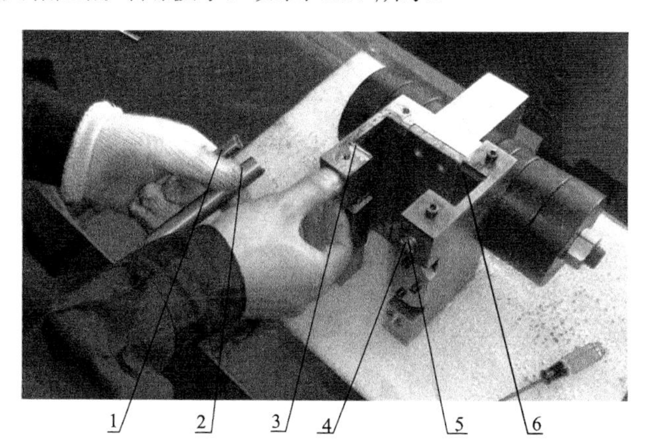

1-专用扳手内筒；2-专用扳手外筒；3-下部可调滑板；
4-间隙调节内螺母；5-间隙调节外螺母；6-上部可调滑板

图 4.17　间隙可调机构及工具

对悬臂梁以及移动质量位于悬臂梁左端、中间位置、1m(距左端)位置和末端位置的模态特性进行了实验研究。

4.3.3.1　仅悬臂梁的固有频率特性

悬臂梁上无移动质量的固有频率实验测试结果、模型计算值以及文献报道的精确解如表 4.8 所示，其中第 7 列的误差表示计算值与实测结果的比较，第 9 列的误差*表示计算结果与精确解的比较。

表 4.8 测试数据与计算结果的比较(无移动质量)

频率阶数	测试 1/Hz	测试 2/Hz	测试 3/Hz	平均/Hz	计算值/Hz	误差/%	精确解/Hz	误差*/%
一阶	22.50	22.50	22.50	22.50	23.60	4.89	22.90	3.06
二阶	147.87	147.98	147.90	147.92	144.48	2.33	143.14	0.94
三阶	389.32	389.47	389.35	389.38	390.62	0.32	401.44	2.70
四阶	740.38	740.46	740.33	740.39	730.49	1.34	—	—

可以看出，实测的悬臂梁频率与模型预测结果一致性非常好，最大的相对误差小于 5%，而模型预测结果与精确解几乎一致，最大的相对误差约为 3%，因此建立的悬臂梁模态特性分析模型以及采用的测试方法是正确可行的。

4.3.3.2 移动质量位于悬臂梁左端的系统固有频率特性

移动质量位于悬臂梁左端，间隙为 0.1mm 和 0.5mm 的系统固有频率分别如表 4.9 和表 4.10 所示。表中计算值是考虑间隙的计算结果，误差是该计算值与测试结果的比较；计算值*是不考虑间隙的计算结果，误差*是计算值*与测试结果的比较；以下余同。

表 4.9 测试数据与计算结果的比较(移动质量位于左端，间隙：0.1mm)

频率阶数	测试 1/Hz	测试 2/Hz	测试 3/Hz	平均/Hz	计算值/Hz	误差/%	计算值*/Hz	误差*/%
一阶	22.51	22.50	22.53	22.51	23.60	4.84	23.62	4.93
二阶	144.82	144.84	144.94	144.87	144.55	0.22	144.48	0.27
三阶	391.18	391.53	391.73	391.48	390.72	0.19	388.17	0.85
四阶	743.45	744.46	741.84	743.25	730.69	1.69	684.80	7.86

表 4.10 测试数据与计算结果的比较(移动质量位于左端，间隙：0.5mm)

频率阶数	测试 1/Hz	测试 2/Hz	测试 3/Hz	平均/Hz	计算值/Hz	误差/Hz	计算值*/Hz	误差*/%
一阶	22.50	22.51	22.50	22.50	23.60	4.89	23.62	4.98
二阶	145.99	145.93	145.96	145.99	145.96	1.01	144.48	1.01
三阶	390.03	389.91	390.19	390.04	390.64	0.15	388.17	0.48
四阶	744.05	742.76	743.11	743.29	743.31	1.72	684.80	7.87

可以看出，移动质量位于悬臂梁左端时，实测固有频率与理论分析结果的一致性较好，除了第四阶振动频率外，考虑间隙的模型与忽略间隙的模型预测结果与实测频率差异不大，实验结果也证明了当移动质量位于悬臂梁左端时，间隙对系统模态特性影响不大。

4.3.3.3　移动质量位于悬臂梁中间位置的系统固有频率特性

移动质量位于悬臂梁中间位置，间隙为 0.1mm 和 0.5mm 的系统固有频率分别如表 4.11 和表 4.12 所示。

表 4.11　测试数据与计算结果的比较(移动质量位于中间位置，间隙：0.1mm)

频率阶数	测试 1/Hz	测试 2/Hz	测试 3/Hz	平均/Hz	计算值/Hz	误差/%	计算值*/Hz	误差*/%
一阶	20.02	20.01	20.01	20.01	21.54	7.65	21.75	8.70
二阶	107.42	107.21	107.13	107.25	107.32	0.07	126.23	17.70
三阶	390.59	390.47	390.37	390.48	392.99	0.64	384.16	1.62
四阶	747.65	742.91	745.85	745.47	741.69	0.51	680.47	8.72

表 4.12　测试数据与计算结果的比较(移动质量位于中间位置，间隙：0.5mm)

频率阶数	测试 1/Hz	测试 2/Hz	测试 3/Hz	平均/Hz	计算值/Hz	误差/%	计算值*/Hz	误差*/%
一阶	19.99	20.00	19.99	19.99	21.02	5.15	21.75	8.80
二阶	161.76	161.04	162.49	161.76	162.37	0.38	126.23	21.97
三阶	388.29	387.52	386.72	387.51	392.11	1.19	384.16	0.86
四阶	744.58	742.80	741.07	742.82	730.01	1.72	680.47	8.39

可以看出：①移动质量位于悬臂梁中间位置时，考虑间隙的模型计算结果与实测振动频率基本一致；②相比而言，忽略间隙的模型预测的结果除第三阶频率外，与实测结果有较大的差异；③计算和实测的第二阶频率随间隙增加而增加，但其他频率则减小。

4.3.3.4　移动质量位于悬臂梁末端的系统固有频率特性

移动质量位于悬臂梁末端，间隙为 0.1mm 和 0.5mm 的系统固有频率分别如表 4.13 和表 4.14 所示。

表 4.13　测试数据与计算结果的比较(移动质量位于自由端，间隙：0.1mm)

频率阶数	测试 1/Hz	测试 2/Hz	测试 3/Hz	平均/Hz	计算值/Hz	误差/%	计算值*/Hz	误差*/%
一阶	15.05	15.04	15.04	15.04	15.55	3.39	15.71	4.45
二阶	98.63	98.59	98.12	98.45	98.97	0.53	119.05	20.93
三阶	196.91	196.42	195.92	196.42	181.13	7.78	—	—
四阶	395.57	395.54	395.41	395.51	398.61	0.78	342.68	13.36
五阶	736.96	736.96	736.97	738.33	736.96	0.46	656.34	10.94

表 4.14 测试数据与计算结果的比较(移动质量位于自由端，间隙：0.5mm)

频率阶数	测试 1/Hz	测试 2/Hz	测试 3/Hz	平均/Hz	计算值/Hz	误差/%	计算值*/Hz	误差*/%
一阶	15.02	15.00	15.01	15.01	15.45	2.93	15.71	4.66
二阶	88.19	88.32	88.25	88.25	86.06	2.48	119.05	34.90
三阶	170.30	170.51	170.45	170.42	164.10	3.71	—	—
四阶	394.89	394.95	395.13	394.99	395.17	0.05	342.68	13.24
五阶	742.33	743.11	742.79	742.74	732.32	1.40	656.34	11.63

可以看出：①移动质量位于悬臂梁自由端(末端)时，实测与考虑间隙的模型的计算结果表明，频率小于 750Hz 的振型共有五阶，且两者的固有频率大小基本一致；②忽略间隙的模型预测的结果除第一阶频率外，与实测结果有较大的差异，且频率小于 750Hz 的振型只有四阶；③除第五阶外计算和实测的各阶频率随间隙增加而减小。

4.3.3.5 移动质量位于悬臂梁 1m(距左端)位置的系统固有频率特性

移动质量位于悬臂梁 1m 位置，间隙为 0.1mm 和 0.5mm 的系统固有频率分别如表 4.15 和表 4.16 所示。

表 4.15 测试数据与计算结果的比较(移动质量位于 1m 位置，间隙：0.1mm)

频率阶数	测试 1/Hz	测试 2/Hz	测试 3/Hz	平均/Hz	计算值/Hz	误差/%	计算值*/Hz	误差*/%
一阶	17.63	17.67	17.63	17.64	19.38	9.82	19.49	10.46
二阶	111.99	112.28	112.41	112.23	122.59	9.23	142.70	27.16
三阶	191.50	191.65	191.63	191.59	164.74	14.02	—	—
四阶	403.16	402.95	403.04	403.05	401.87	0.29	366.10	9.17
五阶	738.82	737.34	737.22	737.79	732.75	0.68	707.63	4.09

表 4.16 测试数据与计算结果的比较(移动质量位于 1m 位置，间隙：0.5mm)

频率阶数	测试 1/Hz	测试 2/Hz	测试 3/Hz	平均/Hz	计算值/Hz	误差/%	计算值*/Hz	误差*/%
一阶	17.77	17.59	17.56	17.64	19.29	9.34	19.49	10.48
二阶	114.22	114.35	114.44	114.34	97.04	15.42	142.70	24.38
三阶	148.63	149.46	149.99	149.36	150.26	0.61	—	—
四阶	388.85	388.89	388.95	388.90	395.91	1.80	366.10	5.86
五阶	735.56	736.07	735.80	735.81	731.59	0.57	707.63	3.83

可以看出移动质量位于悬臂梁 1m 处的固有频率实测值与模型计算值的相关性与移动质量位于悬臂梁末端的基本相同。

4.3.3.6　模态规律

(1) 无论实验结果还是理论研究都表明，系统的各阶固有频率及相应的振型与移动质量的位置、移动质量与悬臂梁导轨之间的间隙有关。

(2) 第一阶频率的计算值普遍大于实测结果(图 4.18)，这是由于建模时仅考虑移动质量-悬臂梁系统，而实验研究时由于悬臂梁安装于实验台架上，尽管实验台架刚度很好，但如果考虑台架-悬臂梁-移动质量系统的整体刚度，其一阶固有振动频率必然要小一些。

(3) 第四阶频率的计算值普遍小于实测结果，如图 4.19 所示。

(4) 实验测试时，间隙大小对一阶频率几乎没有影响，但理论计算时，一阶振动频率随间隙减小而增大。

(5) 考虑间隙的理论模型反映了移动质量-悬臂梁系统的模态特征，理论计算结果与测试结果基本一致，而忽略间隙的理论计算结果与实测结果之间的差异较大。

(6) 移动质量-悬臂梁系统的模态特性存在一临界解，当移动质量位于悬臂梁 1m 右端(含 1m 的位置，记为临界位置)时，固有频率小于 750Hz 的振型有五阶；而移动质量在临界位置左侧时，固有频率小于 750Hz 的振型有四阶。

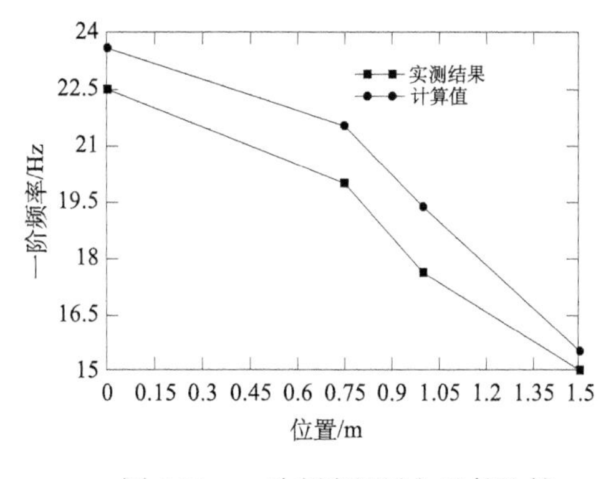

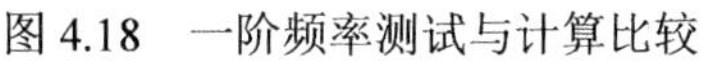
图 4.18　一阶频率测试与计算比较

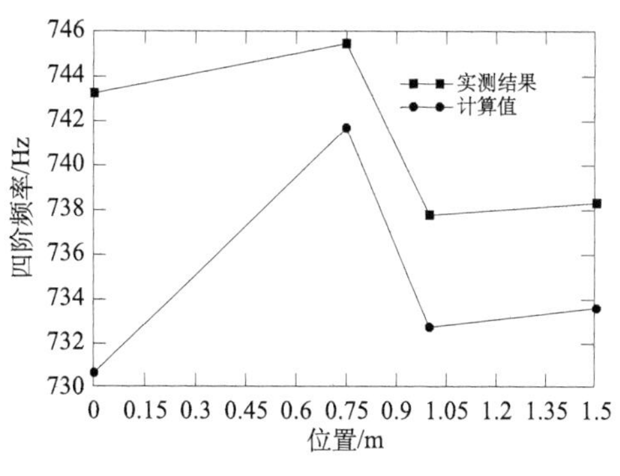

图 4.19　四阶频率测试与计算比较

4.4　轴向变速运动弯曲梁的固有频率分析

在许多工程领域中存在轴向变速运动弯曲梁的问题，但目前大部分研究工作主要集中在轴向匀速运动弯曲梁模型。对火炮发射系统而言，发射载荷作用下的炮身后坐过程具有急剧变化的加速度，现有轴向运动弯曲梁理论需要进一步完善才能应用于对炮身大位移后坐系统的时变力学分析。本节以动力刚度矩阵法的基本理论和方法为基础，通过动力刚度矩阵法，对不同边界条件下轴向变速运动弯曲梁时变系统的固有频率特性进行研究，讨论速度、加速度、轴向受力等因素对系统固有频率的影响规律，为进一步建立炮身大位移后坐系统的时变力学模型提供理论基础[63]。

4.4.1 轴向变速运动弯曲梁的控制微分方程

如图 4.20 所示，建立绝对坐标系 $O\text{-}xy$，取轴向变速运动弯曲梁上的一段作为研究对象。其中，ρA 表示弯曲梁的线密度，EI 表示梁的弯曲刚度，$N_x(x,t)$ 表示弯曲梁在 t 时刻 x 位置处受到的轴向作用力，定义轴向作用力是压力时为正，弯曲梁轴向运动速度为 v，加速度为 a。M_1、Q_1、N_{x1} 为 $x=0$ 边界处的弯矩、剪力和轴向力，M_2、Q_2、N_{x2} 为 $x=l$ 边界处的弯矩、剪力和轴向力。

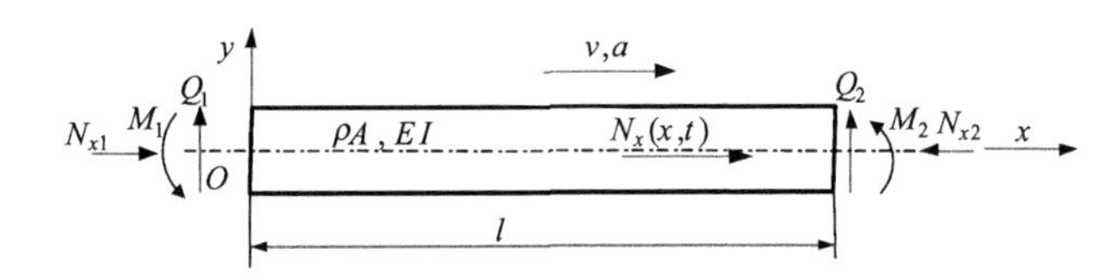

图 4.20 轴向变速运动弯曲梁

根据 Hamilton 定理的扩展形式，建立轴向变速运动弯曲梁的控制方程：

$$\int_{t_1}^{t_2}\left(\delta T-\delta V+\delta W-\delta W_{MT}\right)\mathrm{d}t=0 \tag{4.65}$$

轴向变速运动弯曲梁的动能表示为

$$T=\frac{1}{2}\int_0^l \rho A\left[v^2+\left(\dot{u}+vu'\right)^2\right]\mathrm{d}x \tag{4.66}$$

势能表示为

$$V=\frac{1}{2}\int_0^l\left(EIu''^2+N_x u'^2\right)\mathrm{d}x \tag{4.67}$$

外力所做虚功为

$$\delta W=\int_0^l f\left(x,t\right)\mathrm{d}x+M_1\delta\theta(0,t)+M_2\delta\theta(l,t)+Q_1\delta u(0,t)+Q_2\delta u(l,t) \tag{4.68}$$

通过两个边界面质量所做虚动量表示为

$$\delta W_{MT}=\int_A \rho v\left(\dot{\boldsymbol{r}}\cdot\delta\boldsymbol{r}\right)\Big|_0^l\,\mathrm{d}A=\rho Av\left(\dot{u}+vu'\right)\delta u\Big|_0^l \tag{4.69}$$

将式(4.66)～式(4.69)代入式(4.65)得到

$$\int_0^l \Big(-\rho A\ddot{u}\delta u - 2\rho Av\dot{u}'\delta u - \rho Av^2u''\delta u - \rho Aau'\delta u - \rho A'v\big(\dot{u}+vu'\big)\delta u$$
$$-EIu''\delta u'' - N_x u'\delta u' + f(x,t)\delta u\Big)\mathrm{d}x$$
$$+M_1\delta\theta(0,t)+M_2\delta\theta(l,t)+Q_1\delta u(0,t)+Q_2\delta u(l,t)=0 \tag{4.70}$$

结合分部积分公式，得到

$$\int_0^l \Big[-\rho A\big(v^2u''+2v\dot{u}'+\ddot{u}+au'\big)-\rho A'v\big(\dot{u}+vu'\big)$$
$$-EIu''''-2EI'u'''-EIu''+N_xu''+N_x'u'+f\big(x,t\big)\Big]\delta u\mathrm{d}x$$
$$+EIu'''\delta u\big|_0^l - EIu''\delta u'\big|_0^l + EI'u''\delta u\big|_0^l - N_xu'\delta u\big|_0^l$$
$$+M_1\delta\theta(0,t)+M_2\delta\theta(l,t)+Q_1\delta u(0,t)+Q_2\delta u(l,t)=0 \tag{4.71}$$

轴向变速运动弯曲梁受到的轴向力 $N_x(x,t)$ 与弯曲梁轴向的惯性力满足动平衡条件，即轴向力平衡条件：

$$\frac{\partial N_x}{\partial x}=-\rho Aa \tag{4.72}$$

得到轴向变速运动弯曲梁的控制微分方程为

$$\rho A\left(\frac{\partial^2u(x,t)}{\partial t^2}+2v\frac{\partial^2u(x,t)}{\partial t\partial x}+v^2\frac{\partial^2u(x,t)}{\partial x^2}+a\frac{\partial u(x,t)}{\partial x}\right)+v\frac{\mathrm{d}\rho A}{\mathrm{d}x}\left(\frac{\partial u(x,t)}{\partial t}+v\frac{\partial u(x,t)}{\partial x}\right)$$
$$-N_x\frac{\partial^2u(x,t)}{\partial x^2}+\rho Aa\frac{\partial u(x,t)}{\partial x}+EI\frac{\partial^4u(x,t)}{\partial x^4}+2\frac{\mathrm{d}EI}{\mathrm{d}x}\frac{\partial^3u(x,t)}{\partial x^3}+\frac{\mathrm{d}^2EI}{\mathrm{d}x^2}\frac{\partial^2u(x,t)}{\partial x^2}=f(x,t) \tag{4.73}$$

简写成：

$$\frac{\mathrm{d}}{\mathrm{d}t}\left[\rho A\frac{\mathrm{d}u(x,t)}{\mathrm{d}t}\right]-\frac{\partial}{\partial x}\left[N_x\frac{\partial u(x,t)}{\partial x}\right]+\frac{\partial^2}{\partial x^2}\left[EI\frac{\partial^2u(x,t)}{\partial x^2}\right]=f(x,t) \tag{4.74}$$

伴随的边界条件为

$$Q_1=\big(EIu'''-N_xu'+EI'u''\big)\big|_{x=0}$$
$$Q_2=-\big(EIu'''-N_xu'+EI'u''\big)\big|_{x=l}$$
$$M_1=-EIu''\big|_{x=0},\ M_2=EIu''\big|_{x=l}$$

式(4.73)等号左边包括轴向运动弯曲梁的惯性力、弹性力，以及轴向载荷、轴向速度、加速度及弯曲梁变截面等因素产生的分量。

如等截面弯曲梁做轴向匀速运动，式(4.73)表示为

$$\rho A\left(\frac{\partial^2 u(x,t)}{\partial t^2}+2v\frac{\partial^2 u(x,t)}{\partial t\partial x}+v^2\frac{\partial^2 u(x,t)}{\partial x^2}\right)-N_x\frac{\partial^2 u(x,t)}{\partial x^2}+EI\frac{\partial^4 u(x,t)}{\partial x^4}=f(x,t) \quad (4.75)$$

不考虑等截面弯曲梁轴向运动速度和加速度的情况下，式(4.73)表示为

$$\rho A\frac{\partial^2 u(x,t)}{\partial t^2}+EI\frac{\partial^4 u(x,t)}{\partial x^4}=f(x,t) \quad (4.76)$$

上式与 Euler-Bernoulli 梁控制方程具有一样的形式。因此，Euler-Bernoulli 梁控制方程(4.76)、轴向匀速运动弯曲梁方程(4.75)均是本节所建立的轴向变速运动弯曲梁方程(4.73)的特殊形式。

4.4.2 轴向变速运动弯曲梁的动力刚度矩阵

由傅里叶变换的假设，轴向运动弯曲梁上任意位置的挠度由无数阶频率的响应叠加，将式(4.23)代入时域控制方程(4.73)的齐次形式中，得到轴向变速运动弯曲梁自由振动的频域控制方程为

$$\begin{aligned}&EI\frac{\mathrm{d}^4U}{\mathrm{d}x^4}+\frac{\mathrm{d}EI}{\mathrm{d}x}\frac{\mathrm{d}^3U}{\mathrm{d}x^3}+\left(\rho Av^2-N_x+\frac{\mathrm{d}^2EI}{\mathrm{d}x^2}\right)\frac{\mathrm{d}^2U}{\mathrm{d}x^2}\\&+\left(2\rho Aa+2\mathrm{i}\omega\rho Av+v^2\frac{\mathrm{d}\rho A}{\mathrm{d}x}\right)\frac{\mathrm{d}U}{\mathrm{d}x}+\left(\mathrm{i}\omega v\frac{\mathrm{d}\rho A}{\mathrm{d}x}-\rho A\omega^2\right)U=0\end{aligned} \quad (4.77)$$

伴随的频域载荷边界条件为

$$\begin{aligned}&Q_1(\omega)=EIU'''-N_xU'+EI'U''\big|_{x=0},\ Q_2(\omega)=-\left(EIU'''-N_xU'+EI'U''\right)\big|_{x=l}\\&M_1(\omega)=-EIU''\big|_{x=0},\ M_2(\omega)=EIU''\big|_{x=l}\end{aligned} \quad (4.78)$$

注意一个单元中 $N_x(x,t)$ 是随着位置变化的变量，在忽略轴向运动弯曲梁的轴向变形情况下，N_x 相对位置符合线性变化规律，两端界面上 N_{x1}、N_{x2} 的差就是这个单元轴向加速度对应的惯性力。这就给求解式(4.77)带来很大困难。本节采用一种近似的方法：用单元中 N_x 的平均值代入式(4.77)，这样只需要将单元划分尽量得小，就可以保证在同一个单元中轴向压力在小范围内变化。

4.4.2.1 固有频率非零的情况

当固有频率 $\omega\neq0$ 时，式(4.77)的通解形式表示为

$$U(x)=\sum_{k=1}^{4}\exp(p_kx)C_k \quad (4.79)$$

式(4.79)的状态方程为

$$EIp^4+\frac{\mathrm{d}EI}{\mathrm{d}x}p^3+\left(\rho Av^2-N_x+\frac{\mathrm{d}^2EI}{\mathrm{d}x^2}\right)p^2$$
$$+\left(2\rho Aa+2\mathrm{i}\omega\rho Av+v^2\frac{\mathrm{d}\rho A}{\mathrm{d}x}\right)p+\left(\mathrm{i}\omega v\frac{\mathrm{d}\rho A}{\mathrm{d}x}-\rho A\omega^2\right)=0 \tag{4.80}$$

求解得到四个解 p_k（k=1～4），则弯曲梁的挠度、转角、剪力和弯矩分别表示为

$$U(x)=\sum_{k=1}^{4}\exp(p_kx)C_k \tag{4.81}$$

$$\Theta(x)=\sum_{k=1}^{4}p_k\exp(p_kx)C_k \tag{4.82}$$

$$Q(x)=-\sum_{k=1}^{4}\left(EI{p_k}^3-N_xp_k+EI'{p_k}^2\right)\exp(p_kx)C_k \tag{4.83}$$

$$M(x)=\sum_{k=1}^{4}EI{p_k}^2\exp(p_kx)C_k \tag{4.84}$$

引入位移边界条件：$U_1=U(0)$，$U_2=U(l)$，$\Theta_1=\Theta(0)$，$\Theta_2=\Theta(l)$。

代入式(4.81)和(4.82)得到$\boldsymbol{\delta}=\boldsymbol{RC}$，即

$$\begin{bmatrix}U_1\\\Theta_1\\U_2\\\Theta_2\end{bmatrix}=\begin{bmatrix}1&1&1&1\\p_1&p_2&p_3&p_4\\\exp(p_1l)&\exp(p_2l)&\exp(p_3l)&\exp(p_4l)\\p_1\exp(p_1l)&p_2\exp(p_2l)&p_3\exp(p_3l)&p_4\exp(p_4l)\end{bmatrix}\begin{bmatrix}C_1\\C_2\\C_3\\C_4\end{bmatrix} \tag{4.85}$$

引入载荷的边界条件：

$$M_1=-M(0)，\quad M_2=M(l)，\quad Q_1=-Q(0)，\quad Q_2=Q(l)$$

代入式(4.83)和式(4.84)，得到$\boldsymbol{F}=\boldsymbol{HC}$，即

$$\begin{bmatrix}Q_1\\M_1\\Q_2\\M_2\end{bmatrix}=\begin{bmatrix}H^{11}&H^{12}&H^{13}&H^{14}\\H^{21}&H^{22}&H^{23}&H^{24}\\H^{31}&H^{32}&H^{33}&H^{34}\\H^{41}&H^{42}&H^{43}&H^{44}\end{bmatrix}\begin{bmatrix}C_1\\C_2\\C_3\\C_4\end{bmatrix} \tag{4.86}$$

$$H^{1i}=EI(0){p_i}^3-N_x(0)p_i+EI'(0){p_i}^2$$
$$H^{2i}=-EI(0){p_i}^2$$
$$H^{3i}=-\left(EI(l){p_i}^3-N_x(l)p_i+EI'(l){p_i}^2\right)\exp(p_il)$$
$$H^{4i}=EI(l){p_i}^2\exp(p_il)$$
$$i=1,2,3,4$$

消去式(4.85)和式(4.86)中的常数向量 $\boldsymbol{C}$，

$$\boldsymbol{F}=\boldsymbol{H}\boldsymbol{R}^{-1}\boldsymbol{\Delta} \tag{4.87}$$

最终建立的轴向变速运动弯曲梁动力刚度矩阵为

$$\boldsymbol{K}(\omega)=\boldsymbol{H}\boldsymbol{R}^{-1} \tag{4.88}$$

4.4.2.2 固有频率为零的情况

固有频率 $\omega=0$ 时，式(4.77)的最后一项为零，转化为

$$EI\frac{\mathrm{d}^4U}{\mathrm{d}x^4}+\frac{\mathrm{d}EI}{\mathrm{d}x}\frac{\mathrm{d}^3U}{\mathrm{d}x^3}+\left(\rho Av^2-N_x+\frac{\mathrm{d}^2EI}{\mathrm{d}x^2}\right)\frac{\mathrm{d}^2U}{\mathrm{d}x^2}+\left(2\rho Aa+v^2\frac{\mathrm{d}\rho A}{\mathrm{d}x}\right)\frac{\mathrm{d}U}{\mathrm{d}x}=0 \tag{4.89}$$

其通解形式为

$$U(x,\omega)=\left(\sum_{k=1}^{3}\exp(q_kx)C_k\right)x+C_4 \tag{4.90}$$

其中，q_k 满足下式:

$$EIq^3+\frac{\mathrm{d}EI}{\mathrm{d}x}q^2+\left(\rho Av^2-N_x+\frac{\mathrm{d}^2EI}{\mathrm{d}x^2}\right)q+\left(2\rho Aa+v^2\frac{\mathrm{d}\rho A}{\mathrm{d}x}\right)=0 \tag{4.91}$$

式(4.91)是关于 q 的三次非线性方程，通过相关数值方法得到三个解 q_i (i=1,2,3)。

挠度、转角、弯矩和剪力的表达式为

$$U(x)=\sum_{k=1}^{3}\exp(q_kx)xC_k+C_4 \tag{4.92}$$

$$\Theta(x)=\sum_{k=1}^{3}(1+qx)\exp(q_kx)C_k \tag{4.93}$$

$$M(x)=EI\sum_{k=1}^{3}\left(2q_k+q_k{}^2x\right)\exp(q_kx)C_k \tag{4.94}$$

$$Q(x)=-\sum_{k=1}^{3}\left[\left(3q_k{}^2+q_k{}^3x\right)EI-\left(1+q_kx\right)N_x+\left(2q_k+q_k{}^2x\right)EI'\right]\exp(q_kx)C_k \tag{4.95}$$

引入位移边界条件得到 $\boldsymbol{\Delta}=\boldsymbol{R}_0\boldsymbol{C}$，即

$$\boldsymbol{R}_0=\begin{bmatrix}0&0&0&1\\1&1&1&0\\\exp(q_1l)l&\exp(q_2l)l&\exp(q_3l)l&1\\(1+q_1)\exp(q_1l)&(1+q_2)\exp(q_2l)&(1+q_3)\exp(q_3l)&0\end{bmatrix} \tag{4.96}$$

引入载荷边界条件得到 $\boldsymbol{F}=\boldsymbol{H}_0\boldsymbol{C}$，即

$$\boldsymbol{H}_0=\begin{bmatrix} H_0^{11} & H_0^{12} & H_0^{13} & 0 \\ H_0^{21} & H_0^{22} & H_0^{23} & 0 \\ H_0^{31} & H_0^{32} & H_0^{33} & 0 \\ H_0^{41} & H_0^{42} & H_0^{43} & 0 \end{bmatrix}\begin{bmatrix} C_1 \\ C_2 \\ C_3 \\ C_4 \end{bmatrix} \tag{4.97}$$

$$H_0^{1i}=3EI(0)q_i^2-N_x(0)+2EI'(0)q_i,\ H_0^{4i}=EI(l)\left(2q_i+q_i^2l\right)\exp\left(q_il\right)$$

$$H_0^{2i}=-2EI(0)q_i,\ H_0^{3i}=-\left[\left(3q_i^2+q_i^3l\right)EI(l)-\left(1+q_i\right)N_x(l)+2EI'(l)q_i\right]\exp\left(q_il\right)$$

$$i=1,2,3$$

对应 0Hz 频率的轴向变速运动弯曲梁动力刚度矩阵为

$$\boldsymbol{K}(0)=\boldsymbol{H}_0\boldsymbol{R}_0^{-1} \tag{4.98}$$

轴向变速运动弯曲梁的固有频率需满足条件：

$$\det\left(\boldsymbol{K}(\omega)\right)=0 \tag{4.99}$$

轴向变速运动弯曲梁的动力刚度矩阵 $\boldsymbol{K}(\omega)$ 是复数矩阵，可以通过 Wittrick-Williams 算法的复数域形式进行求解。

4.4.3　有限元方程

采用 Hermite 形函数对轴向变速运动弯曲梁单元进行插值：

$$u=\boldsymbol{N}\boldsymbol{d} \tag{4.100}$$

考虑式(4.73)后四项均为单元边界条件，在连续体中表现为内力，推导有限元方程时可以不计内力，代入式(4.100)得到

$$\begin{aligned}&\int_0^l\delta\boldsymbol{d}^{\mathrm{T}}\left(-\rho A\boldsymbol{N}^{\mathrm{T}}\boldsymbol{N}\ddot{\boldsymbol{d}}-2\rho Av\boldsymbol{N}^{\mathrm{T}}\frac{\mathrm{d}\boldsymbol{N}}{\mathrm{d}x}\dot{\boldsymbol{d}}-\rho Av^2\boldsymbol{N}^{\mathrm{T}}\frac{\mathrm{d}^2\boldsymbol{N}}{\mathrm{d}x^2}\boldsymbol{d}\right.\\&-\rho Aa\boldsymbol{N}^{\mathrm{T}}\frac{\mathrm{d}\boldsymbol{N}}{\mathrm{d}x}\boldsymbol{d}-\rho A'v\boldsymbol{N}^{\mathrm{T}}\boldsymbol{N}\dot{\boldsymbol{d}}-\rho A'v^2\boldsymbol{N}^{\mathrm{T}}\frac{\mathrm{d}\boldsymbol{N}}{\mathrm{d}x}\boldsymbol{d}\\&\left.-EI\frac{\mathrm{d}^2\boldsymbol{N}}{\mathrm{d}x^2}^{\mathrm{T}}\frac{\mathrm{d}^2\boldsymbol{N}}{\mathrm{d}x^2}\boldsymbol{d}-\boldsymbol{N}_x\frac{\mathrm{d}\boldsymbol{N}}{\mathrm{d}x}^{\mathrm{T}}\frac{\mathrm{d}\boldsymbol{N}}{\mathrm{d}x}\boldsymbol{d}+f(x,t)\boldsymbol{N}^{\mathrm{T}}\right)\mathrm{d}x=0\end{aligned} \tag{4.101}$$

建立轴向变速运动弯曲梁的有限元方程为

$$\boldsymbol{M}\ddot{\boldsymbol{d}}+\boldsymbol{C}\dot{\boldsymbol{d}}+\left(\boldsymbol{K}_{EI}+\boldsymbol{K}_N+\boldsymbol{K}_v+\boldsymbol{K}_a\right)\boldsymbol{d}=\boldsymbol{F} \tag{4.102}$$

其中

$$\boldsymbol{M}^e=\int_0^l\rho A\boldsymbol{N}^{\mathrm{T}}\boldsymbol{N}\mathrm{d}x$$

$$\boldsymbol{C}^{\mathrm{e}}=\int_0^l 2\rho A v \boldsymbol{N}^{\mathrm{T}}\frac{\mathrm{d}\boldsymbol{N}}{\mathrm{d}x}\mathrm{d}x+\int_0^l \rho A' v \boldsymbol{N}^{\mathrm{T}}\boldsymbol{N}\mathrm{d}x$$

$$\boldsymbol{K}_{EI}{}^{e}=\int_0^l EI\frac{\mathrm{d}^2\boldsymbol{N}}{\mathrm{d}x^2}^{\mathrm{T}}\frac{\mathrm{d}^2\boldsymbol{N}}{\mathrm{d}x^2}\mathrm{d}x$$

$$\boldsymbol{K}_{N}{}^{e}=\int_0^l N_x\frac{\mathrm{d}\boldsymbol{N}}{\mathrm{d}x}^{\mathrm{T}}\frac{\mathrm{d}\boldsymbol{N}}{\mathrm{d}x}\mathrm{d}x$$

$$\boldsymbol{K}_{v}{}^{e}=\int_0^l \rho A v^2 \boldsymbol{N}^{\mathrm{T}}\frac{\mathrm{d}^2\boldsymbol{N}}{\mathrm{d}x^2}\mathrm{d}x+\int_0^l \rho A' v^2 \boldsymbol{N}^{\mathrm{T}}\frac{\mathrm{d}\boldsymbol{N}}{\mathrm{d}x}\mathrm{d}x$$

$$\boldsymbol{K}_{a}{}^{e}=\int_0^l \rho A a \boldsymbol{N}^{\mathrm{T}}\frac{\mathrm{d}\boldsymbol{N}}{\mathrm{d}x}\mathrm{d}x$$

$$\boldsymbol{F}^{e}=\int_0^l f(x,t)\boldsymbol{N}^{\mathrm{T}}\mathrm{d}x$$

式(4.102)中阻尼矩阵主要由弯曲梁的轴向运动速度引起，而刚度矩阵不仅有传统梁单元抗弯刚度分量，还包含弯曲梁轴向速度、加速度、轴向载荷引起的分量。

4.4.4 固有频率数值计算

引入无量纲频率 λ_i、无量纲速度 α、无量纲加速度 β、无量纲轴向作用力 γ：

$$\lambda_i=\sqrt{\frac{\rho A L^4}{EI}}\omega_i \tag{4.103}$$

$$\alpha=\frac{\rho A L^2 v^2}{EI} \tag{4.104}$$

$$\beta=\frac{\rho A L^3 a}{EI} \tag{4.105}$$

$$\gamma=\frac{N_{x1}L^2}{EI} \tag{4.106}$$

对于仅在左右两端受到轴向载荷的弯曲梁，取左端轴向力系数为

$$\psi=\frac{N_{x1}}{\int_0^L \rho A(x) a\mathrm{d}x} \tag{4.107}$$

表 4.17 中，将文献[14]中轴向匀速运动弯曲梁固有频率计算结果作为验证本节模型的依据，“FEM”是按照 4.4.3 节理论建立的有限元模型，由复模态分析法计算得到固有频率，“DSM”是按照本章 4.4.2 节建立动力刚度矩阵模型，通过 Wittrick-Williams 算法计算得到的固有频率。动力刚度矩阵模型和有限元模型(50

个单元）计算匀速运动弯曲梁的固有频率与文献[14]的结果均很接近，但有限元模型的规模比动力刚度矩阵模型的大得多。

表 4.17 中变速运动情况下，弯曲梁左端受到轴向力 N_{x1}=0，弯曲梁只在右端受到轴向力 N_{x2}，动力刚度矩阵模型与有限元模型计算结果也很接近；与轴向速度相同匀速运动弯曲梁情况相比，加速度越大，弯曲梁的固有频率越大。

表 4.17　轴向变速运动弯曲梁前两阶固有频率的比较

频率	α	β	文献[14]	DSM	FEM(50)
λ_1	0	0	9.87	9.870	9.870
	1	0	9.26	9.264	9.264
	2	0	7.31	7.306	7.306
	0	1	—	10.117	10.116
	1	1	—	9.523	9.522
	2	1	—	7.614	7.613
	0	2	—	10.359	10.356
	1	2	—	9.775	9.772
	2	2	—	7.912	7.908
λ_2	0	0	39.48	39.480	39.478
	1	0	39.07	39.069	39.068
	2	0	37.85	37.815	37.815
	0	1	—	39.728	39.727
	1	1	—	39.317	39.318
	2	1	—	38.069	38.069
	0	2	—	39.976	39.975
	1	2	—	39.565	39.566
	2	2	—	38.319	38.320

设定 α=1、β=1、ψ=0，两种模型计算的精度如图 4.21 所示。

可以看出，在相同单元数条件下，动力刚度矩阵模型与有限元模型相比有更高的精度，尤其是动力刚度矩阵模型即使在单元较少的情况下依然能具有优良的精度。

只考虑轴向作用力的影响，计算轴向静止的弯曲梁受到轴向载荷作用下的固有频率如图 4.22 所示。这种情况下设定 α=0、β=0、$N_{x1}=N_{x2}$。

由图 4.22 可以看出，轴向静止的弯曲梁在轴向压力的作用下，一阶固有频率随着压力的增大不断减小，当轴向压力达到一定程度时，一阶固有频率达到 0Hz。

这种情况下，弯曲梁处于稳定域的边界，出现压杆屈曲现象。边界条件对弯曲梁的压杆屈曲临界压力有很大影响，对于简支梁临界压力为$\gamma=\pi^2$，对于悬臂梁，临界压力为$\gamma=\pi^2/4$，两端固定梁为$\gamma=4\pi^2$。

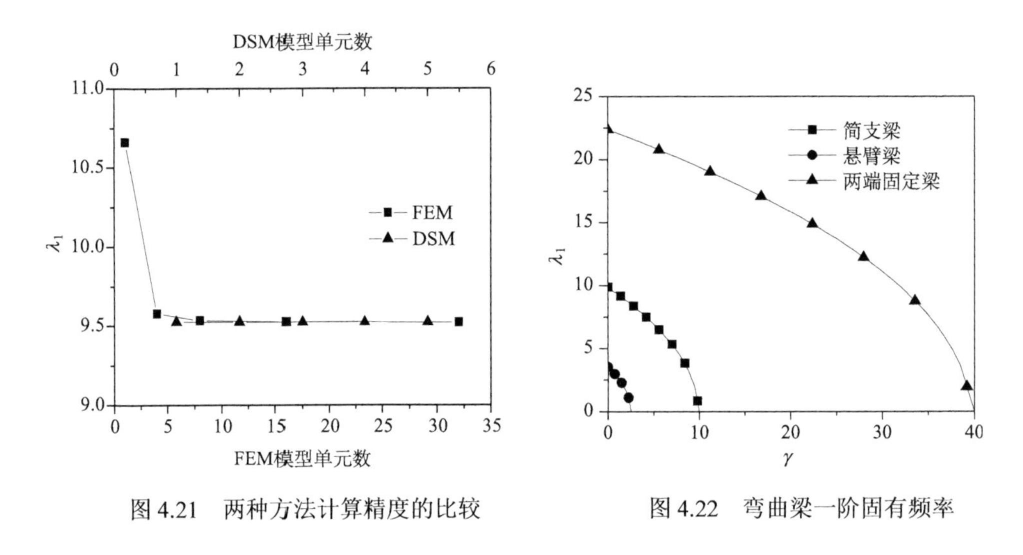

图 4.21 两种方法计算精度的比较

图 4.22 弯曲梁一阶固有频率

图 4.23 给出了无轴向载荷作用的轴向匀速运动弯曲梁一阶固有频率变化规律。可以看出，轴向匀速运动弯曲梁一阶固有频率随着轴向运动速度的增大而逐渐减小，最终达到 0Hz；当轴向运动速度达到一定大小时，弯曲梁也会出现不稳定的状态。

只在两端受到轴向载荷的弯曲梁变速运动情况下，轴向加速度与两端轴向作用力决定了弯曲梁任意截面轴向作用力的大小和方向。设定 $\alpha=0$，计算轴向变速运动简支梁固有频率随轴向受力变化规律如图 4.24 所示，当 $\psi=0$ 时，弯曲梁左端轴向不受轴向载荷，而当 $\psi\neq0$ 时，弯曲梁左端也受到轴向力 N_{x1}，并满足：

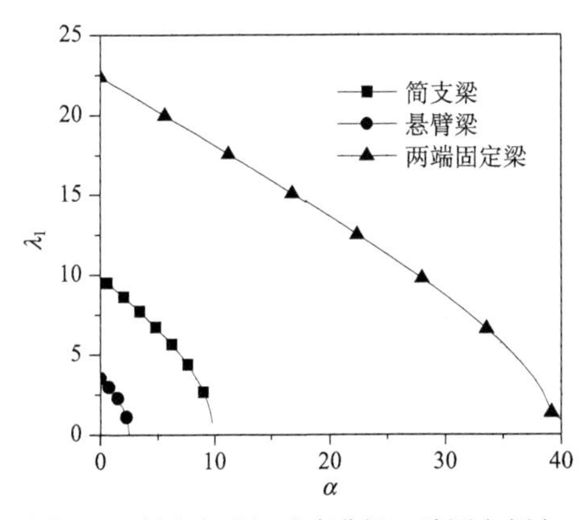

图 4.23 轴向匀速运动弯曲梁一阶固有频率

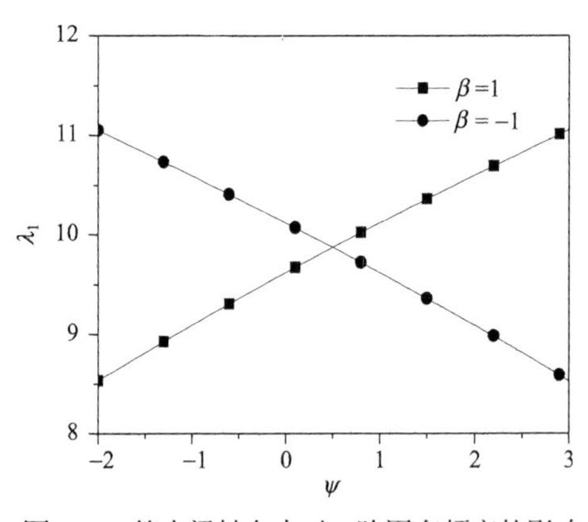

图 4.24 简支梁轴向力对一阶固有频率的影响

$$N_{x2} = N_{x1} - \int_0^L \rho A(x) a \mathrm{d}x = -(1-\psi)\int_0^L \rho A(x) a \mathrm{d}x \tag{4.108}$$

当 ψ=0.5 时，移动梁两端受到相同的轴向作用力：

$$N_{x2} = N_{x1} = \frac{1}{2}\int_0^L \rho A(x) a \mathrm{d}x \tag{4.109}$$

如图 4.24 所示，当加速度为正方向时(β=1)，随着左端轴向力系数的增大，轴向变速运动弯曲梁的固有频率有增大的趋势，这主要是因为随着左端轴向力系数的增大，弯曲梁内的轴向拉力不断增大；而当加速度为负方向时(β=−1)，随着左端轴向力系数的增大，弯曲梁轴向受到的作用力压力越来越大，轴向变速运动弯曲梁的固有频率有减小趋势。本节所建轴向运动弯曲梁模型的加速度方向具有对称性，图 4.24 的两条曲线以 ψ=0.5 对称。

设定弯曲梁在 x=0 轴向受力 N_{x1} 为零，仅受到右端轴向作用力 N_{x2}。简支、悬臂、两端固定三种边界条件下弯曲梁前两阶固有频率特性如图 4.25～图 4.27 所示。速度、加速度变化范围设置如下：

简支边界条件：　　　$\alpha \in [0,6]$　　$\beta \in [-5,5]$

悬臂边界条件：　　　$\alpha \in [0,2]$　　$\beta \in [-1,1]$

两端固定边界条件：　$\alpha \in [0,15]$、$\beta \in [-10,10]$

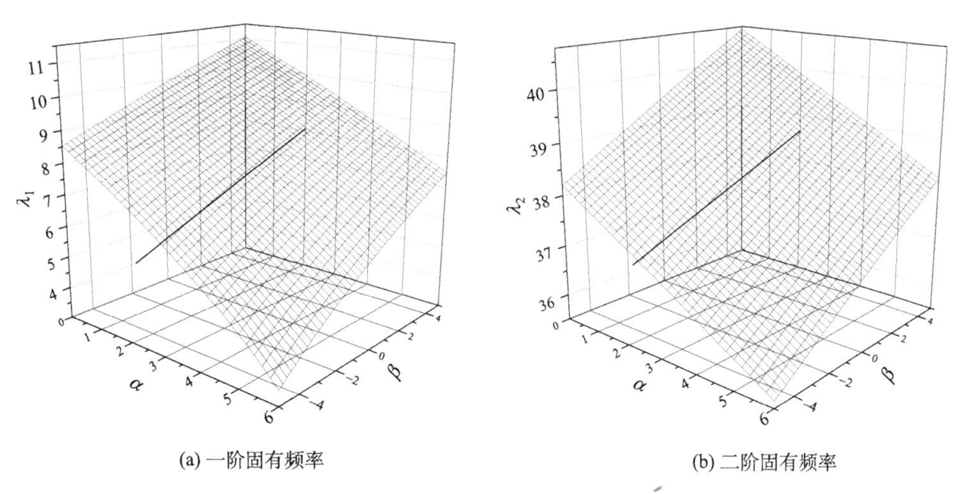

(a) 一阶固有频率　　(b) 二阶固有频率

图 4.25　轴向变速运动简支梁固有频率与速度和加速度的关系

轴向运动弯曲梁的轴向作用力、速度、加速度、边界条件等因素均会对弯曲梁固有频率产生一定的影响：随着轴向速度的增大，固有频率不断减小；轴向作用力和加速度共同决定了弯曲梁轴向内力的形式，如果轴向内力为拉力，则会增加固有频率，反之，轴向内力为压力时，会降低固有频率；当弯曲梁的一阶固有频率降低为 0Hz 时，弯曲梁会超出稳定域，出现屈曲现象，弯曲梁的边界条件对稳定域的临界值有很大的影响。

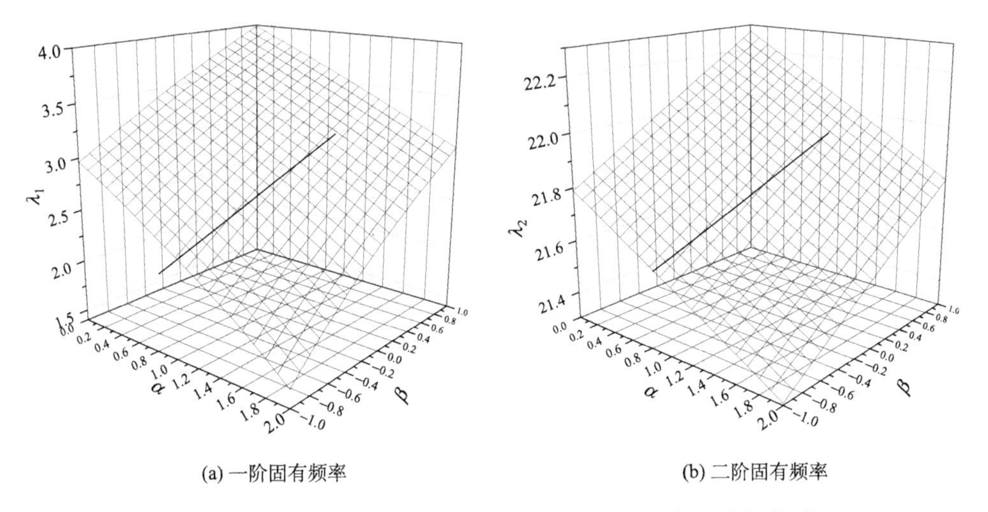

(a) 一阶固有频率　　(b) 二阶固有频率

图 4.26　轴向变速运动悬臂梁固有频率与速度和加速度的关系

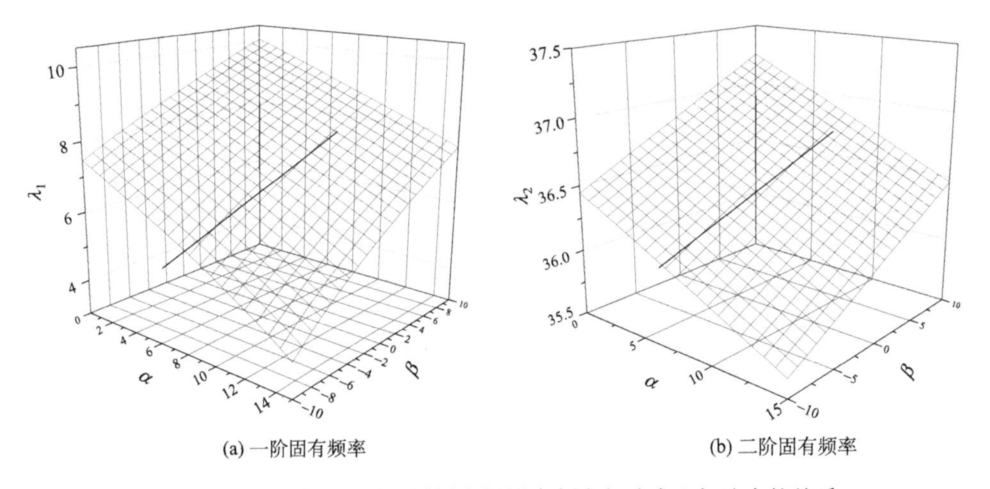

(a) 一阶固有频率　　(b) 二阶固有频率

图 4.27　轴向变速运动两端固定梁固有频率与速度和加速度的关系

4.5　炮身边界条件辨识

Lee 等[40]提出了基于谱元法结构边界条件辨识方法，对悬臂梁、简支梁等边界条件进行了理论分析和实验验证。研究表明谱元法是一种有效的频域辨识方法，本节主要通过谱元法辨识模型确定炮身边界条件，为模拟炮身与摇架之间的作用关系提供理论支撑。

4.5.1　基于谱元法的炮身边界条件辨识模型

基于谱元法辨识炮身边界条件的流程图如图 4.28 所示。

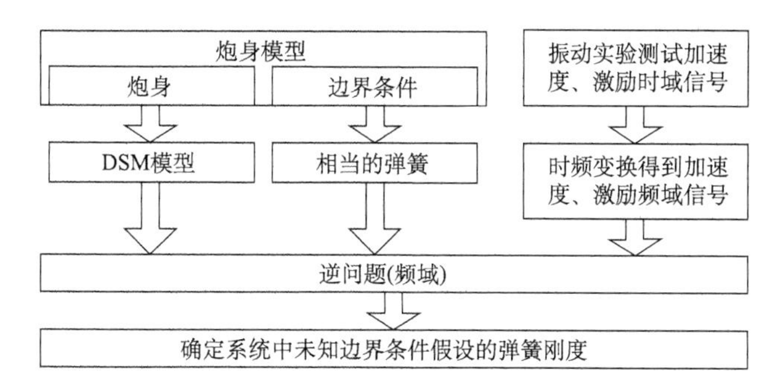

图 4.28　基于谱元法的炮身边界条件辨识流程图

建立炮身的动力刚度矩阵 $\boldsymbol{K}(\omega)$，将边界条件等效成相当的弹簧，这里弹簧的刚度是随着频率变化的复数形式，其实部对应弹簧的刚度，虚部对应阻尼的大小。通过振动实验测试，得到测试点的加速度以及激励载荷，并根据时频变换理论得到测量信号的频域形式。组合炮身的动力刚度矩阵、边界条件，以及测量信号的频域形式，建立谱元法模型的逆问题表达式，最终确定炮身与摇架之间的作用关系，从而确定炮身的边界条件。

基于谱元法炮身边界条件辨识模型如图 4.29 所示。

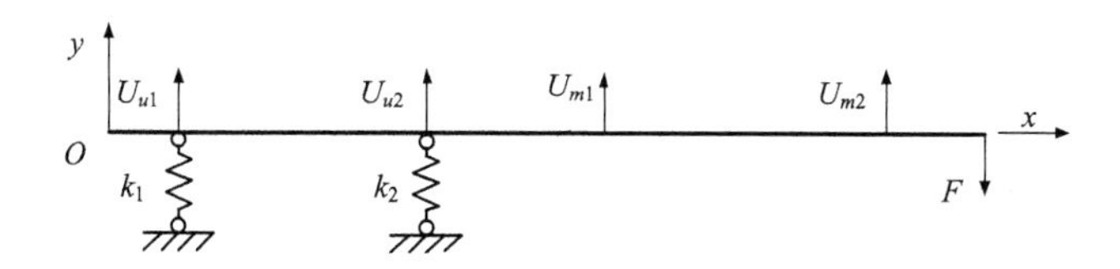

图 4.29　炮身边界条件辨识模型

在力锤激励下，对炮身上两个位置的加速度进行测量，通过傅里叶变换得到自由度向量的频域响应：

$$F = \mathrm{FFT}(F_t) \tag{4.110}$$

$$U_{m1} = -\frac{1}{\omega^2}\mathrm{FFT}(\ddot{u}_{m1}) \tag{4.111}$$

$$U_{m2}=-\frac{1}{\omega^2}\mathrm{FFT}(\ddot{u}_{m2}) \tag{4.112}$$

炮身谱元法模型为

$$\boldsymbol{K}(\omega)\boldsymbol{d}=\boldsymbol{f}(\omega) \tag{4.113}$$

对应的矩阵形式为

$$\begin{bmatrix} K_{11} & K_{12} & & \cdots & & K_{1p} \\ K_{21} & K_{22} & & \cdots & & K_{2p} \\ \vdots & \vdots & \ddots & & & \vdots \\ K_{i1} & K_{i2} & K_{ii} & & & K_{ip} \\ \vdots & \vdots & & \ddots & & \vdots \\ K_{j1} & K_{j2} & & K_{jj} & & K_{jp} \\ \vdots & \vdots & & & \ddots & \vdots \\ K_{(p-1)1} & K_{(p-1)2} & \cdots & & K_{(p-1)(p-1)} & K_{(p-1)m} \\ K_{p1} & K_{p2} & \cdots & & K_{p(p-1)} & K_{pp} \end{bmatrix} \begin{bmatrix} U_1 \\ \Theta_1 \\ \vdots \\ U_{u1} \\ \vdots \\ U_{u2} \\ \vdots \\ U_{n+1} \\ \Theta_{n+1} \end{bmatrix} = \begin{bmatrix} 0 \\ 0 \\ \vdots \\ -k_1U_{u1} \\ \vdots \\ -k_2U_{u2} \\ \vdots \\ F \\ 0 \end{bmatrix} \tag{4.114}$$

式(4.114)中，节点自由度向量中有两个元素是已知的，即测量加速度位置的节点挠度U_{m1}、U_{m2}，将自由度向量分解为已知和未知的两组：

$$\boldsymbol{d}=\begin{bmatrix}\boldsymbol{d}_m \\ \boldsymbol{d}_u\end{bmatrix} \tag{4.115}$$

其中，已知自由度向量为$\boldsymbol{d}_m=\begin{bmatrix}U_{m1} & U_{m2}\end{bmatrix}^{\mathrm{T}}$；未知自由度向量为$\boldsymbol{d}_u=\begin{bmatrix}U_1 & \Theta_1 & \cdots & \Theta_{m1} & \cdots & \Theta_{m2} & \cdots & U_{n+1} & \Theta_{n+1}\end{bmatrix}^{\mathrm{T}}$。

载荷向量中有两个元素是未知的，即边界条件的自由度对应的载荷向量元素$-k_1U_{u1}$、$-k_2U_{u2}$，将载荷向量分解为激励载荷和边界条件载荷两组：

$$\boldsymbol{f}=\begin{bmatrix}\boldsymbol{f}_b \\ \boldsymbol{f}_e\end{bmatrix} \tag{4.116}$$

其中，边界条件载荷向量为$\boldsymbol{f}_b=\begin{bmatrix}-k_1U_{u1} & -k_2U_{u2}\end{bmatrix}^{\mathrm{T}}$；激励载荷向量为$\boldsymbol{f}_e=\begin{bmatrix}0 & 0 & \cdots & 0 & \cdots & 0 & \cdots & F(\omega) & 0\end{bmatrix}^{\mathrm{T}}$。

按照式(4.115)和(4.116)中自由度向量和载荷向量的排序方式，重新组合式(4.114)，得到

$$\begin{bmatrix}\boldsymbol{K}_{bm} & \boldsymbol{K}_{bu} \\ \boldsymbol{K}_{em} & \boldsymbol{K}_{eu}\end{bmatrix}\begin{bmatrix}\boldsymbol{d}_m \\ \boldsymbol{d}_u\end{bmatrix}=\begin{bmatrix}\boldsymbol{f}_b \\ \boldsymbol{f}_e\end{bmatrix} \tag{4.117}$$

根据式(4.117)计算得到未知边界条件载荷向量和自由度向量：

$$\boldsymbol{f}_b = \left(\boldsymbol{K}_{bm} - \boldsymbol{K}_{bu}\boldsymbol{K}_{eu}{}^{-1}\boldsymbol{K}_{em}\right)\boldsymbol{d}_m + \boldsymbol{K}_{bu}\boldsymbol{K}_{eu}{}^{-1}\boldsymbol{f}_e$$

$$\boldsymbol{d}_u = \boldsymbol{K}_{eu}{}^{-1}\left(\boldsymbol{f}_e - \boldsymbol{K}_{em}\boldsymbol{d}_m\right)$$

辨识得到表征炮身与摇架作用关系的等效弹簧刚度为

$$\begin{bmatrix} k_1 \\ k_2 \end{bmatrix} = -\begin{bmatrix} 1/U_{u1} & \\ & 1/U_{u2} \end{bmatrix} \boldsymbol{f}_b \tag{4.118}$$

4.5.2　炮身边界条件辨识的实验测试

炮身边界条件辨识实验的测试系统架构如图 4.30 所示。

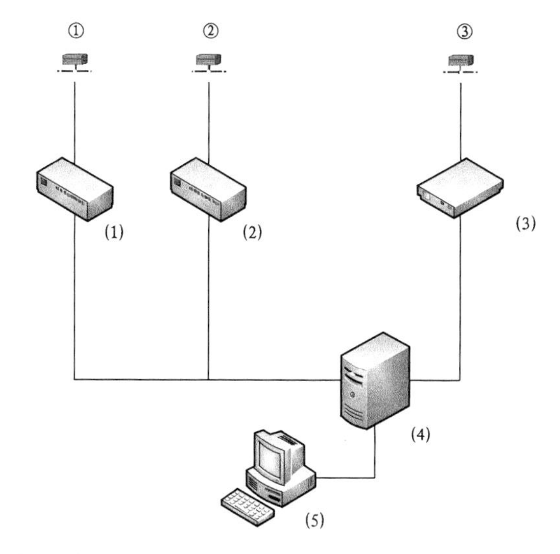

①②加速度传感器，③力锤；(1) (2) 电荷放大器，(3) 电压放大器，(4) 数据采集器，(5) PC

图 4.30　炮身边界条件辨识实验测试系统网络图

选用 Kistler DM3001 数据采集卡，采样频率 10kHz，采用加速度信号作为触发源，触发电平为 0.01V，采样点总共 17384 点，触发前采样点数为 1000 点。

测量的两处加速度信号的频域形式如图 4.31 和图 4.32 所示。

按照 4.5.1 节理论，通过计算得到炮身前后两个边界条件的等效刚度如图 4.33 和图 4.34 所示。对于不同的频率，所建立的炮身动力刚度矩阵是不相同的，式(4.118)得到的等效刚度也是不相同的，需要对每一个频率进行同样的运算，最终确定的等效刚度随着频率的变化而变化。

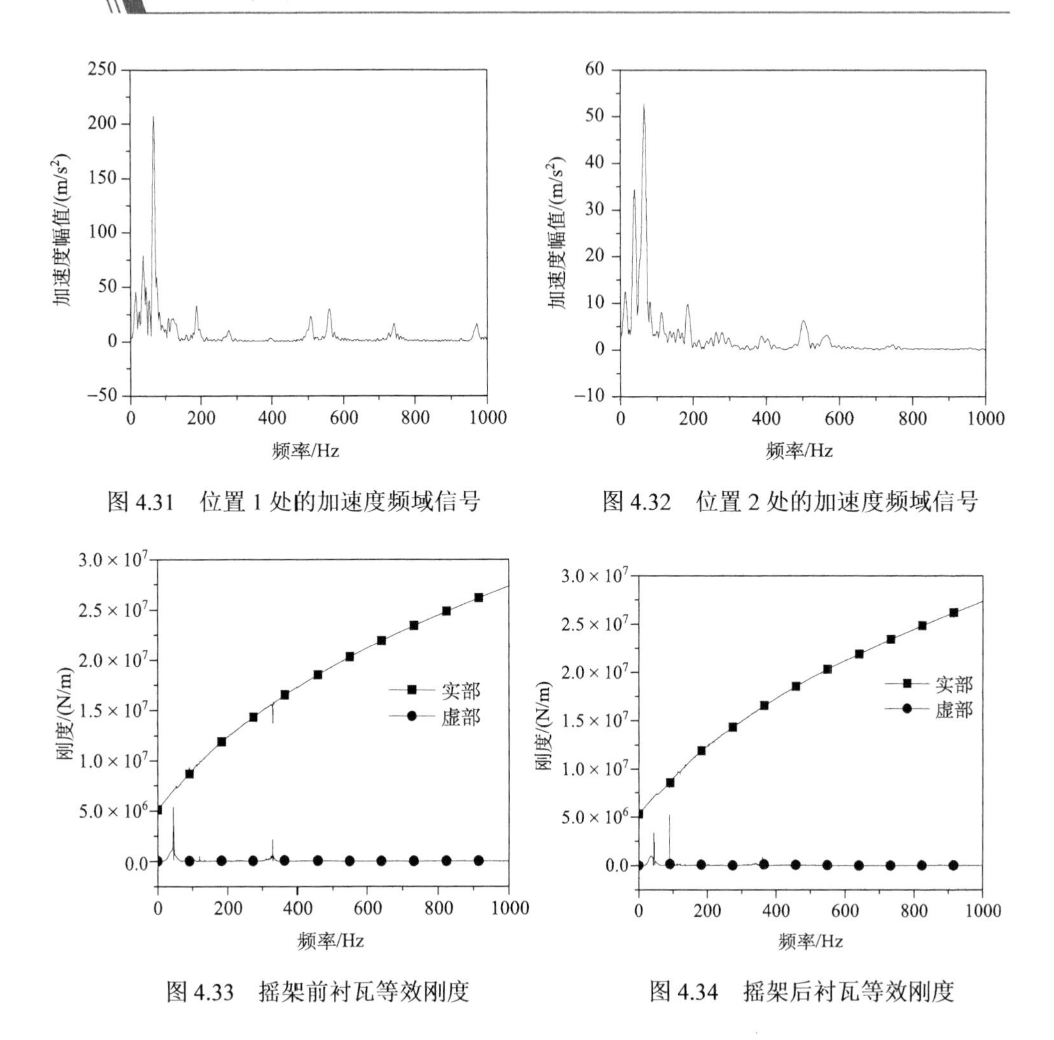

图 4.31 位置 1 处的加速度频域信号

图 4.32 位置 2 处的加速度频域信号

图 4.33 摇架前衬瓦等效刚度

图 4.34 摇架后衬瓦等效刚度

4.6 炮身大位移后坐系统的时变固有频率分析

本章 4.4 节对轴向变速运动弯曲梁的固有频率特性进行了研究，本节在此基础上，将炮身作为具有急剧变换后坐速度、加速度和轴向载荷的轴向变速运动弯曲梁处理，结合 4.5 节通过基于谱元法辨识模型确定的炮身与炮架之间作用关系，将边界条件的等效刚度组合到炮身动力刚度矩阵中，最终建立炮身大位移后坐系统的动力刚度矩阵模型，并通过 Wittrick-Williams 算法计算炮身后坐过程中的固有频率，比较炮身后坐位移、速度、加速度引起的时变固有频率与时不变模型的区别。

4.6.1　炮身大位移后坐的动力刚度矩阵

将炮身沿轴向划分为 n 个梁单元，共有 p 个自由度，$p=2(n+1)$。根据炮身几何结构，分别建立各个单元的动力刚度矩阵，组合单元矩阵得到炮身整体动力刚度矩阵：

$$
\boldsymbol{K}(\omega)=\begin{bmatrix}
K_{11} & K_{12} & \cdots & \cdots & & \cdots & \cdots & K_{1p} \\
K_{21} & K_{22} & & & & \cdots & \cdots & K_{2p} \\
\vdots & \vdots & & & & & & \vdots \\
K_{i1} & K_{i2} & \cdots & K_{ii} & & & \cdots & K_{ip} \\
\vdots & \vdots & & & & & & \vdots \\
K_{j1} & K_{j2} & \cdots & & & K_{jj} & \cdots & K_{jp} \\
\vdots & \vdots & & & & & & \vdots \\
K_{p1} & K_{p2} & \cdots & \cdots & & \cdots & \cdots & K_{pp}
\end{bmatrix} \tag{4.119}
$$

假设某一时刻两个衬瓦作用位置在炮身的第 I 和第 J 个节点上，对应炮身自由度向量的元素序号为 i、j，则 $i=2I-1$，$j=2J-1$。

将两个边界条件等效刚度 k_1、k_2 组合到炮身动力刚度矩阵中，得到系统动力刚度矩阵：

$$
\bar{\boldsymbol{K}}(\omega)=\begin{bmatrix}
K_{11} & K_{12} & \cdots & \cdots & & \cdots & \cdots & K_{1p} \\
K_{21} & K_{22} & & & & \cdots & \cdots & K_{2p} \\
\vdots & \vdots & & & & & & \vdots \\
K_{i1} & K_{i2} & \cdots & \bar{K}_{ii} & & & \cdots & K_{ip} \\
\vdots & \vdots & & & & & & \vdots \\
K_{j1} & K_{j2} & \cdots & & & \bar{K}_{jj} & \cdots & K_{jp} \\
\vdots & \vdots & & & & & & \vdots \\
K_{p1} & K_{p2} & \cdots & \cdots & & \cdots & \cdots & K_{pp}
\end{bmatrix} \tag{4.120}
$$

其中，$\bar{K}_{ii}=K_{ii}+k_1$，$\bar{K}_{jj}=K_{jj}+k_2$，矩阵中其他元素与式(4.119)相同。

通过 Wittrick-Williams 算法求解炮身后坐动力刚度矩阵模型：

$$
\det\left(\bar{\boldsymbol{K}}(\omega)\right)=0 \tag{4.121}
$$

4.6.2　时变固有频率分析

以某中口径榴弹炮为例，计算炮身大位移后坐系统的时变固有频率规律。炮身后坐位移、速度和后坐加速度如图 4.35～图 4.37 所示，图 4.38 为炮身轴向合力曲线。

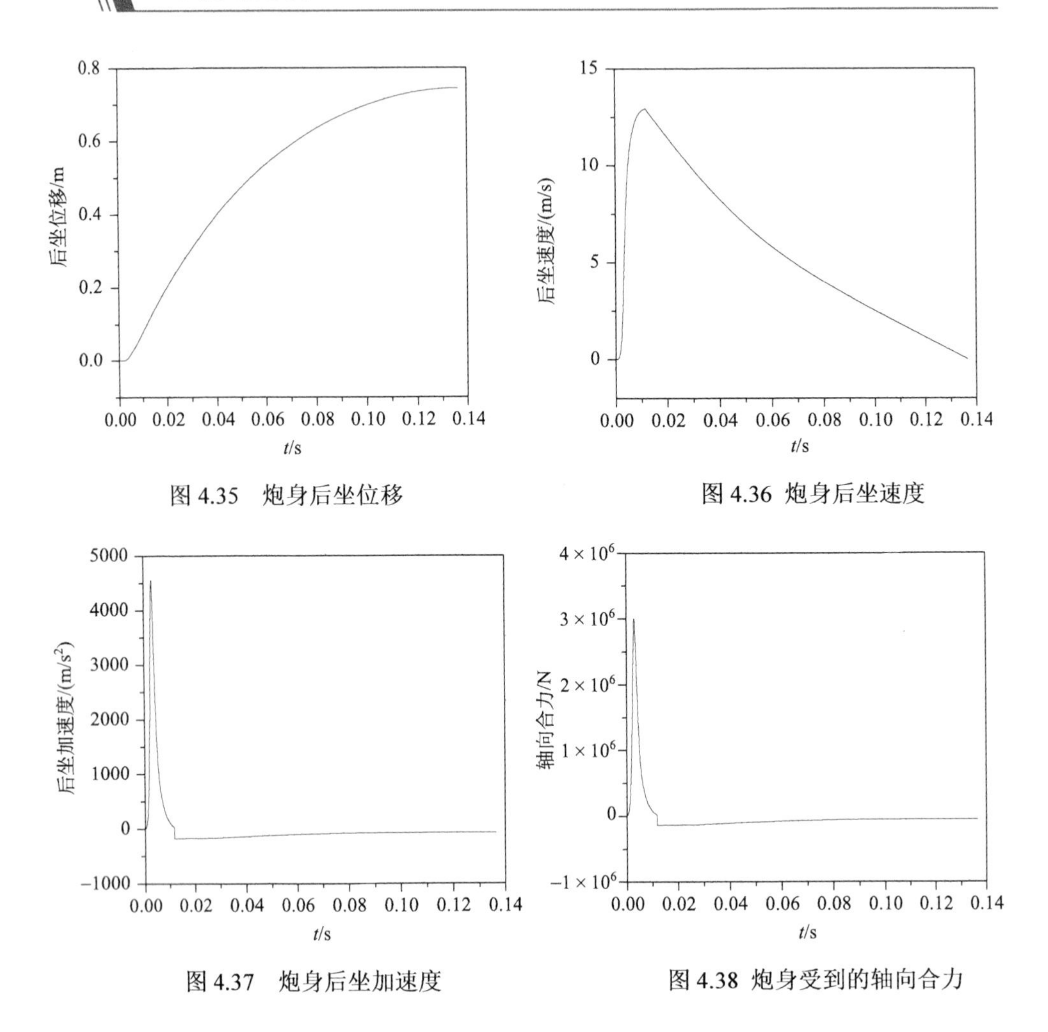

图 4.35 炮身后坐位移

图 4.36 炮身后坐速度

图 4.37 炮身后坐加速度

图 4.38 炮身受到的轴向合力

炮身不同后坐位移下，前两阶固有频率的比较如表 4.18 所示。其中“实验”结果是通过火炮人工后坐装置将炮身拖动至一定的后坐位移，通过模态实验得到的结果；“ABAQUS”结果，是通过 ABAQUS 软件建立火炮三维有限元模型，并根据炮身后坐位移确定炮身相对摇架位置，通过模态计算得到的结果；“固定梁 DSM”是结合 4.5 节辨识模型确定的炮身边界条件，不涉及炮身后坐速度、加速度和轴向载荷影响，只考虑炮身后坐位移影响，建立静止炮身动力刚度矩阵模型得到的结果。“移动梁 DSM”是结合 4.5 节辨识模型确定的炮身边界条件，并按照轴向变速运动弯曲梁理论建立炮身动力刚度矩阵模型，模型中既考虑了炮身的后坐位移，也考虑了炮身后坐速度、加速度的影响。

表 4.18　不同后坐位移下炮身固有频率比较

后坐位移/mm	不同方式	f_1/Hz	f_2/Hz
0	实验	5.54	37.77
	ABAQUS	6.09	37.51
	固定梁 DSM	5.87	36.02
	移动梁 DSM	5.87	36.02
50	实验	5.68	38.20
	ABAQUS	6.27	38.18
	固定梁 DSM	6.01	38.12
	移动梁 DSM	5.58	37.37
100	实验	5.82	38.50
	ABAQUS	6.49	38.90
	固定梁 DSM	6.15	40.35
	移动梁 DSM	5.46	39.70
150	实验	6.03	38.72
	ABAQUS	6.70	39.63
	固定梁 DSM	6.30	42.76
	移动梁 DSM	5.59	41.14
200	实验	6.52	39.50
	ABAQUS	6.94	40.38
	固定梁 DSM	6.42	45.01
	移动梁 DSM	5.73	44.45

由表 4.18 中可以看出，“实验”、“ABAQUS”和“固定梁 DSM”三组结果比较接近，这三种方法中均没有考虑炮身后坐速度、加速度的影响。随着后坐位移的增加，炮身固有频率不断变大。与“固定梁 DSM”模型相比，“移动梁 DSM”模型计算的频率要小一些，这主要是炮身后坐速度、加速度和轴向载荷引起的。

炮身后坐过程中一阶固有频率随时间变化规律如图 4.39 所示，其中“固定梁”是不考虑炮身轴向运动规律对模态的影响，将炮身按照固定的梁建立动力刚度矩阵，只有每一时刻炮身的边界条件位置改变，相当于将炮身放置在摇架上不同位置的固有频率，与模态实验结果比较接近；“移动梁”是考虑了炮身轴向运动规律影响，按照 4.4 节建立轴向运动炮身的动力刚度矩阵模型的计算结果。

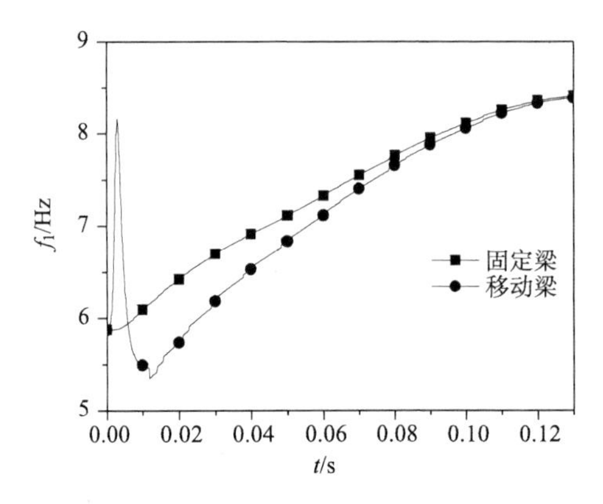

图 4.39 后坐过程中炮身的一阶固有频率

综合表 4.18 和图 4.39，可以看出，在不考虑炮身后坐速度、加速度、轴向作用力等因素引起时变效应的结果中，随着后坐位移的增加，炮身固有频率有上升的趋势，因为初始时刻火炮后坐部分质心在炮身与摇架的两个作用位置(衬瓦位置)之间靠前的位置，随着炮身的后坐位移的增加，后坐部分质心向衬瓦位置靠近相当于边界条件的约束效果增强了，固有频率变大的规律符合 Rayleigh 定理。“移动梁”模型不仅考虑了边界条件的时变因素，还考虑了炮身后坐过程中轴向速度、加速度以及轴向作用力引起时变效应，与“固定梁”模型结果相比有明显的差别，在 0.003s 时刻，“移动梁”模型计算结果(8.16Hz)比“固定梁”模型计算结果(5.88Hz)大 38%，在 0.0119s 时刻，“移动梁”模型计算结果(5.34Hz)比“固定梁”模型计算结果(6.15Hz)小 13%。这一现象主要是由炮身后坐速度、加速度以及轴向作用力引起的。可以看出，炮身大位移后坐对固有频率的影响是十分明显的。

为了更准确地描述炮身后坐过程中轴向速度、加速度以及轴向作用力引起时变效应，建立了两个模型：模型 A 中只计及炮身后坐速度，不考虑炮身加速度和轴向载荷，以说明炮身后坐速度引起的时变效应；模型 B 中只计及炮身加速度和轴向载荷，不考虑炮身后坐速度，以说明炮身加速度和轴向载荷对固有频率的影响。模型 A、模型 B 的计算结果与图 4.39 中“固定梁”计算结果的比较如图 4.40 和图 4.41 所示。

可以看出，考虑炮身后坐速度模型 A 的计算结果比固定梁模型结果要小一些，结合图 4.36，后坐过程中炮身的速度保持一个方向，炮身固有频率随着后坐速度的增加而减小，在 0.0075s 时刻，后坐速度达到最大，两种模型计算结果也相差最大，“模型 A”结果(5.36Hz)比“固定梁”模型计算结果(5.99Hz)小 11%。

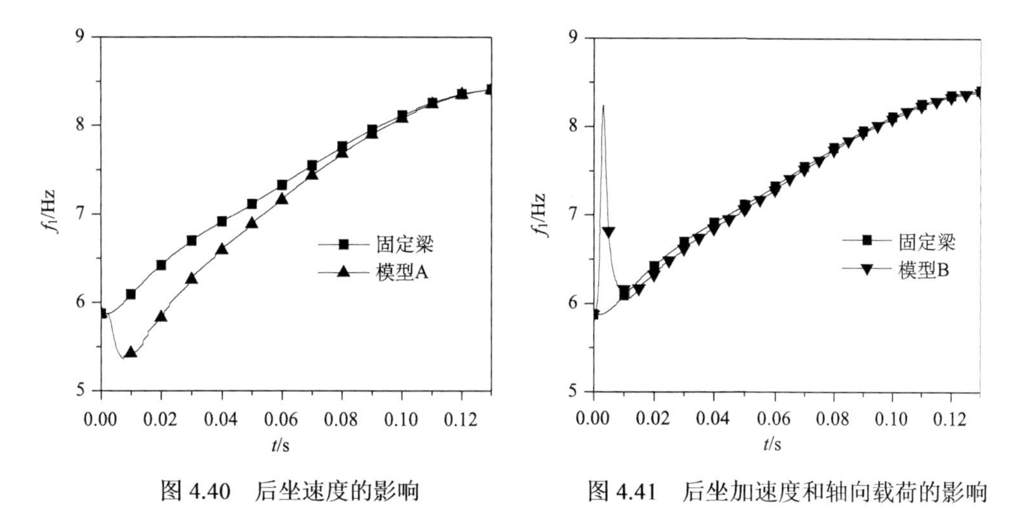

图 4.40　后坐速度的影响

图 4.41　后坐加速度和轴向载荷的影响

考虑炮身后坐加速度及轴向载荷模型 B 的计算结果，在 0.012s 之前比固定梁模型的计算结果大，之后又小于固定梁模型结果。如图 4.37 和图 4.38 所示，炮身后坐过程中，在 0.012s 之前，炮身主要受到炮膛合力、制退机力和复进机力作用，轴向内力为拉力，随着加速度的增大，固有频率会变大，在 0.0012s 时刻，后坐加速度达到最大，两种模型计算结果也相差最大，“模型 B”计算结果(8.23Hz)比“固定梁”模型计算结果(5.88Hz)大 40%。而在这之后，炮身主要受到制退机力和复进机力作用，炮身轴向内力为压力，加速度越大，固有频率会越小，这一阶段加速度和轴向载荷的大小较前一阶段较小，对炮身后坐固有频率的影响并不明显。

第 5 章　炮身模拟后坐系统二维时变力学

本章针对炮身模拟后坐实验系统，利用二维变截面支撑梁模拟摇架，分别利用移动刚体和二维移动梁模拟炮身，建立两种炮身模拟后坐系统的二维时变力学模型，通过数值计算揭示炮身大位移后坐引起的时变力学规律，并与实验测试结果进行对比分析，为进一步开展发射过程炮身大位移后坐系统的三维时变力学研究提供理论基础。

5.1　移动刚体沿支撑梁大位移后坐系统的时变力学模型

炮身模拟后坐实验系统的基本原理是利用半密闭爆发器的火药燃烧产生的燃气压力驱动活塞运动，活塞连杆与炮身相连接，从而使炮身沿摇架大位移后坐运动，如图 5.1 所示。不计炮身的柔性，用移动刚体模拟大位移后坐运动的炮身，将摇架简化为变截面弯曲梁，通过弹性支撑单元模拟炮身圆柱端与摇架衬瓦的作用关系，建立移动刚体沿支撑梁大位移运动的时变力学模型(图 5.2)，通过数值计算研究炮身大位移后坐的时变力学规律。

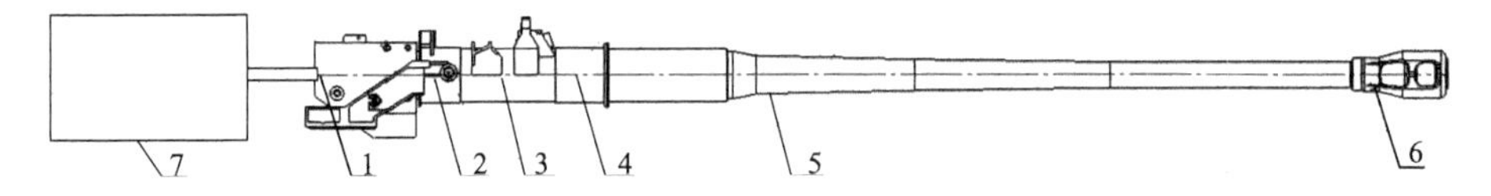

1-炮尾炮闩；2-后衬瓦；3-摇架；4-前衬瓦；5-身管；6-炮口制退器；7-半密闭爆发器

图 5.1　炮身沿摇架大位移后坐系统

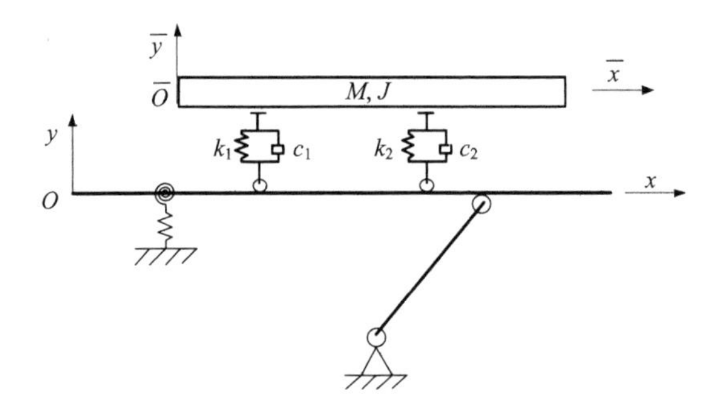

图 5.2　移动刚体沿支撑梁运动的时变力学模型

5.1.1　移动刚体沿支撑梁运动系统的控制微分方程

在绝对坐标系 $O-xy$ 下，变截面支撑梁的控制微分方程为

$$\rho A_c \frac{\partial^2 u_c(x,t)}{\partial t^2} + C_c \frac{\partial u_c(x,t)}{\partial t} + \frac{\partial^2}{\partial x^2}\left[EI_c \frac{\partial^2 u_c(x,t)}{\partial x^2} \right] = f_c(x,t) \tag{5.1}$$

其中，ρA_c 表示支撑梁的单位长度质量；C_c 表示支撑梁的外载荷阻尼系数；EI_c 表示支撑梁的弯曲刚度；$u_c(x,t)$ 表示支撑梁上坐标 x 处在 t 时刻的竖向位移；$f_c(x,t)$ 表示在 t 时刻作用在支撑梁上坐标 x 处的载荷。

移动刚体通过两组弹性支撑作用在支撑梁上，支撑梁竖直方向上受到的外载荷主要由两组弹性支撑的作用力及支撑梁自重构成，外载荷形式如下：

$$f_c(x,t) = f_{c1}(x,t) + f_{c2}(x,t) + \rho A_c g \tag{5.2}$$

弹性支撑作用力为

$$f_{ci}(x,t) = \delta\left(x - s_{ci}\right)\left\{ k_i\left(z_{bi} - u_{ci}\right) + c_i\left[\frac{\mathrm{d}z_{bi}}{\mathrm{d}t} + v_{bi}\theta - \left(\frac{\partial u_{ci}}{\partial t} + v_{ci}\frac{\partial u_{ci}}{\partial x} \right) \right] \right\} \tag{5.3}$$

其中，$\delta(\cdot)$ 为 Dirac 函数；z_{b1}、z_{b2} 分别为移动刚体上两组弹性支撑位置处的竖向位移；u_{c1}、u_{c2} 分别为支撑梁上两组弹性支撑位置处的竖向位移，s_{c1}、s_{c2} 分别为两组弹性支撑相对支撑梁的位置；v_{c1}、v_{c2} 分别为两组弹性支撑相对支撑梁的轴向速度；v_{b1}、v_{b2} 分别为两组弹性支撑相对移动刚体的速度；c_1、c_2 分别为两组弹性支撑的阻尼；k_1、k_2 分别为两组弹性支撑的刚度。如无特殊说明，本节公式中下标 i=1,2。

如图 5.3 所示，在与移动刚体固连的局部坐标系 $\bar{O}-\bar{x}\,\bar{y}$ 下，移动刚体质心的位置为 l_c，Z、θ 为移动刚体质心位置的竖向位移和转角，s_{b1}、s_{b2} 分别为两组弹性支撑在移动刚体局部坐标系中的位置，与 z_{b1}、z_{b2} 之间满足运动学关系：

$$\begin{cases} Z + \left(s_{b1} - l_c\right)\theta = z_{b1} \\ Z + \left(s_{b2} - l_c\right)\theta = z_{b2} \end{cases} \tag{5.4}$$

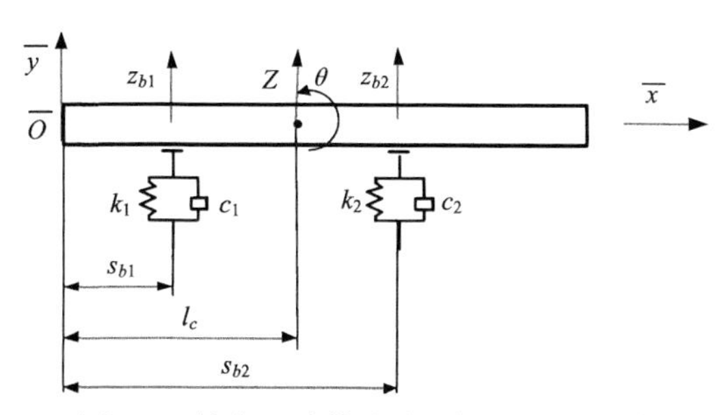

图 5.3　轴向运动的移动刚体及几何关系

采用 Hermite 插值函数 $N_i(\xi)$，i=1～4，建立支撑梁的有限元单元，单元的自由度向量为 $\boldsymbol{w}=\begin{bmatrix}u_1 & \theta_1 & u_2 & \theta_2\end{bmatrix}^{\mathrm{T}}$（其中 u_i、$\theta_i(i=1,2)$ 分别为节点上的挠度和转角）。按照虚功等效原理，对式(5.2)进行处理，获得支撑梁的载荷向量为

$$\boldsymbol{F}_c=\boldsymbol{F}_{c1}+\boldsymbol{F}_{c2}+\boldsymbol{F}_{cg} \tag{5.5}$$

其中，支撑梁自重产生的单元载荷向量为

$$\boldsymbol{F}_{cg}^e=\int_0^l \boldsymbol{N}^{\mathrm{T}}\rho A_c g\mathrm{d}x$$

与弹性支撑直接作用单元对应的弹性支撑作用力引起的载荷向量为

$$\begin{aligned}\boldsymbol{F}_{ci}^e&=\int_0^l \boldsymbol{N}_i^{\mathrm{T}} f_{ci}(x,t)\mathrm{d}x\\&=\boldsymbol{N}_i^{\mathrm{T}}\left\{k_i\left[Z+\left(s_{bi}-l\right)\theta-\boldsymbol{N}_{ci}\boldsymbol{w}_{ci}\right]\right\}\\&\quad+\boldsymbol{N}_i^{\mathrm{T}}\left\{c_i\left[\dot{Z}+\left(s_{bi}-l\right)\dot{\theta}+v_{bi}\theta-\left(\boldsymbol{N}_i\dot{\boldsymbol{w}}_{ci}+v_{ci}\frac{\mathrm{d}\boldsymbol{N}_i}{\mathrm{d}x}\boldsymbol{w}_{ci}\right)\right]\right\}\end{aligned} \tag{5.6}$$

通常情况下，两个弹性支撑不一定作用在同一个支撑梁单元上，需要分别计算两个弹性支撑作用力载荷向量，其中与弹性支撑没有直接作用单元对应的弹性支撑作用力载荷向量为零。

移动刚体上的动力学方程为

$$\begin{aligned}&M\ddot{Z}(t)+c_1\left[\frac{\mathrm{d}z_{b1}}{\mathrm{d}t}+v_{b1}\theta-\left(\frac{\partial u_{c1}}{\partial t}+v_{c1}\frac{\partial u_{c1}}{\partial x}\right)\right]+k_1(z_{b1}-u_{c1})\\&\quad+c_2\left[\frac{\mathrm{d}z_{b2}}{\mathrm{d}t}+v_{b2}\theta-\left(\frac{\partial u_{c2}}{\partial t}+v_{c2}\frac{\partial u_{c2}}{\partial x}\right)\right]+k_2(z_{b2}-u_{c2})=Mg\end{aligned} \tag{5.7}$$

$$\begin{aligned}&J\ddot{\theta}(t)+\left\{c_1\left[\frac{\mathrm{d}z_{b1}}{\mathrm{d}t}+v_{b1}\theta-\left(\frac{\partial u_{c1}}{\partial t}+v_{c1}\frac{\partial u_{c1}}{\partial x}\right)\right]+k_1(z_{b1}-u_{c1})\right\}\left(s_{b1}-l\right)\\&\quad+\left\{c_2\left[\frac{\mathrm{d}z_{b2}}{\mathrm{d}t}+v_{b2}\theta-\left(\frac{\partial u_{c2}}{\partial t}+v_{c2}\frac{\partial u_{c2}}{\partial x}\right)\right]+k_2(z_{b2}-u_{c2})\right\}\left(s_{b2}-l\right)=0\end{aligned} \tag{5.8}$$

将式(5.4)代入式(5.7)、式(5.8)，得到

$$\begin{aligned}&M\ddot{Z}+c_1\left[\frac{\mathrm{d}Z}{\mathrm{d}t}+\left(s_{b1}-l_c\right)\frac{\mathrm{d}\theta}{\mathrm{d}t}+v_{b1}\theta-\left(\boldsymbol{N}\dot{\boldsymbol{w}}_{ci}+v_{c1}\frac{\mathrm{d}\boldsymbol{N}}{\mathrm{d}x}\boldsymbol{w}_{ci}\right)\right]\\&\quad+c_2\left[\frac{\mathrm{d}Z}{\mathrm{d}t}+\left(s_{b2}-l_c\right)\frac{\mathrm{d}\theta}{\mathrm{d}t}+v_{b2}\theta-\left(\boldsymbol{N}_j\dot{\boldsymbol{w}}_{cj}+v_{c2}\frac{\mathrm{d}\boldsymbol{N}_j}{\mathrm{d}x}\boldsymbol{w}_{cj}\right)\right]\\&\quad+k_1\left[Z+\left(s_{b1}-l_c\right)\theta-\boldsymbol{N}_i\boldsymbol{w}_{ci}\right]\\&\quad+k_2\left[Z+\left(s_{b2}-l_c\right)\theta-\boldsymbol{N}_j\boldsymbol{w}_{cj}\right]=Mg\end{aligned} \tag{5.9}$$

$$
\begin{aligned}
J\ddot{\theta}+\Bigg\{c_1\left[\frac{\mathrm{d}Z}{\mathrm{d}t}+\left(s_{b1}-l_c\right)\frac{\mathrm{d}\theta}{\mathrm{d}t}+v_{b1}\theta-\left(\boldsymbol{N}_i\dot{\boldsymbol{w}}_{ci}+v_{c1}\frac{\mathrm{d}\boldsymbol{N}_i}{\mathrm{d}x}\boldsymbol{w}_{ci}\right)\right]\\
+k_1\left[Z+\left(s_{b1}-l_c\right)\theta-\boldsymbol{N}_i\boldsymbol{w}_{ci}\right]\Bigg\}\left(s_{b1}-l\right)\\
+\Bigg\{c_2\left[\frac{\mathrm{d}Z}{\mathrm{d}t}+\left(s_{b2}-l_c\right)\frac{\mathrm{d}\theta}{\mathrm{d}t}+v_{b2}\theta-\left(\boldsymbol{N}_j\dot{\boldsymbol{w}}_{cj}+v_{c2}\frac{\mathrm{d}\boldsymbol{N}_j}{\mathrm{d}x}\boldsymbol{w}_{cj}\right)\right]\\
+k_2\left[Z+\left(s_{b2}-l_c\right)\theta-\boldsymbol{N}_j\boldsymbol{w}_{cj}\right]\Bigg\}\left(s_{b2}-l\right)=0
\end{aligned}
\tag{5.10}
$$

5.1.2　移动刚体引起的附加系数矩阵

取支撑梁上单元结点自由度向量为 $\boldsymbol{w}_c=\left[u_1,\theta_1,u_2,\theta_2,\cdots,u_N,\theta_N\right]^{\mathrm{T}}$，移动刚体的自由度向量为 $\boldsymbol{w}_b=\left[Z,\theta\right]^{\mathrm{T}}$ 。移动刚体沿支撑梁大位移运动系统的总体自由度向量表示为

$$
\boldsymbol{w}=\left[\boldsymbol{w}_c{}^{\mathrm{T}},\boldsymbol{w}_b{}^{\mathrm{T}}\right]^{\mathrm{T}} \tag{5.11}
$$

综合式(5.5)、式(5.9)、式(5.10)，将各式中的各个关于系统自由度的项作为阻尼矩阵或者刚度矩阵的附加形式处理，利用“对号入座”的方法组装成矩阵形式：

$$
\begin{bmatrix}\boldsymbol{M}_c & \\ & \boldsymbol{M}_b\end{bmatrix}\begin{bmatrix}\ddot{\boldsymbol{w}}_c\\ \ddot{\boldsymbol{w}}_b\end{bmatrix}+\begin{bmatrix}\boldsymbol{C}_c+\boldsymbol{C}_{cf} & \boldsymbol{C}_{cb}\\ \boldsymbol{C}_{bc} & \boldsymbol{C}_b\end{bmatrix}\begin{bmatrix}\dot{\boldsymbol{w}}_c\\ \dot{\boldsymbol{w}}_b\end{bmatrix}+\begin{bmatrix}\boldsymbol{K}_c+\boldsymbol{K}_{cf} & \boldsymbol{K}_{cb}\\ \boldsymbol{K}_{bc} & \boldsymbol{K}_b\end{bmatrix}\begin{bmatrix}\boldsymbol{w}_c\\ \boldsymbol{w}_b\end{bmatrix}=\begin{bmatrix}\boldsymbol{F}_{cg}\\ \boldsymbol{F}_{bg}\end{bmatrix} \tag{5.12}
$$

其中，$\boldsymbol{M}_c$、$\boldsymbol{C}_c$、$\boldsymbol{K}_c$ 分别为支撑梁单元的质量矩阵、阻尼矩阵和刚度矩阵；$\boldsymbol{C}_{cf}$、$\boldsymbol{K}_{cf}$ 为对应支撑梁单元自由度的附加阻尼矩阵和附加刚度矩阵；$\boldsymbol{M}_b$、$\boldsymbol{C}_b$、$\boldsymbol{K}_b$ 为对应移动刚体自由度的质量矩阵、阻尼矩阵和刚度矩阵；$\boldsymbol{C}_{bc}$、$\boldsymbol{C}_{cb}$、$\boldsymbol{K}_{bc}$、$\boldsymbol{K}_{cb}$ 为耦合的阻尼矩阵和刚度矩阵分量。由于两个弹性支撑不一定作用在同一个支撑梁单元上，需要对两个弹性支撑引起的附加矩阵 $\boldsymbol{C}_{cf}$、$\boldsymbol{K}_{cf}$ 和 $\boldsymbol{C}_{bc}$、$\boldsymbol{C}_{cb}$、$\boldsymbol{K}_{bc}$、$\boldsymbol{K}_{cb}$ 分别计算，得到每个弹性支撑对应的系数矩阵后再叠加。

对应移动刚体自由度的质量矩阵、阻尼矩阵和刚度矩阵为

$$
\boldsymbol{M}_b=\begin{bmatrix}M & 0\\ 0 & J\end{bmatrix} \tag{5.13}
$$

$$
\boldsymbol{C}_b=\begin{bmatrix}c_1 & c_1\left(s_{b1}-l_c\right)\\ c_1\left(s_{b1}-l_c\right) & c_1\left(s_{b1}-l_c\right)^2\end{bmatrix}+\begin{bmatrix}c_2 & c_2\left(s_{b2}-l_c\right)\\ c_2\left(s_{b2}-l_c\right) & c_2\left(s_{b2}-l_c\right)^2\end{bmatrix} \tag{5.14}
$$

$$
\boldsymbol{K}_{bi}=\begin{bmatrix}k_i & k_i\left(s_{bi}-l_c\right)+c_iv_{bi}\\ k_i\left(s_{bi}(t)-l_c\right) & k_i\left(s_{bi}-l_c\right)^2+c_iv_{bi}\left(s_{bi}-l_c\right)\end{bmatrix} \tag{5.15}
$$

$$\boldsymbol{K}_b = \boldsymbol{K}_{bi} + \boldsymbol{K}_{bj} \tag{5.16}$$

其他附加系数矩阵为

$$\boldsymbol{C}_{cfi}^{e} = c_i \boldsymbol{N}_i^{\mathrm{T}} \boldsymbol{N}_i \tag{5.17}$$

$$\boldsymbol{K}_{cfi}^{e} = k_1 \boldsymbol{N}_i^{\mathrm{T}} \boldsymbol{N}_i + c_i v_{ci} \boldsymbol{N}_i^{\mathrm{T}} \frac{\mathrm{d}\boldsymbol{N}_i}{\mathrm{d}x} \tag{5.18}$$

$$\boldsymbol{C}_{cbi}^{e} = \begin{bmatrix} -c_i \boldsymbol{N}_i^{\mathrm{T}} & -c_i \left(s_{bi} - l_c\right) \boldsymbol{N}_i^{\mathrm{T}} \end{bmatrix} \tag{5.19}$$

$$\boldsymbol{K}_{cbi}^{e} = \begin{bmatrix} -k_i \boldsymbol{N}_i^{\mathrm{T}} & -\left(k_i \left(s_{bi} - l_c\right) + c_i v_{bi}\right) \boldsymbol{N}_i^{\mathrm{T}} \end{bmatrix} \tag{5.20}$$

$$\boldsymbol{C}_{bci}^{e} = \begin{bmatrix} -c_i \boldsymbol{N}_i \\ -c_i \left(s_{bi} - l_c\right) \boldsymbol{N}_i \end{bmatrix} \tag{5.21}$$

$$\boldsymbol{K}_{bci}^{e} = \begin{bmatrix} -k_i \boldsymbol{N}_i - c_i v_{ci} \dfrac{\mathrm{d}\boldsymbol{N}_i}{\mathrm{d}x} \\ -k_i \left(s_{bi} - l_c\right) \boldsymbol{N}_i - c_i \left(s_{bi} - l_c\right) v_{ci} \dfrac{\mathrm{d}\boldsymbol{N}_i}{\mathrm{d}x} \end{bmatrix} \tag{5.22}$$

没有与弹性支撑直接作用的支撑梁单元，其对应的附加系数矩阵为零矩阵，组合附加系数矩阵后再叠加，得到支撑梁对应的整体附加系数矩阵：

$$\boldsymbol{C}_{cf} = \boldsymbol{C}_{cfi} + \boldsymbol{C}_{cfj} \tag{5.23}$$

$$\boldsymbol{K}_{cf} = \boldsymbol{K}_{cfi} + \boldsymbol{K}_{cfj} \tag{5.24}$$

$$\boldsymbol{C}_{bc} = \boldsymbol{C}_{bci} + \boldsymbol{C}_{bcj} \tag{5.25}$$

$$\boldsymbol{K}_{bc} = \boldsymbol{K}_{bci} + \boldsymbol{K}_{bcj} \tag{5.26}$$

$$\boldsymbol{C}_{cb} = \boldsymbol{C}_{cbi} + \boldsymbol{C}_{cbj} \tag{5.27}$$

$$\boldsymbol{K}_{cb} = \boldsymbol{K}_{cbi} + \boldsymbol{K}_{cbj} \tag{5.28}$$

计算式(5.5)中的载荷向量时，要分别计算移动刚体和支撑梁的重力，支撑梁单元载荷向量为

$$\boldsymbol{F}_{cg}^{e} = \int_0^l \boldsymbol{N}^{\mathrm{T}} \rho A_c g \mathrm{d}x \tag{5.29}$$

组合支撑梁单元载荷向量，得到支撑梁的载荷向量 $\bar{\boldsymbol{F}}_c$。

对应移动刚体自由度的载荷向量为

$$\boldsymbol{F}_{bg} = \begin{bmatrix} Mg \\ 0 \end{bmatrix} \tag{5.30}$$

求解方程组(5.12)，得到移动刚体的自由度向量，再根据式(5.4)求出移动刚体质心处竖向位移和转角的响应，通过运动学关系得到移动刚体上任意一点的位移变

化规律。

5.2　移动梁沿支撑梁大位移运动的时变力学模型

上节中建立的移动刚体模型不计炮身的弹性变形，本节利用变截面弯曲梁模拟炮身，建立一种冲击载荷作用下沿支撑梁轴向变速运动的时变力学模型，用于分析炮身与摇架耦合运动的时变力学问题。

5.2.1　轴向变速运动弯曲梁的移动梁单元

4.4 节基于绝对坐标系建立了轴向变速运动弯曲梁动力学控制方程、动力刚度矩阵和有限元方程，对无限长度弯曲梁的动力学问题建模比较方便，但炮身这类有限长度弯曲梁其前后衬瓦对炮身的支撑位置随时间不断变化，由于每一个时间步中弯曲梁的边界都在变化，需要及时地更新网格，因此不便采用绝对坐标系下的模型计算炮身大位移后坐系统的动态响应。本节建立与移动梁固连的局部坐标系，在该坐标系下建立随着弯曲梁运动的移动梁单元。

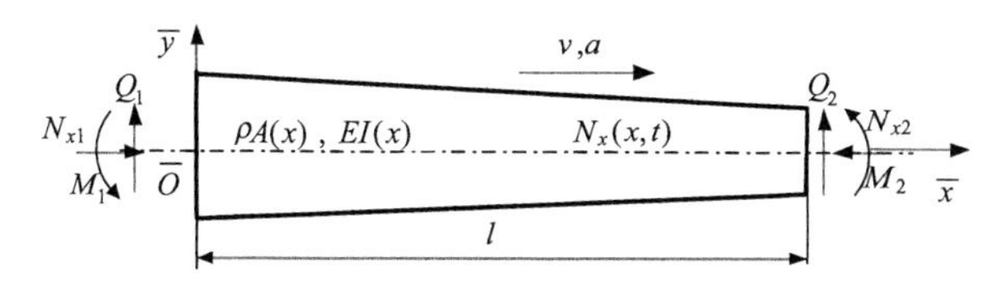

图 5.4　局部坐标系下轴向变速运动弯曲梁

与炮身固连的局部坐标系 $\bar{O}-\bar{x}\,\bar{y}$ 如图 5.4 所示。将式(4.70)绝对坐标系下轴向变速运动弯曲梁的公式，转换为局部坐标系下的形式：

$$\int_0^l\left(-\rho A_b\ddot{\bar{u}}_b\delta\bar{u}_b - EI_b\bar{u}_b''\delta\bar{u}_b''- N_x\bar{u}_b'\delta\bar{u}_b'+ f_b(\bar{x},t)\delta\bar{u}_b\right)\mathrm{d}\bar{x}$$
$$+ M_1\delta\bar{\theta}_b(0,t) + M_2\delta\bar{\theta}_b(l,t) + Q_1\delta\bar{u}_b(0,t) + Q_2\delta\bar{u}_b(l,t) = 0 \qquad (5.31)$$

其中，ρA_b 表示移动梁的单位长度质量；EI_b 表示移动梁的弯曲刚度；$\bar{u}_b(\bar{x},t)$ 表示局部坐标系下坐标 $\bar{x}$ 处在 t 时刻的竖向位移；$f_b(\bar{x},t)$ 表示在 t 时刻作用在移动梁上坐标 $\bar{x}$ 处的竖向载荷；$N_x(\bar{x},t)$ 表示在 t 时刻作用在移动梁上坐标 $\bar{x}$ 处的轴向载荷。

结合分部积分公式得到

$$\int_0^l \left[-\rho A_b \ddot{\overline{u}}_b - EI_b \overline{u}_b'''' + N_x \overline{u}_b'' + N_x' \overline{u}_b' + f_b(\overline{x},t)\right]\delta\overline{u}_b \mathrm{d}\overline{x}$$
$$+ EI_b \overline{u}_b''' \delta u_b\Big|_0^l - EI_b \overline{u}_b'' \delta u_b'\Big|_0^l - N_x \overline{u}_b' \delta u_b\Big|_0^l$$
$$+ M_1 \delta\overline{\theta}_b(0,t) + M_2 \delta\overline{\theta}_b(l,t) + Q_1 \delta\overline{u}_b(0,t) + Q_2 \delta\overline{u}_b(l,t) = 0 \tag{5.32}$$

代入轴向力平衡条件：$\dfrac{\partial N_x}{\partial \overline{x}} = -\rho A_b a$，得到局部坐标系下轴向变速运动弯曲梁的控制微分方程为

$$\rho A_b \frac{\partial^2 \overline{u}_b(\overline{x},t)}{\partial t^2} - N_x \frac{\partial^2 \overline{u}_b(\overline{x},t)}{\partial \overline{x}^2} + \rho A_b a \frac{\partial \overline{u}_b(\overline{x},t)}{\partial \overline{x}} + \frac{\partial^2}{\partial \overline{x}^2}\left[EI_b \frac{\partial^2 \overline{u}_b(\overline{x},t)}{\partial \overline{x}^2}\right] = f_b(\overline{x},t) \tag{5.33}$$

伴随的边界条件为

$$\begin{aligned} &Q_1 = \left(EI_b \overline{u}_b''' - N_x \overline{u}_b'\right)\Big|_{\overline{x}=0}, \quad Q_2 = -\left(EI_b \overline{u}_b''' - N_x \overline{u}_b'\right)\Big|_{\overline{x}=l} \\ &M_1 = -EI_b \overline{u}_b''\Big|_{\overline{x}=0}, \quad M_2 = EI_b \overline{u}_b''\Big|_{\overline{x}=l} \end{aligned} \tag{5.34}$$

采用 Hermite 形函数对移动梁单元插值：

$$\overline{\boldsymbol{u}}_b = \begin{bmatrix} N_1 & N_2 & N_3 & N_4 \end{bmatrix} \boldsymbol{w}_b \tag{5.35}$$

其中，$N_1 = 1 - 3\xi^2 + 2\xi^3$；$N_2 = \left(\xi - 2\xi^2 + \xi^3\right)l$；$N_3 = 3\xi^2 - 2\xi^3$；$N_4 = \left(-\xi^2 + \xi^3\right)l$；$\xi = \overline{x}/l$，$l$ 是移动梁单元的长度。移动梁单元自由度向量 $\boldsymbol{w}_b^e = \begin{bmatrix} \overline{u}_{b1} & \overline{\theta}_{b1} & \overline{u}_{b2} & \overline{\theta}_{b2} \end{bmatrix}^{\mathrm{T}}$。

考虑式(5.31)中后四项均为单元边界条件，在连续体中表现为内力，推导有限元方程时可以不计内力，代入式(5.33)得到

$$\int_0^l \delta \boldsymbol{w}_b^{\mathrm{T}} \left(-\rho A_b \boldsymbol{N}^{\mathrm{T}} \boldsymbol{N} \ddot{\boldsymbol{w}}_b - EI_b \frac{\mathrm{d}^2 \boldsymbol{N}^{\mathrm{T}}}{\mathrm{d}x^2} \frac{\mathrm{d}^2 \boldsymbol{N}}{\mathrm{d}x^2} \boldsymbol{w}_b - N_x \frac{\mathrm{d}\boldsymbol{N}^{\mathrm{T}}}{\mathrm{d}x} \frac{\mathrm{d}\boldsymbol{N}}{\mathrm{d}x} \boldsymbol{w}_b + f_b(x,t) \boldsymbol{N}^{\mathrm{T}}\right) \mathrm{d}\overline{x} = 0 \tag{5.36}$$

局部坐标系下轴向变速运动弯曲梁的有限元方程为

$$\boldsymbol{M} \ddot{\boldsymbol{w}}_b + \boldsymbol{C} \dot{\boldsymbol{w}}_b + \left(\boldsymbol{K}_{EI} + \boldsymbol{K}_N\right) \ddot{\boldsymbol{w}}_b = \boldsymbol{F}_b \tag{5.37}$$

其中

$$\boldsymbol{M}^e = \int_0^l \rho A_b \boldsymbol{N}^{\mathrm{T}} \boldsymbol{N} \mathrm{d}\overline{x}$$

$$\boldsymbol{C}^e = \boldsymbol{0}$$

$$\boldsymbol{K}_{EI}^e = \int_0^l EI_b \frac{\mathrm{d}^2 \boldsymbol{N}^{\mathrm{T}}}{\mathrm{d}x^2} \frac{\mathrm{d}^2 \boldsymbol{N}}{\mathrm{d}x^2} \mathrm{d}\overline{x}$$

$$\boldsymbol{K}_N^e=\int_0^l N_x \frac{\mathrm{d}\boldsymbol{N}^{\mathrm{T}}}{\mathrm{d}x}\frac{\mathrm{d}\boldsymbol{N}}{\mathrm{d}x}\mathrm{d}\overline{x}$$

$$\boldsymbol{F}_b^e=\int_0^l f_b(x,t)\boldsymbol{N}^{\mathrm{T}}\mathrm{d}\overline{x}$$

式(5.37)包含了时变因素，即梁轴向力产生的刚度矩阵。

5.2.2　移动梁作用下支撑梁的时变力学模型

如图 5.5 所示，移动梁和支撑梁受到的外载荷主要由弹簧阻尼作用力和自重构成：

$$f_c(x,t)=f_{c1}(x,t)+f_{c2}(x,t)+\rho A_c g \tag{5.38}$$

$$f_b(\overline{x},t)=f_{b1}(\overline{x},t)+f_{b2}(\overline{x},t)+\rho A_b g \tag{5.39}$$

其中，弹性支撑作用力为

$$f_{ci}(x,t)=\delta(x-s_{ci})\left\{k_i(u_{bi}-u_{ci})+c_i\left[\dot{u}_{bi}+v_{bi}u_{bi}'-\left(\dot{u}_{ci}+v_{ci}u_{ci}'\right)\right]\right\} \tag{5.40}$$

$$f_{bi}(\overline{x},t)=-\delta(\overline{x}-s_{bi})\left\{k_i(u_{bi}-u_{ci})+c_i\left[\dot{u}_{bi}+v_{bi}u_{bi}'-\left(\dot{u}_{ci}+v_{ci}u_{ci}'\right)\right]\right\} \tag{5.41}$$

其中，u_{b1}、u_{b2} 分别为移动梁上弹性支撑处的竖向位移，s_{b1}、s_{b2} 分别为弹性支撑相对移动梁的位置，v_{b1}、v_{b2} 分别为弹性支撑相对移动梁的速度。

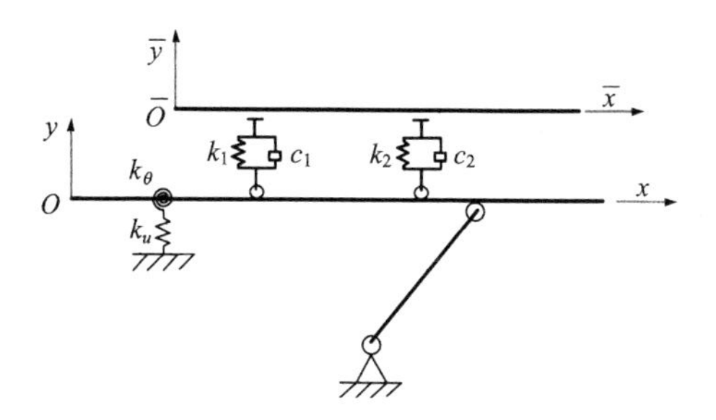

图 5.5　移动梁作用下支撑梁时变力学模型

采用 Hermite 形函数，按照虚功等效原理得到支撑梁和移动梁的载荷向量为

$$\boldsymbol{F}_c=\boldsymbol{F}_{c1}+\boldsymbol{F}_{c2}+\boldsymbol{F}_{cg} \tag{5.42a}$$

$$\boldsymbol{F}_b=\boldsymbol{F}_{b1}+\boldsymbol{F}_{b2}+\boldsymbol{F}_{bg} \tag{5.42b}$$

其中，支撑梁和移动梁自重产生的单元载荷向量为

$$\boldsymbol{F}_{cg}^e=\int_0^l \boldsymbol{N}_c^{\mathrm{T}}\rho A_c g\mathrm{d}x \tag{5.43}$$

$$\boldsymbol{F}_{bg}^e=\int_0^l \boldsymbol{N}_b^{\mathrm{T}}\rho A_b g\mathrm{d}x \tag{5.44}$$

与弹性支撑直接作用的支撑梁单元对应的支撑力载荷向量为

$$\begin{aligned}\boldsymbol{F}_{ci}^{e}=\boldsymbol{N}_c^{\mathrm{T}}\Big[k_i\left(\boldsymbol{N}_b\boldsymbol{w}_{bi}-\boldsymbol{N}_c\boldsymbol{w}_{ci}\right)\\+c_i\left(\boldsymbol{N}_b\dot{\boldsymbol{w}}_{bi}+v_{bi}\boldsymbol{N}_b{}'\boldsymbol{w}_{bi}-\boldsymbol{N}_c\dot{\boldsymbol{w}}_{ci}-v_{ci}\boldsymbol{N}_c{}'\boldsymbol{w}_{ci}\right)\Big]\end{aligned}\tag{5.45}$$

与弹性支撑直接作用的移动梁单元对应的支撑力载荷向量为

$$\begin{aligned}\boldsymbol{F}_{bi}^{e}=-\boldsymbol{N}_b{}^{\mathrm{T}}\Big[k_i\left(\boldsymbol{N}_b\boldsymbol{w}_{bi}-\boldsymbol{N}_c\boldsymbol{w}_{ci}\right)\\+c_i\left(v_{bi}\boldsymbol{N}_b{}'\boldsymbol{w}_{bi}+\boldsymbol{N}_b\dot{\boldsymbol{w}}_{bi}-v_{ci}\boldsymbol{N}_c{}'\boldsymbol{w}_{ci}-\boldsymbol{N}_c\dot{\boldsymbol{w}}_{ci}\right)\Big]\end{aligned}\tag{5.46}$$

支撑梁上有 n 个单元，移动梁上有 m 个单元。支撑梁上单元节点自由度向量为

$$\boldsymbol{w}_c=\left[u_1,\theta_1,u_2,\theta_2,\cdots,\ u_n,\theta_n\right]^{\mathrm{T}}\tag{5.47}$$

移动梁上单元结点自由度向量为

$$\boldsymbol{w}_b=\left[\bar{u}_{n+1},\bar{\theta}_{n+1},\bar{u}_{n+2},\bar{\theta}_{n+2},\cdots,\ \bar{u}_{n+m},\bar{\theta}_{n+m}\right]^{\mathrm{T}}\tag{5.48}$$

系统整体自由度向量为

$$\boldsymbol{w}=\left[\boldsymbol{w}_c{}^{\mathrm{T}},\boldsymbol{w}_b{}^{\mathrm{T}}\right]^{\mathrm{T}}\tag{5.49}$$

将式(5.42a)、式(5.42b)中关于系统自由度的载荷项作为阻尼或者刚度矩阵的附加形式处理，得到系统整体的动力学微分方程组，利用“对号入座”的方法组装成矩阵形式为

$$\begin{bmatrix}\boldsymbol{M}_c & \\ & \boldsymbol{M}_b\end{bmatrix}\begin{bmatrix}\ddot{\boldsymbol{w}}_c\\ \ddot{\boldsymbol{w}}_b\end{bmatrix}+\begin{bmatrix}\boldsymbol{C}_c+\boldsymbol{C}_{cf} & \boldsymbol{C}_{cb}\\ \boldsymbol{C}_{bc} & \boldsymbol{C}_b+\boldsymbol{C}_{bf}\end{bmatrix}\begin{bmatrix}\dot{\boldsymbol{w}}_c\\ \dot{\boldsymbol{w}}_b\end{bmatrix}+\begin{bmatrix}\boldsymbol{K}_c+\boldsymbol{K}_{cf} & \boldsymbol{K}_{cb}\\ \boldsymbol{K}_{bc} & \boldsymbol{K}_b+\boldsymbol{K}_{bf}\end{bmatrix}\begin{bmatrix}\boldsymbol{w}_c\\ \boldsymbol{w}_b\end{bmatrix}=\begin{bmatrix}\boldsymbol{F}_{cg}\\ \boldsymbol{F}_{bg}\end{bmatrix}\tag{5.50}$$

其中，$\boldsymbol{M}_b$、$\boldsymbol{C}_b$、$\boldsymbol{K}_b$ 为移动梁的质量矩阵、阻尼矩阵和刚度矩阵；$\boldsymbol{C}_{bf}$、$\boldsymbol{K}_{bf}$ 为对应移动梁单元的附加阻尼矩阵和附加刚度矩阵。

所建立的 2 个表征炮身模拟后坐系统二维时变力学模型对比如表 5.1 所示.

表 5.1 移动刚体模型与移动弯曲梁模型对比

类别	炮身模型	时变因素
移动刚体-支撑梁模型	移动刚体	炮身后坐位移随时间变化
移动梁-支撑梁模型	移动梁	炮身后坐位移、后坐速度、后坐加速度及轴向载荷随时间变化

由表 5.1 可知，移动刚体-支撑梁模型中不计炮身的弹性变形，时变因素仅考虑炮身相对摇架的后坐位移；移动梁-支撑梁模型考虑炮身的弹性变形，考虑的时

变因素包括炮身后坐位移、后坐速度、后坐加速度以及轴向载荷等。

5.3　半密闭爆发器模拟载荷建模

炮身模拟后坐系统的模拟冲击载荷由半密闭爆发器的燃气压力产生，因此需要建立模拟冲击载荷的数学模型，为炮身模拟后坐系统的时变力学分析提供外部载荷函数。

5.3.1　半密闭爆发器结构分析

炮身模拟后坐系统主要由带活塞连杆的半密闭爆发器、液压缓冲装置和被试炮等组成，其结构组成如图 5.6 所示。

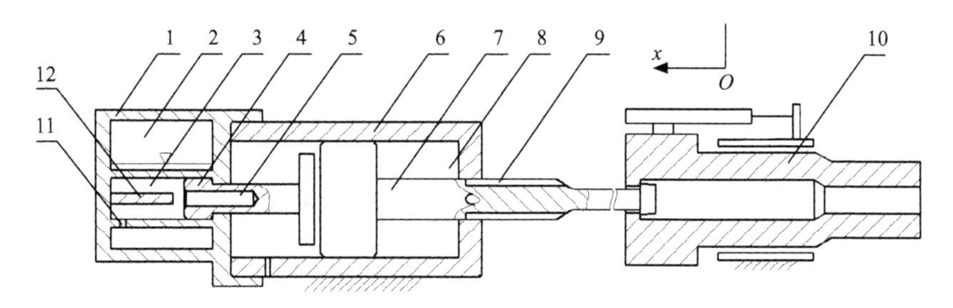

1-缓冲缸；2，3-缓冲缸外、内腔；4-缓冲塞杆；5-缓冲塞杆内腔；6-半密闭爆发器本体；7-活塞连杆；8-药室；9-排气泄压槽；10-被试炮；11-节流孔；12-节制杆

图 5.6　炮身模拟后坐系统组成示意图

半密闭爆发器为模拟后坐的动力装置，活塞连杆可带动被试炮后坐部分一起运动，含节流孔和节制杆结构的液压缓冲装置能缓冲加载结束后活塞连杆的运动。当活塞连杆向后运动一定距离后，活塞连杆的活塞后端面与缓冲活塞杆的活塞前端面碰撞，活塞连杆由于突然受到向前的制动力，从而相对炮闩向前运动，而火炮后坐部分继续做向后的后坐运动，完成解脱。

5.3.2　模拟后坐时的载荷建模

由图 5.6 可知，炮身受到的轴向载荷主要包括：半密闭爆发器火药气体作用力(经活塞连杆传递给炮身)、反后坐装置产生的制退机力和复进机、摇架导轨和密封装置的摩擦力作用。

半密闭爆发器火药气体作用力为

$$P_{pt} = Sp \tag{5.51}$$

其中，S 为半密闭爆发器火药气体工作横断面面积；p 为火药气体压力，可由内弹道方程的数值求解获得。

半密闭爆发器中火药燃气的变容状态方程为

$$Sp\left(l_\psi + l_1\right) = \omega\psi RT \tag{5.52}$$

其中，l_1为活塞连杆行程，l_ψ为药室自由容积缩径长，由下式计算：

$$l_\psi = \frac{W_0}{S}\left[1 - \frac{\omega}{W_0\delta} - \frac{\omega}{W_0}\left(\alpha - \frac{1}{\delta}\right)\psi\right] \tag{5.53}$$

其中，W_0为药室容积；ω 为火药装药量；δ 为火药密度；α 为余容；ψ 为火药燃烧相对百分数。

半密闭爆发器火药燃烧不断产生高温燃气，在一定空间中燃气量的增加必然导致压力的升高，在压力作用下推动活塞连杆加速运动，活塞后部空间不断增加，高温燃气膨胀做功，燃气的部分内能也相应地转化为活塞连杆的动能以及其他形式的次要能量。能量守恒方程为

$$\omega\psi RT = \omega\psi RT_1 + f_b\omega_b - \frac{1}{2}\varphi(k-1)\left(Mv_1^2 + 2W\right) \tag{5.54}$$

其中，W 为后坐阻力功；$RT_1=f$ 为火药力；k 为火药的比热比；ω_b 和 f_b 分别为点火药的装药量和火药力；φ 为次要功计算系数；M 和 v 分别为后坐部分的质量和后坐速度；v_1 为活塞连杆速度，计算公式如下：

$$v_1 = \begin{cases} v & l \leqslant L \\ 0 & l > L \end{cases} \tag{5.55}$$

其中，l 和 v 分别为炮身后坐位移和速度，L 为炮身与活塞连杆解脱距离。

综合式(5.52)和式(5.54)得

$$p = \frac{f\omega\psi + f_b\omega_b - \frac{1}{2}\varphi(k-1)\left(Mv_1^2 + 2W\right)}{S\left(l_\psi + l_1\right)} \tag{5.56}$$

ψ 由下式计算：

$$\psi = \begin{cases} \chi Z\left(1 + \lambda Z + \mu Z^2\right) & 0 \leqslant Z \leqslant 1 \\ \chi_s Z\left(1 + \lambda_s Z\right) & 1 < Z \leqslant Z_k \\ 1 & Z > Z_k \end{cases} \tag{5.57}$$

其中，$Z=(e_1-e)/e_1$ 为火药已燃相对厚度。$2e_1$ 为火药弧厚，$2e$ 为燃烧时刻的火药弧厚；χ、λ、μ 为火药形状特征量，与火药的几何形状有关。

对简单形状火药，其形状特征量为

$$\chi = 1 + \alpha + \beta \tag{5.58}$$

$$\lambda = -\frac{\alpha + \beta + \alpha\beta}{1 + \alpha + \beta} \tag{5.59}$$

$$\mu = \frac{\alpha\beta}{1 + \alpha + \beta} \tag{5.60}$$

其中，$\alpha = e_1 / b, \beta = e_1 / c$，$2b$、$2c$ 分别为火药宽度、长度。

对多孔火药而言，其燃烧分为主体燃烧和碎粒燃烧两个阶段。

主体燃烧阶段（$0 \leqslant Z \leqslant 1$）的火药形状特征量为

$$\chi = \frac{Q_1 + 2\Pi_1}{Q_1}\beta \tag{5.61}$$

$$\lambda = \frac{(n-1) - 2\Pi_1}{Q_1 + 2\Pi_1}\beta \tag{5.62}$$

$$\mu = -\frac{(n-1)}{Q_1 + 2\Pi_1}\beta^2 \tag{5.63}$$

其中

$$\Pi_1 = \frac{Ab + Bd_0}{2c} \tag{5.64}$$

$$Q_1 = \frac{Ca^2 + Ab^2 - Bd_0^2}{(2c)^2} \tag{5.65}$$

其中，d_0 为火药孔内径；n 为孔数，A、B、C、a、b 为随火药形状变化的系数。

碎粒燃烧阶段（$1 < Z \leqslant Z_k$）的火药形状特征量为

$$\chi_s = \frac{1 - \psi_s Z_k^2}{Z_k - Z_k^2} \tag{5.66}$$

$$\lambda_s = \frac{\psi_s}{\chi_s} - 1 \tag{5.67}$$

其中

$$\psi_s = \chi_s(1 + \lambda_s) \tag{5.68}$$

$$Z_k = \frac{e_1 + \rho}{e_1} \tag{5.69}$$

$$\rho = D_1\left(\frac{d_0}{2} + e_1\right) \tag{5.70}$$

$$D_1 = \begin{cases} 0.2956, & \text{圆柱形} \\ 0.1547, & \text{花边形} \end{cases} \tag{5.71}$$

火药燃烧速度函数为

$$\frac{\mathrm{d}e}{\mathrm{d}t}=\begin{cases}u_1 p^n & p>300\mathrm{MPa}\\ u_0+u_1 p^n & 5\mathrm{MPa}\leqslant p\leqslant 300\mathrm{MPa}\\ a+bp^n & p<5\mathrm{MPa}\end{cases} \tag{5.72}$$

其中，n 是压力指数；u_1 是燃速系数。

制退机力为

$$F_{\Phi h}=\left[\frac{K_1\rho}{2}\frac{\left(A_0-A_{fj}\right)\left(A_0-A_x\right)^2}{a_x^2}-\frac{\rho}{2}A_0+\frac{K_2\rho}{2}\frac{A_{fj}^3}{A_1^2}\right]v^2 \tag{5.73}$$

其中，K_1、K_2 分别为主流液压阻力系数和支流液压阻力系数；ρ 为液体密度；A_0 为制退机活塞工作面积；A_{fj} 为复进节制器工作面积；a_x 为流液孔面积；A_1 为支流最小截面积；A_x 为节制杆面积。

复进机力为

$$F_f=F_{f0}\left(\frac{V_0}{V_0-A_f l}\right)^{n_f} \tag{5.74}$$

其中，V_0 为气体初体积；A_f 为复进机活塞工作面积；F_{f0} 为复进机初力；n_f 为多方指数。

为便于分析，炮身上的作用力分为两部分，一是火药气体作用力，其余部分记为后坐阻力。考虑到炮身模拟后坐系统射角为 0°，因此后坐阻力为

$$F_R=F_{\Phi h}+F_f+F+F_T \tag{5.75}$$

其中，F 为密封装置摩擦力；F_T 为摇架衬瓦对炮身的摩擦力。

假定解脱装置能瞬间制动活塞连杆，炮身模拟后坐动力学模型为

$$\frac{\mathrm{d}v}{\mathrm{d}t}=\begin{cases}\begin{cases}0,\left(P_{pt}<F_R,Z<Z_k\right)\\ \dfrac{P_{pt}-F_R}{M}\end{cases},l\leqslant L\\ -\dfrac{F_R}{m_h},l>L\end{cases} \tag{5.76}$$

$$\frac{\mathrm{d}l}{\mathrm{d}t}=v,\quad \frac{\mathrm{d}l_1}{\mathrm{d}t}=v_1 \tag{5.77}$$

$$\frac{\mathrm{d}W}{\mathrm{d}t}=F_R v_1 \tag{5.78}$$

其中，m_h 为火炮后坐部分质量，M 为活塞连杆解脱前所有参加后坐的零部件质量。

利用所建立的微分方程(5.72)、方程(5.76)～方程(5.78)，以及补充方程，通过数值求解，可以获得炮身模拟后坐的后坐位移、速度、加速度等运动规律，以及火药气体作用力、制退机力、复进机力等随时间变化的轴向载荷规律，为炮身

模拟后坐运动系统的时变力学数值计算提供输入数据。

5.4　数值计算及分析

为了验证炮身模拟后坐系统时变力学模型的正确性，将所建时变力学模型用于具有相似拓扑结构的车辆-桥梁耦合系统振动响应数值计算，进行了对比分析，在此基础上以某火炮模拟后坐系统为研究对象，分别利用 2 种时变力学模型进行了数值计算和结果分析。

5.4.1　标准算例及对比分析

车辆-桥梁耦合系统与炮身模拟后坐系统具有相似的拓扑结构，选择文献[4]报道的车辆-桥梁耦合系统时变力学问题为标准算例。该文献将桥梁处理为等截面简支梁，相关参数为：L_c=30m，EI_c=8.476×10^{10}N·m^2，ρA_c=12000kg/m，将其划分为 20 个等长度的梁单元。车辆简化为刚体，车辆长 L_b=17.5m，以速度 v=27.78m/s 匀速通过桥梁，M=1.8×10^{5}kg，J=4.6×10^{6}kg·m^2。

利用前述移动刚体-支撑梁时变力学模型、移动梁-支撑梁时变力学模型分别进行车辆-桥梁耦合系统的振动响应计算，移动刚体模型的参数设置与文献[4]一致。移动梁模型的桥梁用等截面简支梁模拟，设置参数与文献[4]一致；将车辆简化为轴向移动梁，设置参数：EI_b=6.486×10^{10}N·m^2，ρA_b=10300kg/m，将其划分为 20 个等长度轴向移动梁单元。两种模型数值计算得到的桥梁跨中位置挠度响应曲线对比如图 5.7 所示。表 5.2 为文献[4]计算的桥梁跨中振动挠度幅值与移动刚体模型、移动梁模型计算结果的对比。

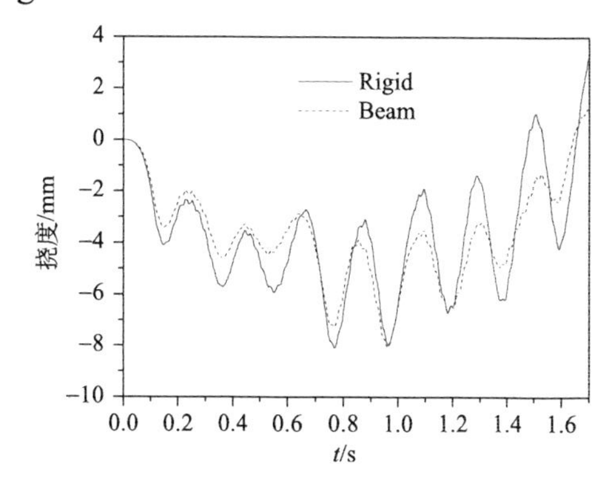

图 5.7　桥梁跨中挠度响应对比

表 5.2　桥梁跨中挠度幅值对比

类别	第四个波谷		第四个波峰	
	挠度幅值/mm	相对误差/%	挠度幅值/mm	相对误差/%
移动刚体模型	7.105	−1.5	3.881	−2.6
移动梁模型	8.102	12.3	3.114	−21.9
文献[4]结果	7.213	—	3.986	—

由图 5.7 中和表 5.2 可知：

(1) 两种模型计算的桥梁跨中挠度响应计算曲线与文献[4]的结果相比，在规律变化趋势方面基本一致，但波峰波谷有一定的差别。

(2) 移动刚体模型计算结果与文献[4]结果较为接近，波谷波峰幅值相对误差在 3%以内，这主要是因为文献[4]中建立的车辆-桥梁耦合系统时变力学数值计算采用了系统的移动刚体模型。

(3) 移动梁模型计算结果与文献[4]结果在幅值上的相对误差超过 10%，其主要原因是与移动刚体模型相比，移动梁模型考虑的时变因素更多，包括车辆弹性变形、车辆运动速度产生的时变效应等。

5.4.2 某火炮炮身模拟后坐系统时变力学数值计算及分析

以某火炮炮身模拟后坐实验系统为研究对象，分别利用移动刚体-支撑梁时变力学模型和移动梁-支撑梁时变力学模型，对炮身模拟后坐系统的时变力学特性进行了数值计算，图 5.8～图 5.11 为炮口中心振动响应的比较曲线，图 5.12～5.16 分别为摇架前端位置振动响应比较曲线。图中 Rigid 和 Beam 分别为移动刚体模型和移动梁模型的计算结果。

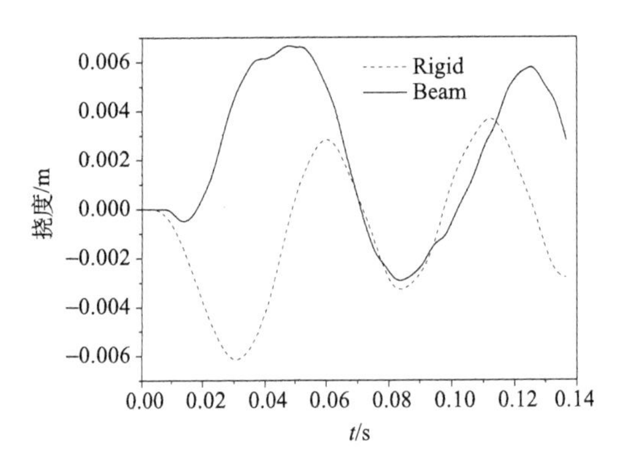

图 5.8 炮口中心垂直位移

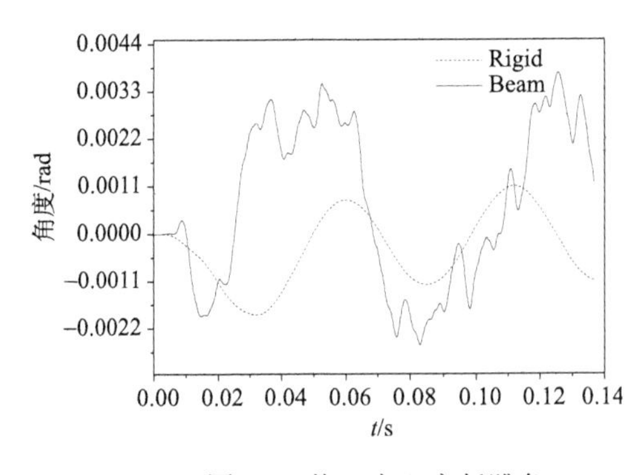

图 5.9 炮口中心高低跳角

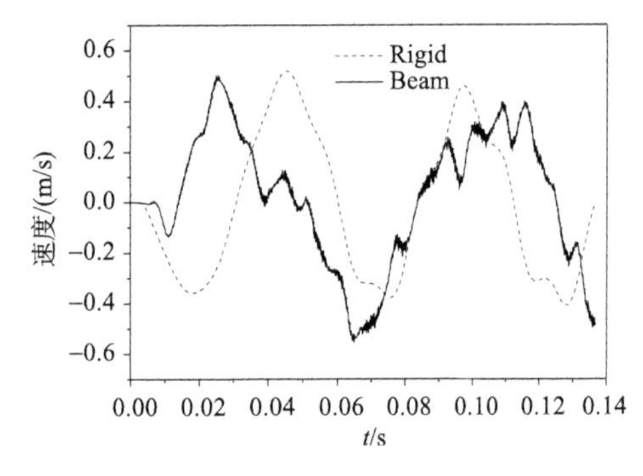

图 5.10 炮口中心垂直速度

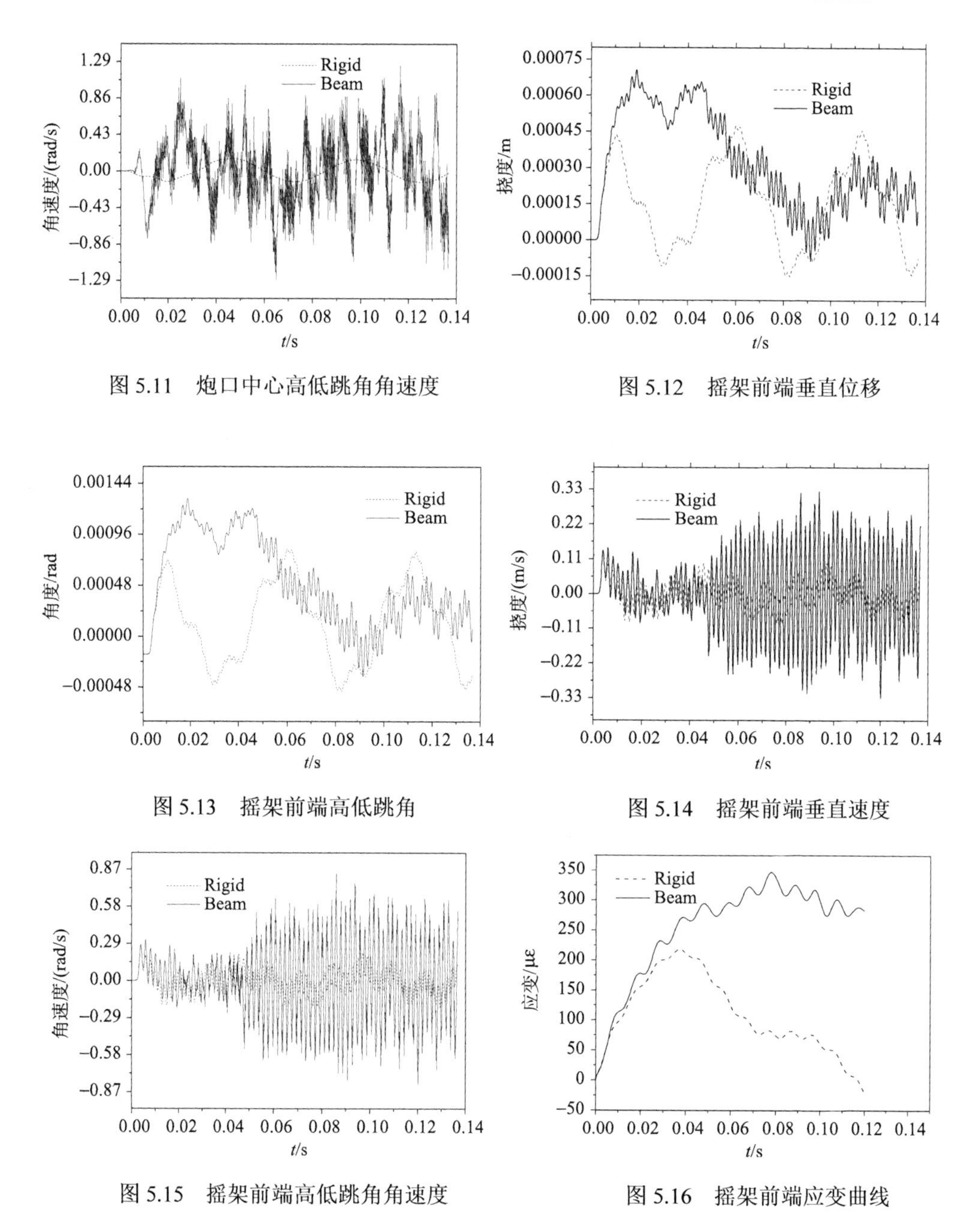

图 5.11　炮口中心高低跳角角速度

图 5.12　摇架前端垂直位移

图 5.13　摇架前端高低跳角

图 5.14　摇架前端垂直速度

图 5.15　摇架前端高低跳角角速度

图 5.16　摇架前端应变曲线

炮口中心及摇架前端位置处垂直位移、跳角的幅值如表 5.3 所示，1000Hz 内幅频响应曲线的主要频率成分比较如表 5.4 所示。

表 5.3 炮口中心和摇架前端振动响应幅值比较

名称	移动刚体模型	移动梁模型
炮口中心垂直位移/mm	3.672	6.660
炮口中心高低跳角/rad	0.001102	0.003736
炮口中心垂直速度/(m/s)	0.5201	0.5030
炮口中心高低跳角角速度/(rad/s)	0.1439	1.247
摇架前端垂直位移/mm	0.4760	0.7070
摇架前端高低跳角/rad	0.000995	0.001468
摇架前端垂直速度/(m/s)	0.1351	0.3428
摇架前端高低跳角角速度/(rad/s)	0.2771	0.8350
摇架前端应变/με	218.042	346.613

表 5.4 各幅频曲线 1000Hz 内主要频率

名称	1000Hz 内主要频率/Hz	
	移动刚体模型	移动梁模型
炮口中心垂直位移	18.311	12.207
炮口中心高低跳角	18.311	12.207，30.518，73.242，122.07
炮口中心垂直速度	6.103，18.311，79.346	12.207，30.518，128.17
炮口中心高低跳角速度	6.103，18.311	12.207，30.518，73.232，122.07，199.21，274.66，402.83，573.73，762.94
摇架前端垂直位移	18.311，73.242	30.518，67.139，122.07，512.70
摇架前端高低跳角	18.311，73.242	30.518，122.07，512.70
摇架前端垂直速度	18.311，79.346，506.59	12.207，30.518，122.07，274.66，402.83，494.38，512.70
摇架前端高低跳角速度	18.311，79.346，506.59	12.207，30.518，122.07，274.66，402.83，494.38，512.70
摇架前端应变	8.9722，100.769	5.6152，22.522，61.4624，71.7163，99.8535

从图 5.8～图 5.16 及表 5.3 和表 5.4 可以看出，移动刚体-支撑梁模型和移动梁-支撑梁模型计算的炮身和摇架时变力学响应规律有一定的相似性，但也存在较大的差异，主要包括：

(1) 移动梁模型计算的时变力学响应一阶频率比移动刚体模型计算的低 50%左右，且移动梁模型计算的时变力学响应的频率成分要比移动刚体模型计算的丰富得多，尤其是速度和角速度响应的频率成分更丰富。

(2) 移动梁模型计算的时变力学响应曲线基本上在移动刚体梁模型计算的响应曲线上下波动，且除炮口中心速度幅值外，移动梁模型计算的时变力学响应幅值比移动刚体模型计算的大得多。

造成计算结果存在差异的主要原因是移动梁–支撑梁模型比移动刚体–支撑梁考虑了更多的时变因素，如炮身后坐速度、加速度、轴向载荷等，这些时变因素对这类系统的时变力学响应规律贡献较大，在数值计算时不能忽略。

5.5　炮身模拟后坐实验系统及实验测试

在前述炮身模拟后坐实验系统时变力学理论分析和数值计算的基础上，设计并研制一套以半密闭爆发器为动力装置的 85mm 加农炮(简称 85J)模拟后坐实验系统，通过火药燃烧产生的冲击载荷驱动炮身作大位移后坐运动，利用压力、位移、应变等传感器对模拟后坐过程的时变力学特性进行测试，将实测结果与数值计算数据进行对比分析，验证和修正所建的时变力学模型。

5.5.1　总体方案设计

炮身模拟后坐实验系统主要包括火炮模拟后坐台架和测试系统，如图 5.17 所示。

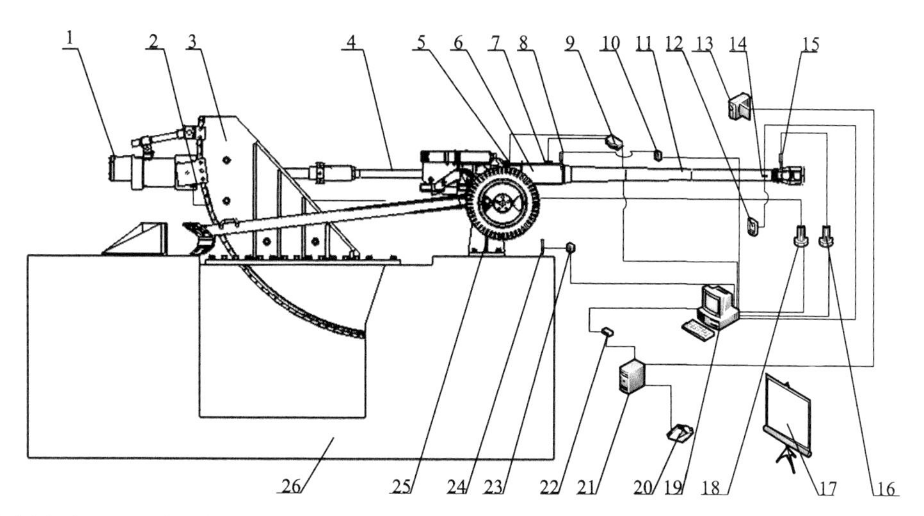

1-半密闭爆发器；2-压力传感器；3-反力架；4-连接装置；5-应变片；6-摇架；7-应变片；8-间隙传感器；9-应变仪；10-变送器组；11-炮身；12-陀螺仪电源；13-高速摄影仪；14-角速度陀螺仪；15-加速度传感器；16-电荷放大器；17-屏幕；18-电荷放大器；19-数采及数据处理系统；20-投影仪；21-图形服务器；22-网络系统；23-激光位移传感器控制器；24-激光位移传感器；25-下架连接支座；26-高冲击专用地基

图 5.17　炮身模拟后坐实验系统总体方案

火炮模拟后坐台架包括 85mm 加农炮、半密闭爆发器、连接装置、下架连接支座、反力架、高冲击专用地基等。

测试系统需要完成对半密闭爆发器内火药气体压力、火炮后坐部分运动速度和位移、炮口垂直位移及速度、炮口转角及角速度、摇架变形及应变、炮身圆柱段与摇架衬板的间隙等的测试。利用图形服务器对炮身模拟后坐时变特征进行数值计算，并可与现场测试的实验结果进行对比分析，实现理论计算与实验测试的相互印证。

在总体方案设计中，连接装置和反力架最为关键。连接装置直接决定活塞连杆解脱方式，反力架的固定方式直接影响整个模拟实验装置的布置。连接装置设计成导轨滑槽形式，在滑槽的一端制成单面约束。活塞连杆在一定的运动阶段可以通过单面约束带动火炮后坐部分运动，当活塞杆后端伸入液压缓冲杆时，由于突然受到向前的制动力，活塞连杆相对炮闩向前运动，而火炮后坐部分继续运动，完成解脱。反力架是安装半密闭爆发器的重要部件，需要承受炮身模拟后坐过程产生的冲击载荷，同时将载荷传递到高冲击专用地基上。

设计的主要技术指标如下：

(1) 火炮后坐部分在水平角度的最大后坐位移不小于 500mm，同时不能大于 85mm 加农炮后坐极限长 675mm，并且在此行程范围内能根据需要实现位移可调。

(2) 火炮最大后坐速度不小于 10m/s，最大后坐阻力约为 10t。

(3) 密闭爆发器内的最大工作压力不大于 240MPa。

(4) 当火炮后坐部分运动到一定位移，应能瞬时解脱动力装置，尽量模拟实弹射击时的火炮后坐运动过程。

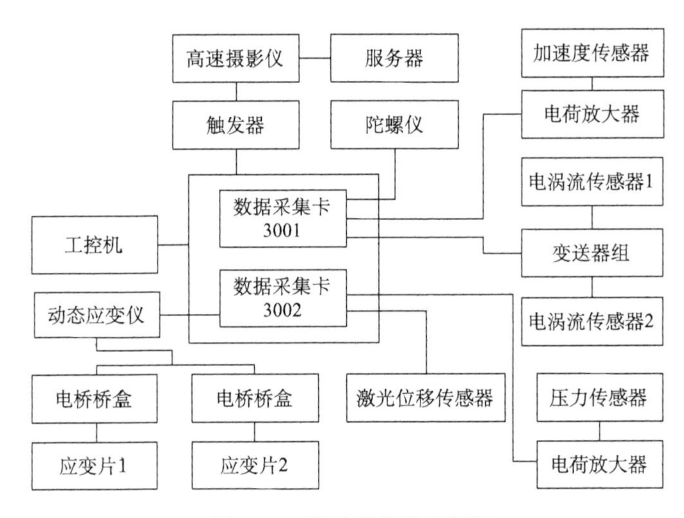

图 5.18 测试系统原理框图

5.5.2　测试系统方案设计

测试系统主要包括高速摄影仪、激光位移传感器、电涡流间隙传感器、角速度陀螺仪、动态应变仪、压力传感器、电荷放大器、变送器组、电桥、数采工控机、服务器等组成(图 5.18)。

为了实现高速摄影仪拍摄的炮口振动位移测试信号与其他传感器测试信号的时间同步，考虑了时间同步触发，触发原理如图 5.19 所示。

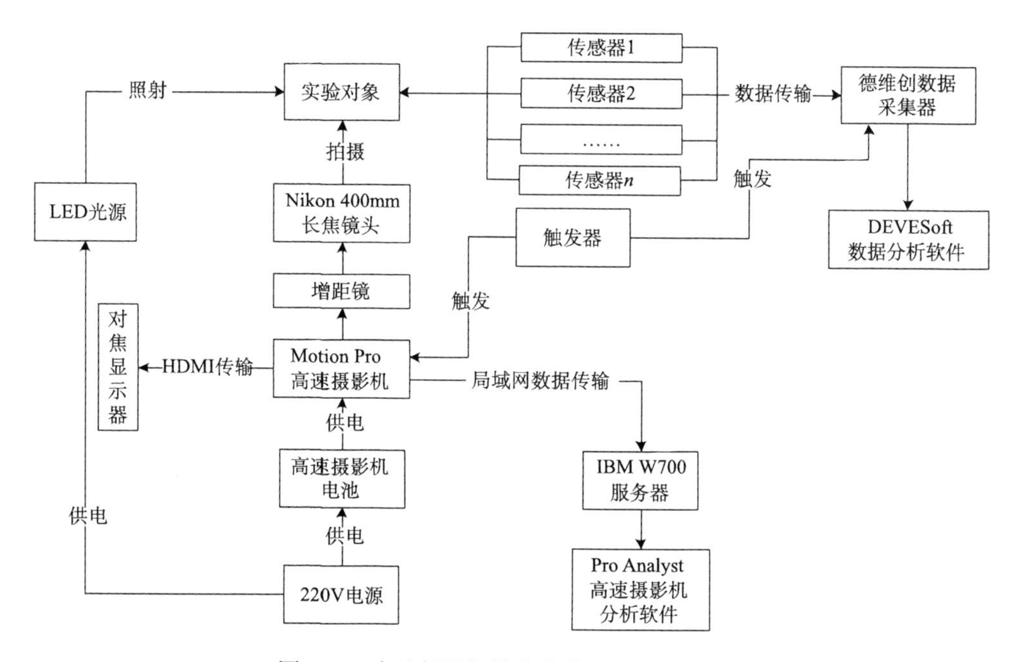

图 5.19　高速摄影与其他传感器的触发原理图

5.5.3　密闭爆发器装药方案设计

模拟实验采用的发射药参照国内现有的制式发射药。考虑点火药影响，通过选取不同类型的发射药及装药量，计算分析不同装药方案对模拟后坐系统动力学特性的影响。

1) 简单形状火药

选取单基 4/1 火药，采用参数试验法，计算的多方案结果如表 5.5 所示。

表 5.5 4/1 火药装药方案试算结果

装药量/g	最大工作压力/MPa	后坐速度/(m/s)	后坐长度/m	后坐阻力/kN	后坐时间/ms
10	18.849	5.058	0.382	57.277	164.54
15	37.783	6.679	0.465	88.500	161.52
20	62.794	7.979	0.519	119.770	157.81
25	93.933	9.111	0.560	151.536	154.22
30	131.524	10.136	0.593	183.921	150.86
35	176.152	11.085	0.621	217.009	147.66
40	228.688	11.979	0.644	250.875	144.66
45	290.323	12.831	0.665	285.600	141.81

可以看出，火药装药量为 30g 时，最大后坐速度、后坐长度、最大工作压力均能满足技术指标，而且模拟后坐运动时间与 85mm 加农炮实弹射击时的制退后坐时间 157.89ms 十分接近。

2) 多孔火药

分别选取花边形(7/14)和圆柱形多孔火药(14/7)，进行方案比较计算与分析。

采用参数试验法，调整装药量，试算出满足最大后坐速度、最大后坐位移、最大工作压力等技术指标的方案，结果如表 5.6 所示。

表 5.6 多孔火药装药方案计算结果

火药种类	装药量/g	最大工作压力/MPa	后坐速度/(m/s)	后坐长度/m	后坐阻力/kN	后坐时间/ms
4/1	30	131.524	10.136	0.593	183.921	150.86
7/14 花	60	51.103	10.143	0.594	184.397	154.82
14/7	120	80.369	10.174	0.595	185.679	151.81

对比以上 3 种火药装药方案计算结果，均满足最大后坐速度、后坐长度和最大工作压力这三个主要技术指标，且分别在最大后坐速度和后坐长度数值上十分接近。此外，这些装药方案下的模拟后坐运动时间均与 85mm 加农炮实弹射击时的制退后坐时间 157.89ms 非常接近。

3) 炮身模拟后坐动力学的 Simulink 仿真

利用 MATLAB/Simulink 建立 85J 炮身模拟后坐动力学模型，如图 5.20 所示。改进反后坐装置，加工调整制退机节制环孔直径为 $d_p = 39.36\text{mm}$，设置解脱

位置为 $L=0.030\mathrm{m}$，选取 4/1 火药，火药装药量为 33g，选取点火药为黑火药，点火药量为 0.1g。该方案主要参数计算结果与 85mm 加农炮后坐诸元的对比如表 5.7 所示。

表 5.7　拟采用的模拟实验方案计算结果与 85J 后坐诸元对比

名称	后坐速度/(m/s)	后坐长度/m	后坐阻力/kN	后坐时间/ms
模型计算值	10.078	0.665	113.41	157.70
85J 诸元	10.513	0.675	111.72	157.89
相对误差	4.14%	1.48%	1.52%	0.12%

由表 5.7 可以看出，经设计改进后，85J 模拟后坐实验系统的后坐诸元理论计算值与 85J 实弹射击时的后坐诸元基本一致，满足 5.5.1 节所提的技术指标要求，因此改进设计和选用的发射装药方案技术可行，为进一步开展模拟后坐实验系统的半密闭爆发器选药试验提供了理论依据。

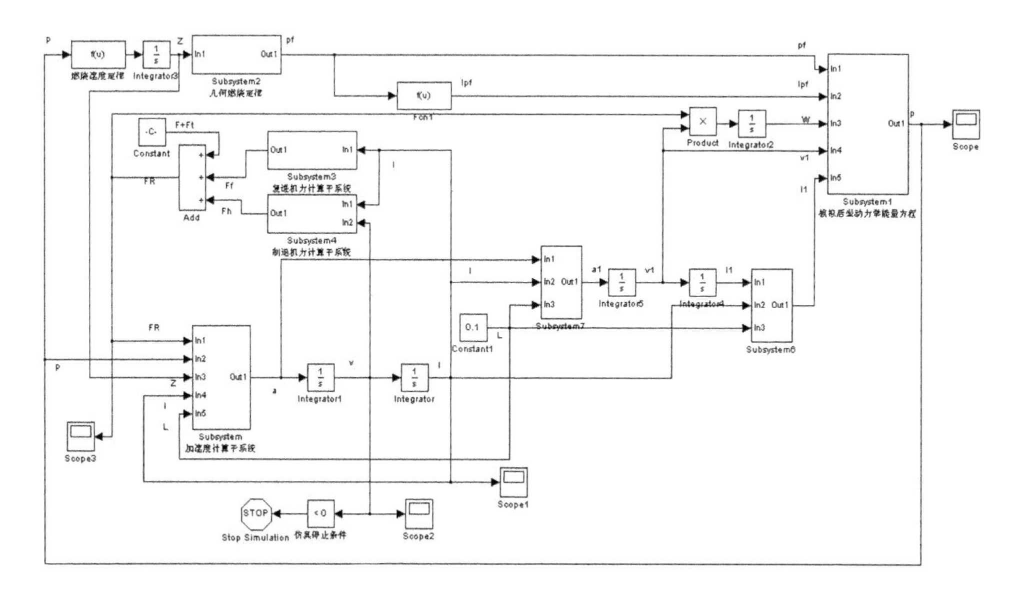

图 5.20　模拟后坐动力学 Simulink 仿真模型

5.5.4　炮身模拟后坐系统模态特性实验研究

火炮时变模态特性的理论分析结果表明，炮身的后坐速度对火炮时变模态特性影响不明显，而炮身的后坐位移对火炮时变模态特性的影响较大，因此对火炮时变模态进行测试时，利用人工后坐的方法使炮身后坐一定的位移，利用多点激励法对炮身在不同后坐位置的模态特性进行测试，近似获得火炮时变模态特征规律。

5.5.4.1 炮身不后坐时的火炮模态特性测试

采用 B&K 公司 3050-A-060 型模态测试系统，激励点布置如图 5.21 和图 5.22 所示。

(a) 身管上加速度传感器布置

(b) 右大架上加速度传感器布置

图 5.21 85J 模拟后坐系统模态测试及加速度传感器布置

采用两种方法布置加速度传感器：第一种方法仅在距炮口约 500mm 处布置加速度传感器(图 5.22 中间箭头处)；第二种方法除在第一种方法同样的位置布置加速度传感器外，在右大架距插轴 1000mm 位置布置另一个加速度传感器。实验时分别按上述两种方法进行模态对比实验，每个激励点平均敲两次，同时数采仪自动采集合适的激励和响应信号。

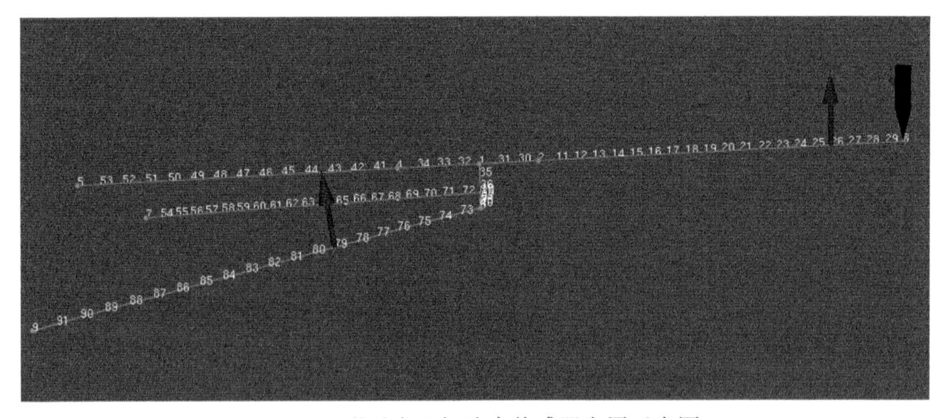

图 5.22 激励点及加速度传感器布置示意图

炮身不后坐时，模拟后坐实验系统模态特性测试结果如表 5.8 所示。

表 5.8　85J 模拟后坐系统的振动频率测试结果

振型阶数	布置一个传感器的测试频率/Hz	布置两个传感器的测试频率/Hz	备注
一	5.65	5.47	
二	37.06	37.50	
三	110.54	111.45	
四	—	191.16	大架弯曲振型明显
五	206.93	204.90	
六	316.26	344.58	
七	—	348.62	
八	468.94	464.93	

由表 5.8 可知，两种测试方法测量结果的主要区别在于：布置两个加速度传感器可以同时将炮身、摇架和大架的振型激励出来，而一个传感器主要将炮身和摇架的振型激励出来。这里主要关心 85J 模拟后坐系统的模态特性，可考虑仅在炮身上布置一个加速度传感器。

5.5.4.2　炮身在不同后坐位置的火炮模态特性测试

实验时，利用 85J 炮身人工后坐工具使炮身分别后坐 0、50mm、100mm、150mm、200mm，对炮身在不同后坐位置的模态特性进行测试，固有频率测试结果如表 5.9～表 5.13 所示。

表 5.9　模拟后坐系统的固有频率测试结果(后坐位移 0mm)　(单位：Hz)

模态阶数	1	2	3	4	5	6
第一次测量	5.56	37.68	110.30	200.36	326.33	468.44
第二次测量	5.52	37.86	110.12	200.64	327.14	467.92
平均值	5.54	37.77	110.21	200.50	326.74	468.18

表 5.10　模拟后坐系统的固有频率测试结果(后坐位移 50mm)　(单位：Hz)

模态阶数	1	2	3	4	5	6
第一次测量	5.65	38.28	110.83	202.31	327.35	471.13
第二次测量	5.71	38.11	110.76	202.32	326.39	470.65
平均值	5.68	38.20	110.80	202.32	326.87	470.89

表 5.11 模拟后坐系统的固有频率测试结果(后坐位移 100mm) (单位：Hz)

模态阶数	1	2	3	4	5	6
第一次测量	5.60	38.36	111.82	207.58	328.01	474.43
第二次测量	6.03	38.63	111.08	208.64	327.22	465.22
平均值	5.82	38.50	111.45	208.11	327.62	469.83

表 5.12 模拟后坐系统的固有频率测试结果(后坐位移 150mm) (单位：Hz)

模态阶数	1	2	3	4	5	6
第一次测量	5.88	38.47	111.27	213.45	333.3	469.34
第二次测量	6.17	38.97	110.88	212.15	332.99	476.33
平均值	6.03	38.72	111.08	212.80	333.15	472.84

表 5.13 模拟后坐系统的固有频率测试结果(后坐位移 200mm) (单位：Hz)

模态阶数	1	2	3	4	5	6
第一次测量	6.60	39.52	113.13	214.87	338.8	466.77
第二次测量	6.43	39.48	109.19	215.82	333.48	466.40
平均值	6.52	39.50	111.16	215.35	336.14	466.59

利用 4.6 节的炮身大位移后坐系统的时变固有频率分析方法、传统的时不变固有频率计算方法对各阶固有频率进行了计算，计算与测试结果对比如图 5.23～图 5.28 所示。

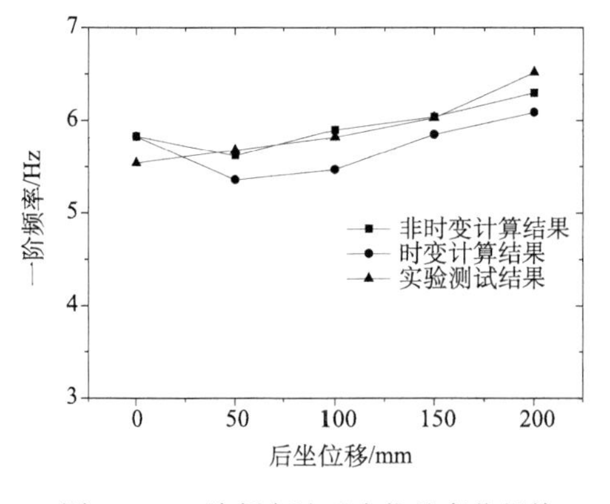

图 5.23 一阶频率随后坐位移变化规律

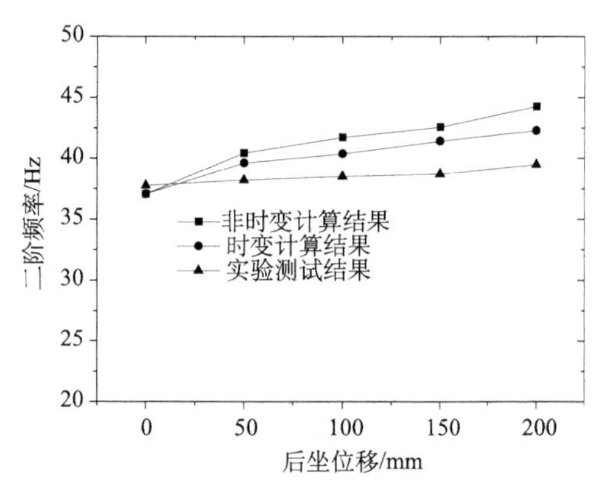

图 5.24 二阶频率随后坐位移变化规律

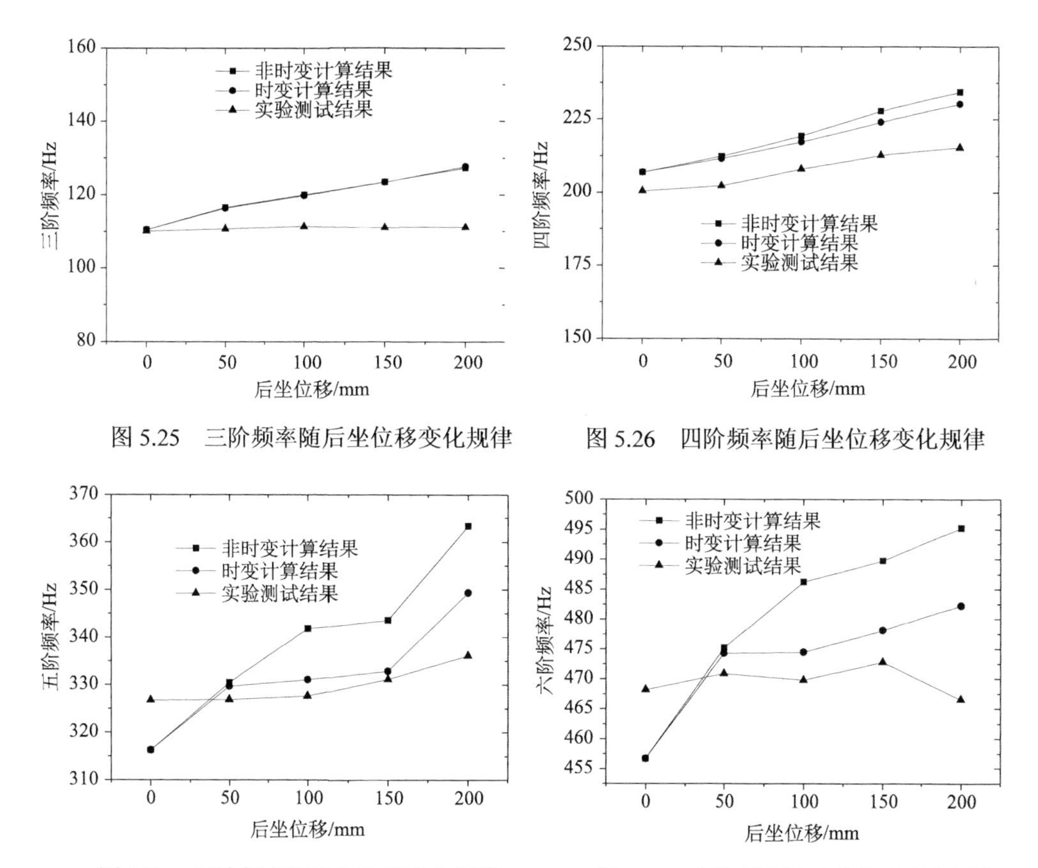

图 5.25　三阶频率随后坐位移变化规律

图 5.26　四阶频率随后坐位移变化规律

图 5.27　五阶频率随后坐位移变化规律

图 5.28　六阶频率随后坐位移变化规律

主要规律：

(1)炮身模拟后坐时，随着炮身后坐位移的增加，理论计算和实测的系统前五阶频率呈变大的趋势(炮身后坐 50mm 时的一阶频率计算值除外)，但三阶和六阶振动频率随后坐位移增加的幅度很小。

(2)不考虑后坐速度的影响时，炮身后坐位移每增加 50mm，实测的系统一阶频率平均增长率为 4.2%，非时变模型计算的系统一阶频率平均增长率为 2.0%。

(3)一、二、三、四、五、六阶频率时变模型(计及后坐速度)与非时变模型计算值相比平均下降率分别为 4.6%、3.1%、0.04%、1.2%、2.6%、1.6%，因此后坐速度对系统一阶、二阶和五阶频率影响比较明显，但对系统三阶频率影响较小。

(4)一、二、三、四、五、六阶频率实验测试结果(仅考虑后坐位移的影响)比非时变模型计算结果分别小 0.4%、6.3%、7.1%、5.5%、2.5%、2.3%。

5.5.5 炮身模拟后坐系统时变特征实验研究

实验测试方案如表 5.14 所示。

表 5.14 炮身模拟后坐时变特征实验方案

实验序号	装药量/g	灵敏度							
		3001-1# /((°/s)/V)	3001-2# /(g/V)	3001-3# /(mm/V)	3001-4# /(mm/V)	3002-1# /(mm/V)	3002-2# /(MPa/V)	3002-3# /(με/V)	3002-4# /(με/V)
1	30	400	10	0.2	0.2	0.5	10	94.1	94.1
2	35	400	10	0.2	0.2	1	10	94.1	94.1
3	40	400	20	0.2	0.2	1	10	94.1	94.1
4	40	400	20	0.2	0.2	1	10	94.1	94.1
5	40	400	100	0.2	0.2	1	10	94.1	94.1
6	40	400	100	0.2	0.2	1	10	94.1	94.1
7	45	400	100	0.2	0.2	1	10	94.1	94.1
8	50	400	50	0.2	0.2	1	10	94.1	94.1
9	53	400	50	0.2	0.2	2	10	94.1	94.1
10	53	400	50	0.2	0.2	2	10	94.1	94.1

选用 IDTY3-S2 型高速摄影仪，在炮口外表面布置和标定专用测试标识，测试系统及其支架固定在炮口侧面地面上，如图 5.29 所示；炮口外表面的测试标识随同炮口同步运动，高速摄影系统记录测试标识运动轨迹；通过专用分析系统计算得到炮口振动位移参数。

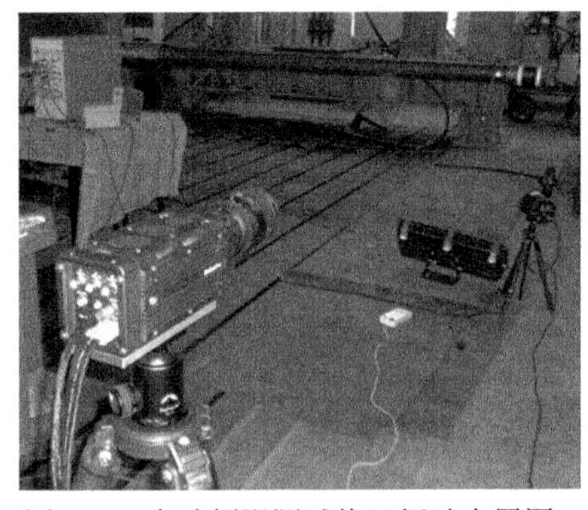

图 5.29 高速摄影测试炮口振动布置图

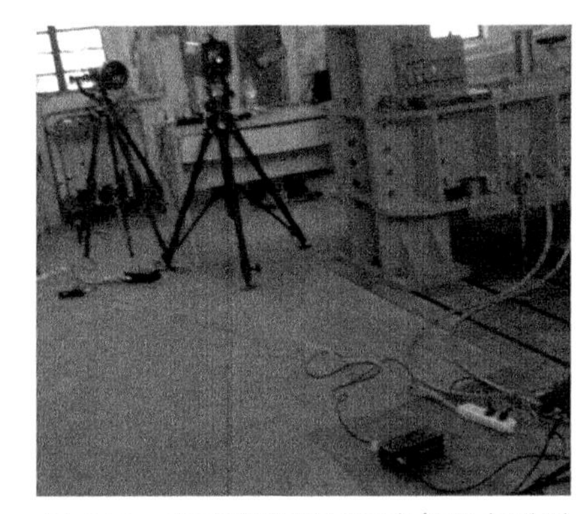

图 5.30 高速摄影测试后坐位移布置图

利用另外一台高速摄影仪采集 85J 炮身的大位移后坐参数，如图 5.30 所示。

实验采用基恩士 LK-G150 型激光位移传感器。利用螺栓连接将传感器、安装支架和安装台面固连在一起，如图 5.31 和图 5.32 所示。

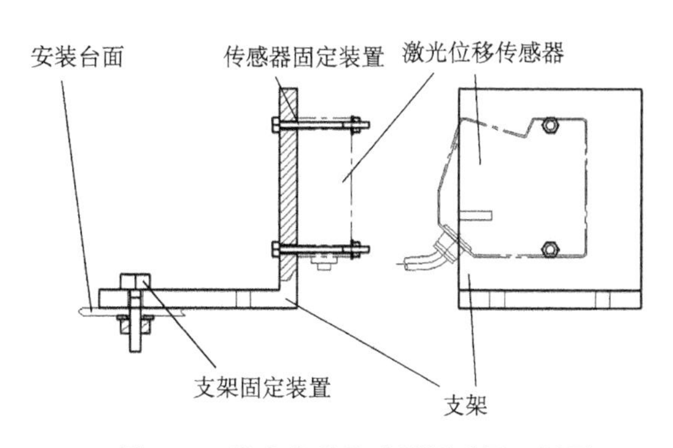

图 5.31　激光位移传感器测试原理框图

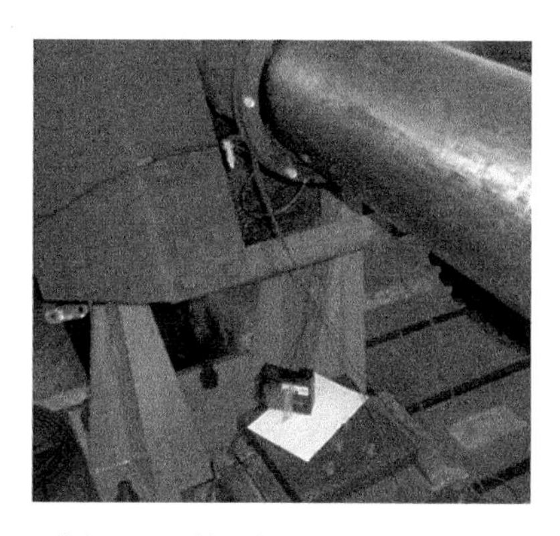

图 5.32　激光位移传感器布置图

炮身圆柱段与摇架衬瓦之间的间隙测试原理如图 5.33 所示，选用 PU-05 型电涡流间隙传感器，布置如图 5.34 所示。

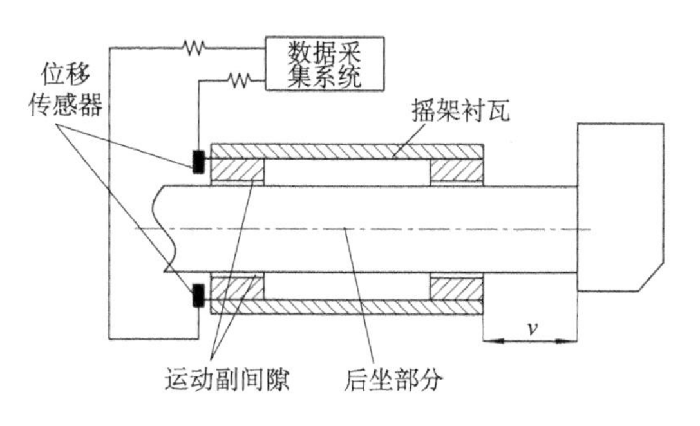

图 5.33　电涡流传感器测试原理图

图 5.34　间隙传感器布置图

选用 CY-YD-205 型压力传感器，密闭爆发器燃气压力传感器布置如图 5.35 所示。

图 5.35　燃气压力传感器布置图

图 5.36　炮口角速度陀螺布置图

选用 SDI-ARG-720 型角速度陀螺，利用螺钉紧固在套箍支架上，两个有弹性的套箍通过螺栓连接固定在炮口附近，如图 5.36 所示。

摇架应变测试选用 NEC AS16-105 型 6 通道手提型直流动态应变测试仪，电阻应变片规格为(119.8±0.1)Ω，现场布置如图 5.37 所示。

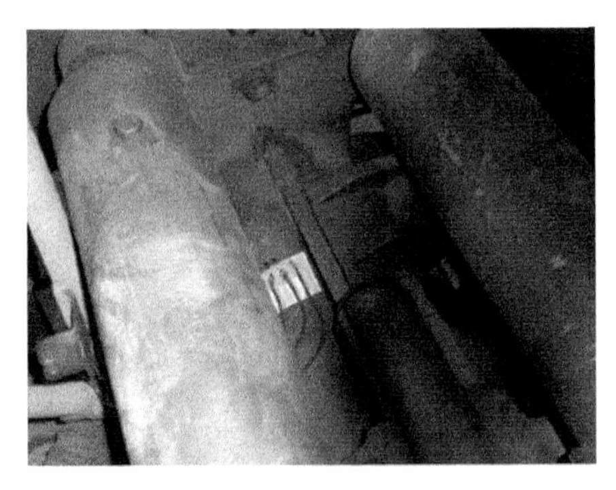
(a)摇架前端应变片布置

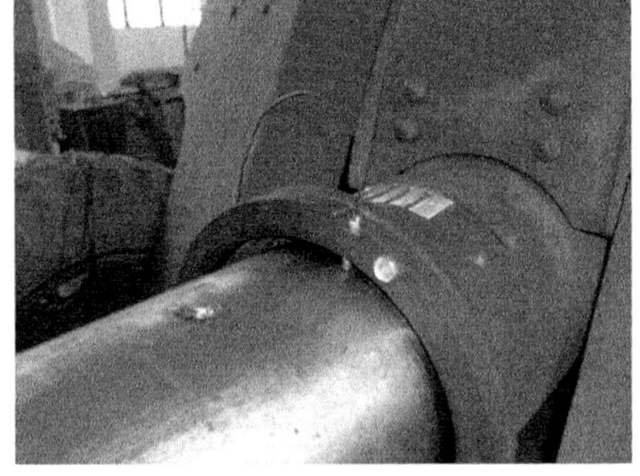
(b)摇架后端应变片布置

图 5.37 摇架应变测试现场布置图

序号为 10 的实验方案实验测试及计算的密闭爆发器燃气压力曲线比较如图 5.38 所示，测试及计算的压力随时间变化规律基本一致，两者的压力幅值相对误差为 1.93%。

测得的后坐位移曲线如图 5.39 所示，对此曲线进行微分，得到后坐速度曲线，如图 5.40 所示。

将后坐位移和后坐速度代入后坐阻力计算公式，获得后坐阻力曲线，如图 5.41 所示。

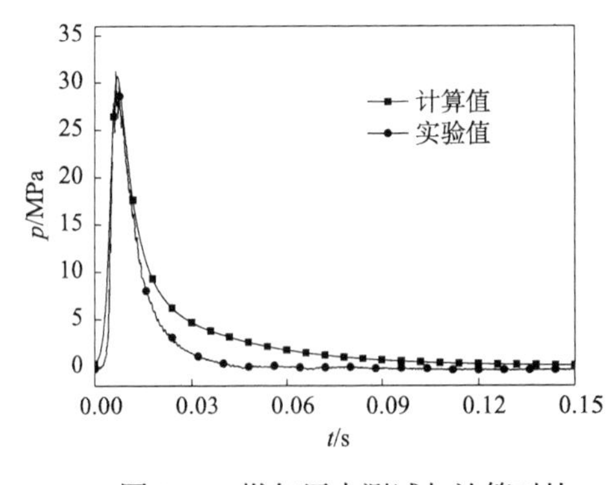

图 5.38 燃气压力测试与计算对比

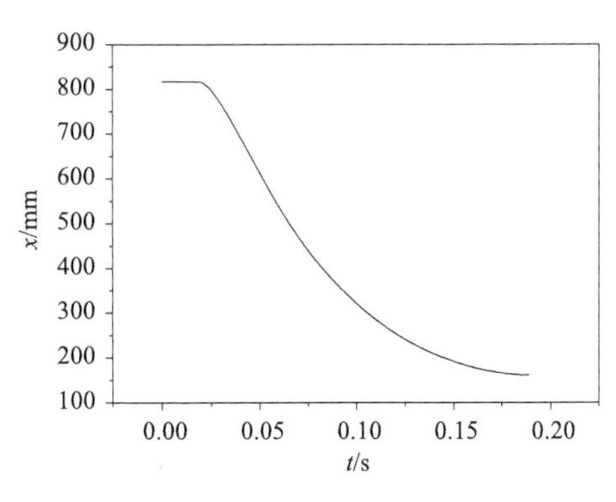

图 5.39 后坐位移测试曲线

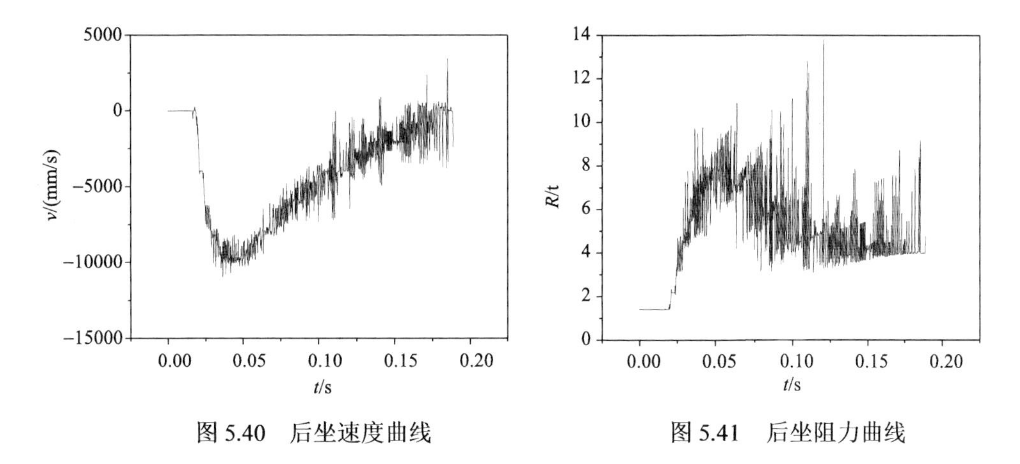

图 5.40　后坐速度曲线　　图 5.41　后坐阻力曲线

实测及计算的炮身圆柱段与摇架前衬瓦的间隙变化规律对比如图 5.42 所示。实测及计算的摇架前端应变变化规律如图 5.43 所示。

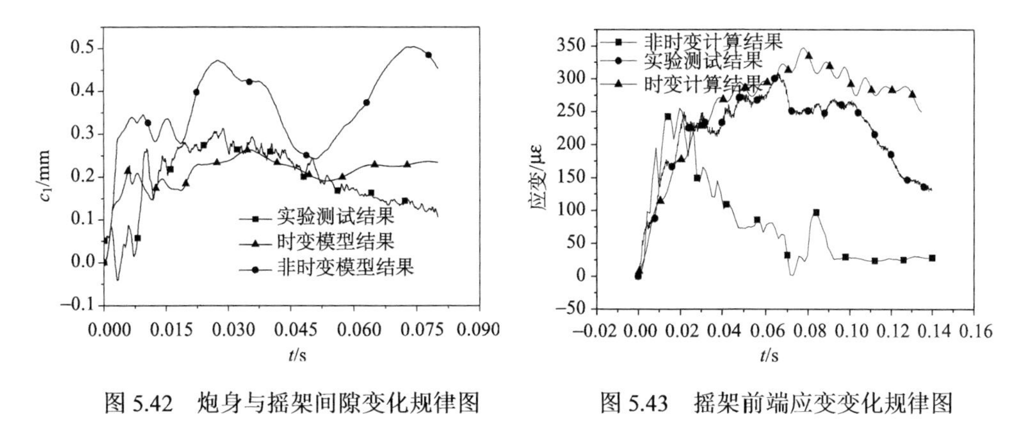

图 5.42　炮身与摇架间隙变化规律图　　图 5.43　摇架前端应变变化规律图

实测及计算的炮口高低振动位移和角速度变化规律如图 5.44 和图 5.45 所示。

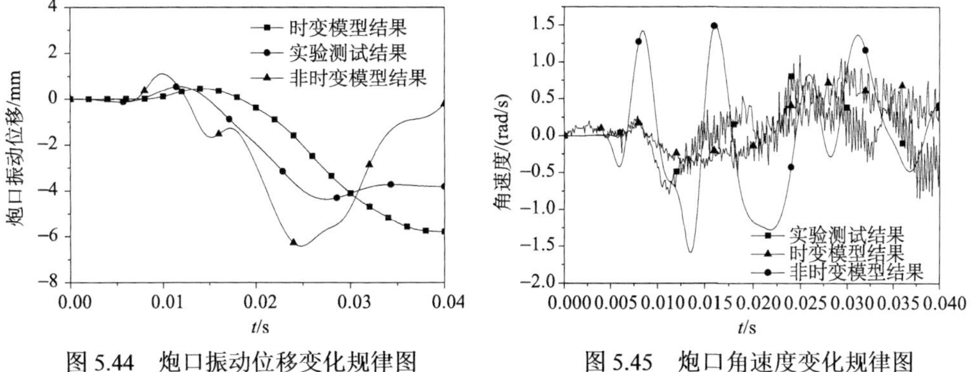

图 5.44　炮口振动位移变化规律图　　图 5.45　炮口角速度变化规律图

火炮炮身模拟后坐实验系统的时变特征测试、时变模型及非时变模型计算幅值的比较如表 5.15 所示，非时变模型计算结果与实验测试结果的平均相对误差为 38.18%，时变模型计算结果与实验测试结果的平均相对误差为 15.60%，时变模型预测精度较非时变模型平均提高 22.59%。

表 5.15　炮身模拟后坐系统实测结果与时变模型及非时变模型计算幅值对比

类别	间隙变化幅值/mm	摇架应变幅值/με	炮口位移幅值/mm	炮口角速度幅值/(rad/s)
实验测试值	0.314	307.01	4.363	1.101
时变模型值	0.272	346.61	5.760	1.056
非时变模型值	0.481	255.22	6.416	1.493
非时变模型误差	53.19%	16.87%	47.06%	35.60%
时变模型误差	13.37%	12.90%	32.02%	4.09%
时变模型较非时变模型提高精度	39.82%	3.97%	15.04%	31.51%

由图 5.42～图 5.45 及表 5.15 对比分析，可以发现如下规律。

1) 摇架应变规律

火炮模拟后坐时变力学模型计算的摇架应变变化规律与实验测试的基本一致，但非时变模型计算的应变变化趋势与测试曲线有一定差异，非时变模型计算的应变在 0.02s 达到最大值 250με 后迅速下降，而时变模型计算与测试结果在 0.02s 达到 255με 后继续振荡上扬，直至 0.14s 后开始回落。产生这种现象的原因是 0.02s 之前由于炮身后坐位移较小，对系统的时变质量矩阵和刚度矩阵贡献不大，因此这一阶段的时变模型及非时变模型计算的应变曲线与实验测试的非常一致；但 0.02s 之后，炮身后坐位移的不断增加，使得系统的质量矩阵和刚度矩阵发生较大的变化，非时变模型未考虑这种变化，导致非时变模型计算的应变结果与时变模型和实验测试的计算结果产生较大的差别。

实验和理论研究发现非时变力学模型计算的摇架应变/应力幅值比时变力学模型计算的幅值低 1/3 以上，比测试结果小 16%以上。

传统的火炮设计理论仅能计算摇架的静态或准静态应变/应力，由于不能准确地反映火炮发射的动态过程，设计时不得不通过一些经验系数来修正，设计准确性低，需依赖大量的射击试验对设计进行反复的修改，研制中暴露的一些技术问题难以从机理或规律层次上得到解释，导致研制周期长和效率低。利用火炮时变力学理论可以更精确地计算火炮应变/应力随时间的变化规律，可对火炮刚强度进行准确设计及优化、轻量化设计等。

2)炮口振动规律

0.005s 之前，炮口高低位移及角速度的时变力学模型计算、非时变力学模型计算与实测的曲线变化规律几乎完全一致，但是 0.005s 之后，非时变力学模型的计算曲线与测试结果存在较大的差异，而时变模型计算的规律与测试结果较为接近，时变力学模型计算的炮口角速度变化规律与测试结果基本相似，均包含较多高频成分，而非时变力学模型的计算结果高频成分较少。这种现象表明炮身后坐位移对炮口振动的影响与摇架应变相比更加显著。

通过研究发现非时变力学模型计算的炮口振动幅值比时变力学模型计算幅值大 1/4，比测试结果大 40%以上。

利用火炮高速时变力学理论可以更精确地计算炮口振动随时间的变化规律，可进行炮口振动控制及优化、密集度敏感度分析及优化等。

从整体上看，与非时变力学模型计算结果相比，炮身模拟后坐系统时变力学计算结果与实测结果更接近一些，但还是存在一定的差异，尤其是 15～20ms 之后差异更加显著，这主要是由于本章采用二维梁理论模拟摇架和炮身，而摇架是薄壳变截面三维结构，炮身是变截面厚壁圆筒结构，因此利用二维梁单元对摇架和炮身进行离散而形成的质量矩阵和刚度矩阵是有相当误差的，需要利用三维力学理论进行改进研究。

第 6 章　火炮发射过程炮身后坐系统三维时变力学

现有时变力学理论仅适用于建立二维梁的时变力学方程，通常用 Euler 梁或 Timoshenko 梁来模拟实际的结构，其基本假设是任意截面的变形沿着厚度方向具有线性关系，并且中性面位置的变形为零，对于具有复杂几何形状的摇架，这一假设显然会造成很大的差异。为了更精确地模拟火炮发射时炮身的大位移后坐时变力学过程，本章针对摇架薄壳结构的特点，利用板壳单元对摇架进行离散，通过轴向变速运动三维梁模拟大位移后坐的炮身，建立冲击载荷作用下炮身沿摇架大位移后坐的三维时变力学模型，结合数值计算和试验测试揭示火炮发射过程的时变力学规律。

6.1　火炮发射过程炮身后坐系统时变力学建模理论

炮身利用变截面三维梁单元来离散，可直接在编程中自动实现，但摇架由于结构复杂，通过编程自动实现摇架三维单元离散的难度较大，利用 HyperMesh 软件建立摇架的三维结构有限元网格模型，对生成的有限元模型文件数据结构进行剖析，提取摇架的整体刚度矩阵和质量矩阵以及节点和单元编号信息，利用“对号入座”的方法将单元附加矩阵的元素叠加到与相应节点编号对应的矩阵元素中，形成火炮三维时变力学方程。

6.1.1　摇架三维结构的有限元方程

板单元的节点自由度向量为 $\boldsymbol{D}_{Mi}=\left[u_i,v_i,w_i,\theta_{xi},\theta_{yi}\right]^{\mathrm{T}}\ (i=1,2,\cdots,p)$，其中 i 为节点编号，u_i,v_i,w_i 分别为节点上沿 x、y、z 方向的位移，θ_{xi},θ_{yi} 分别为节点上沿 x、y 方向的转角。在推导板单元系数矩阵过程中将分别考虑板平面变形和弯曲变形。

假设平面内四边形单元四个节点坐标为 (x_k,y_k,z_k)、(x_l,y_l,z_l)、(x_m,y_m,z_m)、(x_n,y_n,z_n)。假设单元内的位移为 x、y 方向上的线性插值，单元内任意一点的位移表示为

$$\begin{cases}u(x,y,z)=u_0(x,y)\\ v(x,y,z)=v_0(x,y)\end{cases}\tag{6.1}$$

插值函数为

$$\boldsymbol{N}_P = \begin{bmatrix} N_k & 0 & N_l & 0 & N_m & 0 & N_n & 0 \\ 0 & N_k & 0 & N_l & 0 & N_m & 0 & N_n \end{bmatrix} \tag{6.2}$$

在四边形单元对应的等参单元中，差值形式为：$N_k = (1-2x)(1-2y)/4$，$N_l = (1+2x)(1-2y)/4$，$N_m = (1+2x)(1+2y)/4$，$N_n = (1-2x)(1+2y)/4$。

应变矩阵为

$$\boldsymbol{B}_P = \begin{bmatrix} \boldsymbol{B}_{pk} & \boldsymbol{B}_{pl} & \boldsymbol{B}_{pm} & \boldsymbol{B}_{pn} \end{bmatrix} \tag{6.3}$$

其中，$\boldsymbol{B}_{pi} = \begin{bmatrix} \dfrac{\partial N_i}{\partial x} & 0 \\ 0 & \dfrac{\partial N_i}{\partial y} \\ \dfrac{\partial N_i}{\partial y} & \dfrac{\partial N_i}{\partial x} \end{bmatrix}$，$i = k,l,m,n$。

根据平面应力板的本构关系，得到平面应力单元的弹性系数矩阵为

$$\boldsymbol{D} = \frac{E}{1-\mu^2} \begin{bmatrix} 1 & \mu & 0 \\ \mu & 1 & 0 \\ 0 & 0 & (1-\mu)/2 \end{bmatrix} \tag{6.4}$$

平面应力单元的有限元方程表示为

$$\boldsymbol{M}_{M1}\ddot{\boldsymbol{d}}_{M1} + \boldsymbol{C}_{M1}\dot{\boldsymbol{d}}_{M1} + \boldsymbol{K}_{M1}\boldsymbol{d}_{M1} = \boldsymbol{F}_{M1} \tag{6.5}$$

其中，$\boldsymbol{d}_{M1} = \left[u_1, v_1, u_2, v_2, \cdots, u_p, v_p\right]^{\mathrm{T}}$。各矩阵表示为

$$\boldsymbol{M}_{M1}^e = \int_\Omega \boldsymbol{N}_P^{\mathrm{T}} \rho \boldsymbol{N}_P \mathrm{d}\Omega \tag{6.6}$$

$$\boldsymbol{C}_{M1}^e = \int_\Omega \boldsymbol{N}_P^{\mathrm{T}} C \boldsymbol{N}_P \mathrm{d}\Omega \tag{6.7}$$

$$\boldsymbol{K}_{M1}^e = \int_\Omega \boldsymbol{B}_P^{\mathrm{T}} \boldsymbol{D} \boldsymbol{B}_P \mathrm{d}\Omega \tag{6.8}$$

$$\boldsymbol{F}_{M1}^e = \int_\Omega \boldsymbol{N}_P^{\mathrm{T}} \begin{bmatrix} f_x(x,t) \\ f_y(x,t) \end{bmatrix} \mathrm{d}\Omega \tag{6.9}$$

使用同样的插值函数建立 Mindlin 板弯曲的有限元方程。由 Mindlin 的假设，单元内任意一点的位移表示为

$$\begin{cases} u(x,y,z) = z\theta_y(x,y) \\ v(x,y,z) = -z\theta_x(x,y) \\ w(x,y,z) = w(x,y) \end{cases} \tag{6.10}$$

取四边形单元的插值函数为

$$\boldsymbol{N}_J=\begin{bmatrix} 0 & 0 & zN_k & 0 & 0 & zN_l & 0 & 0 & zN_m & 0 & 0 & zN_n \\ 0 & -zN_k & 0 & 0 & -zN_l & 0 & 0 & -zN_m & 0 & 0 & -zN_n & 0 \\ N_k & 0 & 0 & N_l & 0 & 0 & N_m & 0 & 0 & N_n & 0 & 0 \end{bmatrix} \tag{6.11}$$

应变矩阵为

$$\boldsymbol{B}_B=\begin{bmatrix}\boldsymbol{B}_{bk} & \boldsymbol{B}_{bl} & \boldsymbol{B}_{bm} & \boldsymbol{B}_{bn}\end{bmatrix} \tag{6.12}$$

$$\boldsymbol{B}_S=\begin{bmatrix}\boldsymbol{B}_{sk} & \boldsymbol{B}_{sl} & \boldsymbol{B}_{sm} & \boldsymbol{B}_{sn}\end{bmatrix} \tag{6.13}$$

其中，$\boldsymbol{B}_{bi}=\begin{bmatrix}\dfrac{\partial N_i}{\partial x} & 0 & 0 \\ 0 & \dfrac{\partial N_i}{\partial y} & 0 \\ \dfrac{\partial N_i}{\partial y} & \dfrac{\partial N_i}{\partial x} & 0\end{bmatrix}$，$\boldsymbol{B}_{si}=\begin{bmatrix}N_i & 0 & \dfrac{\partial N_i}{\partial x} \\ 0 & N_i & \dfrac{\partial N_i}{\partial y}\end{bmatrix}$，$i=k,l,m,n$。

Mindlin 板弯曲的有限元方程表示为

$$\boldsymbol{M}_{M2}\ddot{\boldsymbol{d}}_{M2}+\boldsymbol{C}_{M2}\dot{\boldsymbol{d}}_{M2}+\boldsymbol{K}_{M2}\boldsymbol{d}_{M2}=\boldsymbol{F}_{M2} \tag{6.14}$$

其中，$\boldsymbol{d}_{M2}=\left[w_1,\theta_{x1},\theta_{y1},w_2,\theta_{x2},\theta_{y2},\cdots,w_p,\theta_{xp},\theta_{yp}\right]^{\mathrm{T}}$。各矩阵表示为

$$\boldsymbol{M}_{M2}^e=\int_\Omega \boldsymbol{N}_J^{\mathrm{T}}\rho\boldsymbol{N}_J\mathrm{d}\Omega \tag{6.15}$$

$$\boldsymbol{C}_{M2}^e=\int_\Omega \boldsymbol{N}_J^{\mathrm{T}}C\boldsymbol{N}_J\mathrm{d}\Omega \tag{6.16}$$

$$\boldsymbol{K}_{M2}^e=\int_\Omega \boldsymbol{B}_B^{\mathrm{T}}\boldsymbol{D}\boldsymbol{B}_B\mathrm{d}\Omega+\int_\Omega \boldsymbol{B}_S^{\mathrm{T}}G\kappa\boldsymbol{B}_S\mathrm{d}\Omega \tag{6.17}$$

$$\boldsymbol{F}_{M2}^e=\int_\Omega \boldsymbol{N}_J^{\mathrm{T}}\begin{bmatrix}f_z(x,t)\\ m_x(x,t)\\ m_y(x,t)\end{bmatrix}\mathrm{d}\Omega \tag{6.18}$$

按照 Gauss 积分公式计算式(6.6)～式(6.9)和式(6.15)～式(6.18)中单元内的积分。

等参单元坐标系中积分点坐标及积分权系数为

$$(x_{g1},y_{g1},z_{g1})=(-0.577350,-0.577350,0)\quad W_1=0.25$$

$$(x_{g2},y_{g2},z_{g2})=(-0.577350,0.577350,0)\quad W_2=0.25$$

$$(x_{g3},y_{g3},z_{g3})=(0.577350,0.577350,0)\quad W_3=0.25$$

$$(x_{g4},y_{g4},z_{g4})=(0.577350,-0.577350,0)\quad W_4=0.25$$

$$\int_{\Omega} G(x,y,z)\mathrm{d}\Omega = \sum_{i=1}^{4} G(x_{gi}, y_{gi}, z_{gi}) W_i$$

综合式(6.5)和式(6.14)，得到三维 Mindlin 板单元的有限元方程为

$$\boldsymbol{M}_M \ddot{\boldsymbol{D}}_M + \boldsymbol{C}_M \dot{\boldsymbol{D}}_M + \boldsymbol{K}_M \boldsymbol{D}_M = \boldsymbol{F}_M \tag{6.19}$$

6.1.2 炮身三维结构的有限元方程

二节点三维梁单元节点自由度向量为 $\boldsymbol{D}_{Bi} = \left[u_i, v_i, w_i, \theta_{xi}, \theta_{yi}, \theta_{zi}\right]^{\mathrm{T}}$ $(i=1,2,\cdots,q)$，其中 i 为节点编号，u_i, v_i, w_i 分别为节点沿 x、y、z 方向的位移，$\theta_{xi}, \theta_{yi}, \theta_{zi}$ 分别为节点沿 x、y、z 方向的转角。

按照 Lagrange 插值函数，推导沿 x 方向上的位移 u_i 和沿 x 方向的转角 θ_{xi} 对应的刚度矩阵和质量矩阵元素。梁拉伸和扭转的系统控制方程为

$$-\rho A\ddot{u}(x,t) + C\dot{u}(x,t) + EAu(x,t) = f_x(x,t) \tag{6.20}$$

$$-\rho J\ddot{\theta}_x(x,t) + C\dot{\theta}_x(x,t) + GJ\theta_x(x,t) = m_x(x,t) \tag{6.21}$$

有限元方程为

$$\boldsymbol{M}_{B1}\ddot{\boldsymbol{d}}_{B1} + \boldsymbol{C}_{B1}\dot{\boldsymbol{d}}_{B1} + \boldsymbol{K}_{B1}\boldsymbol{d}_{B1} = \boldsymbol{F}_{B1} \tag{6.22}$$

$$\boldsymbol{M}_{B2}\ddot{\boldsymbol{d}}_{B2} + \boldsymbol{C}_{B2}\dot{\boldsymbol{d}}_{B2} + \boldsymbol{K}_{B2}\boldsymbol{d}_{B2} = \boldsymbol{F}_{B2} \tag{6.23}$$

其中，$\boldsymbol{d}_{B1} = \left[u_1, u_2, \cdots, u_q\right]^{\mathrm{T}}$；$\boldsymbol{d}_{B2} = \left[\theta_{x1}, \theta_{x2}, \cdots, \theta_{xq}\right]^{\mathrm{T}}$。各矩阵表示为

$$\boldsymbol{M}_{B1}^{e} = \int_0^l \boldsymbol{N}_L^{\mathrm{T}} \rho A \boldsymbol{N}_L \mathrm{d}x \tag{6.24}$$

$$\boldsymbol{C}_{B1}^{e} = \int_0^l \boldsymbol{N}_L^{\mathrm{T}} C \boldsymbol{N}_L \mathrm{d}x \tag{6.25}$$

$$\boldsymbol{K}_{B1}^{e} = \int_0^l \frac{\mathrm{d}\boldsymbol{N}_L^{\mathrm{T}}}{\mathrm{d}x} EA \frac{\mathrm{d}\boldsymbol{N}_L}{\mathrm{d}x} \mathrm{d}x \tag{6.26}$$

$$\boldsymbol{F}_{B1}^{e} = \int_0^l f_x(x,t) \boldsymbol{N}_L^{\mathrm{T}} \mathrm{d}x \tag{6.27}$$

$$\boldsymbol{M}_{B2}^{e} = \int_0^l \boldsymbol{N}_L^{\mathrm{T}} \rho J \boldsymbol{N}_L \mathrm{d}x \tag{6.28}$$

$$\boldsymbol{C}_{B2}^{e} = \int_0^l \boldsymbol{N}_L^{\mathrm{T}} C \boldsymbol{N}_L \mathrm{d}x \tag{6.29}$$

$$\boldsymbol{K}_{B2}^{e} = \int_0^l \frac{\mathrm{d}\boldsymbol{N}_L^{\mathrm{T}}}{\mathrm{d}x} GJ \frac{\mathrm{d}\boldsymbol{N}_L}{\mathrm{d}x} \mathrm{d}x \tag{6.30}$$

$$\boldsymbol{F}_{B2}^{e} = \int_0^l m_x(x,t) \boldsymbol{N}_L^{\mathrm{T}} \mathrm{d}x \tag{6.31}$$

Lagrange 插值函数为

$$\boldsymbol{N}_L = [N_{L1} \quad N_{L2}] \tag{6.32}$$

其中，$N_{L1} = (1-\zeta)/2$；$N_{L2} = (1+\zeta)/2$。$\zeta = (2x-l)/l$，l 是梁单元的长度。

根据 Hermite 插值函数，推导沿 y、z 方向上的位移 v_i, w_i 和沿 y、z 方向的转角 θ_{yi}, θ_{zi} 对应的刚度矩阵和质量矩阵元素。

考虑到移动梁轴向移动的影响，对应的系统控制方程为

$$\rho A\left(\frac{\partial^2 v(x,t)}{\partial t^2} + 2V\frac{\partial^2 v(x,t)}{\partial t \partial x} + V^2\frac{\partial^2 v(x,t)}{\partial x^2} + a\frac{\partial v(x,t)}{\partial x}\right) + C\left(\frac{\partial v(x,t)}{\partial t} + V\frac{\partial v(x,t)}{\partial x}\right)$$

$$+EI_y\frac{\partial^4 v(x,t)}{\partial x^4} = f_y(x,t) \tag{6.33}$$

$$\rho A\left(\frac{\partial^2 w(x,t)}{\partial t^2} + 2V\frac{\partial^2 w(x,t)}{\partial t \partial x} + V^2\frac{\partial^2 w(x,t)}{\partial x^2} + a\frac{\partial w(x,t)}{\partial x}\right) + C\left(\frac{\partial w(x,t)}{\partial t} + V\frac{\partial w(x,t)}{\partial x}\right)$$

$$+EI_z\frac{\partial^4 w(x,t)}{\partial x^4} = f_z(x,t) \tag{6.34}$$

其中，ρA 表示移动梁的单位长度质量，C 表示移动梁的外载荷阻尼系数，EI_y、EI_z 分别表示移动梁对应 y、z 轴的弯曲刚度，$v(x,t)$ 表示移动梁上坐标 x 处在 t 时刻沿 y 轴的位移，$w(x,t)$ 表示移动梁上坐标 x 处在 t 时刻沿 z 轴的位移，$f_y(x,t)$ 和 $f_z(x,t)$ 分别表示在 t 时刻作用在移动梁上坐标 x 的 y、z 轴方向载荷。

有限元方程为

$$\boldsymbol{M}_{B3}\ddot{\boldsymbol{d}}_{B3} + \boldsymbol{C}_{B3}\dot{\boldsymbol{d}}_{B3} + \boldsymbol{K}_{B3}\boldsymbol{d}_{B3} = \boldsymbol{F}_{B3} \tag{6.35}$$

$$\boldsymbol{M}_{B4}\ddot{\boldsymbol{d}}_{B4} + \boldsymbol{C}_{B4}\dot{\boldsymbol{d}}_{B4} + \boldsymbol{K}_{B4}\boldsymbol{d}_{B4} = \boldsymbol{F}_{B4} \tag{6.36}$$

其中，$\boldsymbol{d}_{B3} = \left[v_1, \theta_{z1}, v_2, \theta_{z2}, \cdots, v_q, \theta_{zq}\right]^{\mathrm{T}}$，$\boldsymbol{d}_{B4} = \left[w_1, \theta_{y1}, w_2, \theta_{y2}, \cdots, w_q, \theta_{yq}\right]^{\mathrm{T}}$。各矩阵表示为

$$\boldsymbol{M}_{B3}^e = \int_0^l \boldsymbol{N}_H^{\mathrm{T}} \rho A \boldsymbol{N}_H \mathrm{d}x \tag{6.37}$$

$$\boldsymbol{C}_{B3}^e = \int_0^l \boldsymbol{N}_H^{\mathrm{T}} C \boldsymbol{N}_H \mathrm{d}x - \int_0^l 2\rho AV \frac{\mathrm{d}\boldsymbol{N}_H^{\mathrm{T}}}{\mathrm{d}x} \boldsymbol{N}_H \mathrm{d}x + 2\rho AV \begin{bmatrix} -1 & 0 & 0 & 0 \\ 0 & 0 & 0 & 0 \\ 0 & 0 & 1 & 0 \\ 0 & 0 & 0 & 0 \end{bmatrix} \tag{6.38}$$

$$\boldsymbol{K}_{B3}^{e}=\int_{0}^{l}\frac{\mathrm{d}^{2}\boldsymbol{N}_{H}^{\mathrm{T}}}{\mathrm{d}x^{2}}EI_{y}\frac{\mathrm{d}^{2}\boldsymbol{N}_{H}}{\mathrm{d}x^{2}}\mathrm{d}x-\int_{0}^{l}\frac{\mathrm{d}\boldsymbol{N}_{H}^{\mathrm{T}}}{\mathrm{d}x}\rho AV^{2}\frac{\mathrm{d}\boldsymbol{N}_{H}}{\mathrm{d}x}\mathrm{d}x$$
$$+\rho AV^{2}\begin{bmatrix}0&-1&0&0\\0&0&0&0\\0&0&0&1\\0&0&0&0\end{bmatrix}+\int_{0}^{l}\boldsymbol{N}_{H}^{\mathrm{T}}\rho Aa\frac{\mathrm{d}\boldsymbol{N}_{H}}{\mathrm{d}x}\mathrm{d}x+\int_{0}^{l}\boldsymbol{N}_{H}^{\mathrm{T}}VC\frac{\mathrm{d}\boldsymbol{N}_{H}}{\mathrm{d}x}\mathrm{d}x \tag{6.39}$$

$$\boldsymbol{F}_{B3}^{e}=\int_{0}^{l}f_{y}(x,t)\boldsymbol{N}_{H}^{\mathrm{T}}\mathrm{d}x \tag{6.40}$$

$$\boldsymbol{M}_{B4}^{e}=\int_{0}^{l}\boldsymbol{N}_{H}^{\mathrm{T}}\rho A\boldsymbol{N}_{H}\mathrm{d}x \tag{6.41}$$

$$\boldsymbol{C}_{B4}^{e}=\int_{0}^{l}\boldsymbol{N}_{H}^{\mathrm{T}}C\boldsymbol{N}_{H}\mathrm{d}x-\int_{0}^{l}2\rho AV\frac{\mathrm{d}\boldsymbol{N}_{H}^{\mathrm{T}}}{\mathrm{d}x}\boldsymbol{N}_{H}\mathrm{d}x+2\rho AV\begin{bmatrix}-1&0&0&0\\0&0&0&0\\0&0&1&0\\0&0&0&0\end{bmatrix} \tag{6.42}$$

$$\boldsymbol{K}_{B4}^{e}=\int_{0}^{l}\frac{\mathrm{d}^{2}\boldsymbol{N}_{H}^{\mathrm{T}}}{\mathrm{d}x^{2}}EI_{z}\frac{\mathrm{d}^{2}\boldsymbol{N}_{H}}{\mathrm{d}x^{2}}\mathrm{d}x-\int_{0}^{l}\frac{\mathrm{d}\boldsymbol{N}_{H}^{\mathrm{T}}}{\mathrm{d}x}\rho AV^{2}\frac{\mathrm{d}\boldsymbol{N}_{H}}{\mathrm{d}x}\mathrm{d}x$$
$$+\rho AV^{2}\begin{bmatrix}0&-1&0&0\\0&0&0&0\\0&0&0&1\\0&0&0&0\end{bmatrix}+\int_{0}^{l}\boldsymbol{N}_{H}^{\mathrm{T}}\rho Aa\frac{\mathrm{d}\boldsymbol{N}_{H}}{\mathrm{d}x}\mathrm{d}x+\int_{0}^{l}\boldsymbol{N}_{H}^{\mathrm{T}}VC\frac{\mathrm{d}\boldsymbol{N}_{H}}{\mathrm{d}x}\mathrm{d}x \tag{6.43}$$

$$\boldsymbol{F}_{B4}^{e}=\int_{0}^{l}f_{z}(x,t)\boldsymbol{N}_{H}^{\mathrm{T}}\mathrm{d}x \tag{6.44}$$

其中，Hermite 插值函数为

$$\boldsymbol{N}_{H}=[N_{H1}\quad N_{H2}\quad N_{H3}\quad N_{H4}] \tag{6.45}$$

其中，$N_{H1}=1-3\zeta^{2}+2\zeta^{3}$；$N_{H2}=\left(\zeta-2\zeta^{2}+\zeta^{3}\right)l$；$N_{H3}=3\zeta^{2}-2\zeta^{3}$；$N_{H4}=\left(-\zeta^{2}+\zeta^{3}\right)l$。$\zeta=x/l$，$l$ 是梁单元的长度。

综合得三维移动梁单元的质量矩阵和刚度矩阵：

$$\boldsymbol{M}_{B}\ddot{\boldsymbol{D}}_{B}+\boldsymbol{C}_{B}\dot{\boldsymbol{D}}_{B}+\boldsymbol{K}_{B}\boldsymbol{D}_{B}=\boldsymbol{F}_{B} \tag{6.46}$$

6.1.3　炮身与摇架耦合运动引起的附加系数矩阵

由于三维时变力学模型中以板壳单元对摇架进行离散，以移动梁单元离散炮身，摇架对炮身的支撑关系需要用摇架衬瓦上多个节点与炮身上某个节点的耦合来描述，因此不能直接采用二维时变力学模型中处理炮身与摇架衬瓦的耦合关系的建模方法。本节以筒型摇架为研究对象，采用主从节点的方法处理摇架衬瓦对炮身的支撑作用。

建立一个主节点，该节点处于炮身轴线上对应衬瓦中部圆心处，并定义该节点与摇架上衬瓦位置对应的所有节点(从节点)固连，再建立炮身上对应节点与主节点之间的耦合运动关系，就能模拟摇架衬瓦对炮身的支撑作用，如图 6.1 所示。

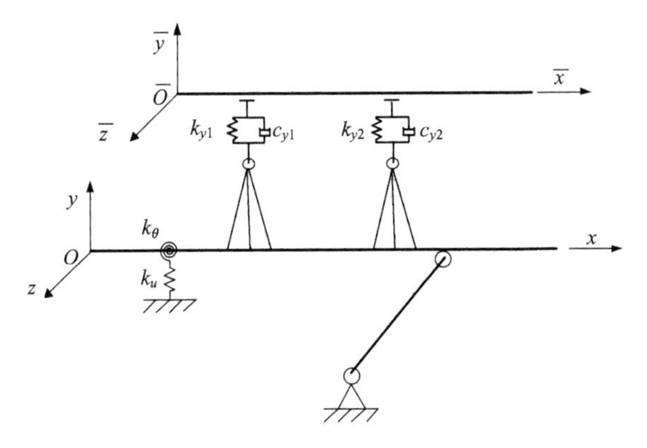

图 6.1 炮身沿摇架大位移后坐示意图

具有两个支撑的炮身作用下的摇架，在 y 轴方向上受到的外载荷主要由两个支撑处的弹簧阻尼系统产生的作用力，以及摇架的自重构成。炮身在 y 轴方向上受到的外载荷也是由两个支撑处的弹簧阻尼系统产生的作用力和炮身的自重构成。

$$f_{cy}(x,t)=f_{cy1}(x,t)+f_{cy2}(x,t)+\rho A_c g \tag{6.47}$$

$$f_{by}(\bar{x},t)=f_{by1}(\bar{x},t)+f_{by2}(\bar{x},t)+\rho A_b g \tag{6.48}$$

其中，支撑作用力为

$$f_{cyi}(x,t)=\delta(x-s_{ci})\left\{k_{yi}\left(u_{byi}-u_{cyi}\right)+c_{yi}\left[\dot{u}_{byi}+v_{bi}u'_{byi}-\left(\dot{u}_{cyi}+v_{ci}u'_{cyi}\right)\right]\right\} \tag{6.49}$$

$$f_{byi}(\bar{x},t)=-\delta(\bar{x}-s_{bi})\left\{k_{yi}\left(u_{byi}-u_{cyi}\right)+c_{yi}\left[\dot{u}_{byi}+v_{bi}u'_{byi}-\left(\dot{u}_{cyi}+v_{ci}u'_{cyi}\right)\right]\right\} \tag{6.50}$$

其中，$\delta(\cdot)$ 为 Dirac 函数；u_{by1}、u_{by2} 分别为炮身上前后支撑节点处的 y 轴方向上的位移；u_{cy1}、u_{cy2} 分别为摇架上前后支撑节点处 y 轴方向上的位移；s_{c1}、s_{c2} 分别为前后支撑节点相对摇架的位移；s_{b1}、s_{b2} 分别为前后支撑节点相对炮身的位移；v_{c1}、v_{c2} 分别为前后支撑节点相对摇架的轴向速度；v_{b1}、v_{b2} 分别为前后支撑节点相对炮身的速度；c_{y1}、c_{y2} 分别为前后支撑处 y 轴方向上的阻尼；k_{y1}、k_{y2} 分别为前后支撑处 y 轴方向上的刚度。在本节中如无特殊说明，下标 i=1,2。

采用 Hermite 形函数，按照虚功等效原理得到摇架和炮身 y 轴方向上的载荷

向量为

$$\boldsymbol{F}_{cy} = \boldsymbol{F}_{cy1} + \boldsymbol{F}_{cy2} + \boldsymbol{F}_{cg} \tag{6.51}$$

$$\boldsymbol{F}_{by} = \boldsymbol{F}_{by1} + \boldsymbol{F}_{by2} + \boldsymbol{F}_{bg} \tag{6.52}$$

其中，$\boldsymbol{F}_{cg}$、$\boldsymbol{F}_{bg}$ 分别为摇架和炮身自重产生的载荷向量。

炮身与摇架相互作用产生的摇架 y 轴方向上载荷向量为

$$\begin{aligned}\boldsymbol{F}_{cyi}^{e} = \boldsymbol{N}_{cy}^{\mathrm{T}}\Big[&k_{yi}\left(\boldsymbol{N}_{byi}\boldsymbol{w}_{byi} - \boldsymbol{N}_{cyi}\boldsymbol{w}_{cyi}\right)\\ &+c_{yi}\left(\boldsymbol{N}_{by}\dot{\boldsymbol{w}}_{by} + v_{bi}\boldsymbol{N}_{by}'\boldsymbol{w}_{byi} - \boldsymbol{N}_{cy}\dot{\boldsymbol{w}}_{cyi}\right)\Big]\end{aligned} \tag{6.53}$$

与支撑节点直接作用的炮身移动梁单元对应 y 轴方向上载荷向量为

$$\begin{aligned}\boldsymbol{F}_{byi}^{e} = -\boldsymbol{N}_{by}^{\mathrm{T}}\Big[&k_{yi}\left(\boldsymbol{N}_{by}\boldsymbol{w}_{byi} - \boldsymbol{N}_{cy}\boldsymbol{w}_{cyi}\right)\\ &+c_{yi}\left(v_{bi}\boldsymbol{N}_{by}'\boldsymbol{w}_{byi} + \boldsymbol{N}_{by}\dot{\boldsymbol{w}}_{byi} - \boldsymbol{N}_{cy}\dot{\boldsymbol{w}}_{cyi}\right)\Big]\end{aligned} \tag{6.54}$$

其中，摇架节点自由度向量为 $\boldsymbol{w}_{cyi}^{e} = \left[u_{y1}, \theta_{z1}\right]^{\mathrm{T}}$，炮身与支撑节点直接作用的移动梁单元对应自由度向量为 $\boldsymbol{w}_{byi}^{e} = \left[u_{y1}, \theta_{z1}, u_{y2}, \theta_{z2}\right]^{\mathrm{T}}$。$\boldsymbol{N}_{cy} = [1,0]$，$\boldsymbol{N}_{by}$ 为炮身移动梁单元 Hermite 形函数。

按照相同的步骤，推导 z 轴方向上炮身、摇架载荷向量分别为

$$\begin{aligned}\boldsymbol{F}_{czi}^{e} = \boldsymbol{N}_{cz}^{\mathrm{T}}\Big[&k_{zi}\left(\boldsymbol{N}_{bzi}\boldsymbol{w}_{bzi} - \boldsymbol{N}_{czi}\boldsymbol{w}_{czi}\right)\\ &+c_{zi}\left(\boldsymbol{N}_{bz}\dot{\boldsymbol{w}}_{bzi} + v_{bi}\boldsymbol{N}_{bz}'\boldsymbol{w}_{bzi} - \boldsymbol{N}_{cz}\dot{\boldsymbol{w}}_{czi}\right)\Big]\end{aligned} \tag{6.55}$$

$$\begin{aligned}\boldsymbol{F}_{bzi}^{e} = -\boldsymbol{N}_{bz}^{\mathrm{T}}\Big[&k_{zi}\left(\boldsymbol{N}_{bz}\boldsymbol{w}_{bzi} - \boldsymbol{N}_{cz}\boldsymbol{w}_{czi}\right)\\ &+c_{zi}\left(v_{bi}\boldsymbol{N}_{cz}'\boldsymbol{w}_{bzi} + \boldsymbol{N}_{bz}\dot{\boldsymbol{w}}_{bzi} - \boldsymbol{N}_{cz}\dot{\boldsymbol{w}}_{czi}\right)\Big]\end{aligned} \tag{6.56}$$

其中，摇架节点自由度向量为 $\boldsymbol{w}_{czi}^{e} = \left[u_{z1}, \theta_{y1}\right]^{\mathrm{T}}$，炮身与支撑节点直接作用的移动梁单元对应自由度向量为 $\boldsymbol{w}_{bzi}^{e} = \left[u_{z1}, \theta_{y1}, u_{z2}, \theta_{y2}\right]^{\mathrm{T}}$。$\boldsymbol{N}_{cz} = [1,0]$，$\boldsymbol{N}_{bz}$ 为炮身移动梁单元 Hermite 形函数。

划分单元时，摇架上有 n 个单元，炮身上有 m 个单元，取摇架上单元节点自由度向量为 $\boldsymbol{w}_{p} = \left[u_{x1}, u_{y1}, u_{z1}, \theta_{x1}, \theta_{y1}, \theta_{z1}, \cdots, u_{xn}, u_{yn}, u_{zn}, \theta_{xn}, \theta_{yn}, \theta_{zn}\right]^{\mathrm{T}}$，支撑节点自由度向量为 $\boldsymbol{w}_{s} = \left[u_{x(n+1)}, u_{y(n+1)}, u_{z(n+1)}, \theta_{x(n+1)}, \theta_{y(n+1)}, \theta_{z(n+1)}, u_{x(n+2)}, u_{y(n+2)}, u_{z(n+2)}, \theta_{x(n+2)}, \theta_{y(n+2)}, \theta_{z(n+2)}\right]^{\mathrm{T}}$。

摇架整体结构(包含摇架结构上节点与支撑节点)节点自由度向量为

$$\boldsymbol{w}_{c} = \left[\boldsymbol{w}_{p}^{\mathrm{T}}, \boldsymbol{w}_{s}^{\mathrm{T}}\right]^{\mathrm{T}}$$

炮身上单元节点自由度向量为

$$\boldsymbol{w}_b=\left[\bar{u}_{y(n+3)},\bar{u}_{z(n+3)},\bar{\theta}_{y(n+3)},\bar{\theta}_{z(n+3)},\cdots,\ \bar{u}_{y(n+m+2)},\bar{u}_{z(n+m+2)},\bar{\theta}_{y(n+m+2)},\bar{\theta}_{z(n+m+2)}\right]^{\mathrm{T}}$$

系统整体自由度向量为

$$\boldsymbol{w}=\left[\boldsymbol{w}_c^{\mathrm{T}},\boldsymbol{w}_b^{\mathrm{T}}\right]^{\mathrm{T}}$$

综合式(6.53)至式(6.56)，将各式中关于系统自由度的载荷项作为摇架、炮身有限元模型系数矩阵的附加形式处理,利用“对号入座”的方法组装各个矩阵,得到三维时变力学方程:

$$\begin{bmatrix}\boldsymbol{M}_c & \\ & \boldsymbol{M}_b\end{bmatrix}\begin{bmatrix}\ddot{\boldsymbol{w}}_c\\ \ddot{\boldsymbol{w}}_b\end{bmatrix}+\begin{bmatrix}\boldsymbol{C}_c+\boldsymbol{C}_{cf} & \boldsymbol{C}_{cb}\\ \boldsymbol{C}_{bc} & \boldsymbol{C}_b+\boldsymbol{C}_{bf}\end{bmatrix}\begin{bmatrix}\dot{\boldsymbol{w}}_c\\ \dot{\boldsymbol{w}}_b\end{bmatrix}+\begin{bmatrix}\boldsymbol{K}_c+\boldsymbol{K}_{cf} & \boldsymbol{K}_{cb}\\ \boldsymbol{K}_{bc} & \boldsymbol{K}_b+\boldsymbol{K}_{bf}\end{bmatrix}\begin{bmatrix}\boldsymbol{w}_c\\ \boldsymbol{w}_b\end{bmatrix}=\begin{bmatrix}\boldsymbol{F}_{cg}\\ \boldsymbol{F}_{bg}\end{bmatrix}\tag{6.57}$$

式(6.57)包含了炮身-摇架耦合运动引起的附加系数矩阵、摇架的有限元系数矩阵以及轴向运动炮身的系数矩阵。

6.1.4 发射载荷作用下炮身大位移后坐时变力学建模

从已报道的移动质量时变力学建模理论来看，一般都假设移动质量的运动规律已知，例如许多研究人员给出匀速运动、匀加速运动或匀减速运动条件下的时变力学效应，但对火炮发射过程而言，炮身沿摇架大位移后坐是发射载荷的作用效果，这是炮身大位移后坐时变力学与经典时变力学的区别所在。本节通过建立炮身与摇架在轴向方向上的相互作用关系，建立一种发射载荷作用下炮身大位移后坐时变力学模型。

移动载荷作用下支撑梁的纵向和横向动力学控制方程分别为

$$\rho A\frac{\partial^2 u(x,t)}{\partial t^2}-EA\frac{\partial^2 u(x,t)}{\partial x^2}=f_x(x,t)\tag{6.58}$$

$$\rho A\frac{\partial^2 w(x,t)}{\partial t^2}+EI\frac{\partial^4 w(x,t)}{\partial x^4}=f_z(x,t)\tag{6.59}$$

其中，ρA 表示支撑梁的单位长度质量，EA 表示支撑梁的抗拉刚度，EI 表示支撑梁的抗弯刚度，$u(x,t)$ 表示支撑梁 x 处在 t 时刻的纵向位移，$w(x,t)$ 表示支撑梁 x 处在 t 时刻的横向位移，$f_x(x,t)$ 和 $f_z(x,t)$ 分别表示在 t 时刻作用在支撑梁上坐标 x 处的纵向载荷和横向载荷。

移动炮身作用下的支撑结构受到的载荷可以表示为

$$f_x(x,t)=\Re\left(f_z(x,t)\right)\tag{6.60}$$

$$f_z(x,t)=\delta(x-s(t))M\left\{g-\left[w_{tt}+2w_{st}v(t)+w_{ss}\left(v(t)\right)^2+w_t a(t)\right]\right\} \tag{6.61}$$

其中，M 表示炮身的质量，g 表示重力加速度，$s(t)$、$v(t)$、$a(t)$ 分别代表炮身在 t 时刻运动到的位置、速度和加速度。$\Re\left(f_z(x,t)\right)$ 表示支撑梁纵向载荷与横向载荷的关系。

计及炮身的惯性，其沿炮轴方向的运动控制方程为

$$M\ddot{s}=f(t)-f_x(x,t) \tag{6.62}$$

其中，$f(t)$ 为炮身所受外力。

数值计算过程为：①根据上一时间步支撑结构运动状态，按照式(6.61)计算 $f_z(x,t)$；②根据式(6.60)计算 $f_x(x,t)$；③在确定支撑结构载荷后，代入式(6.62)计算得到这一时间步移动炮身的运动规律；④根据式(6.58)和式(6.59)计算支撑结构的运动状态。按照以上步骤直到完成所有时间步的计算，如图 6.2 所示。

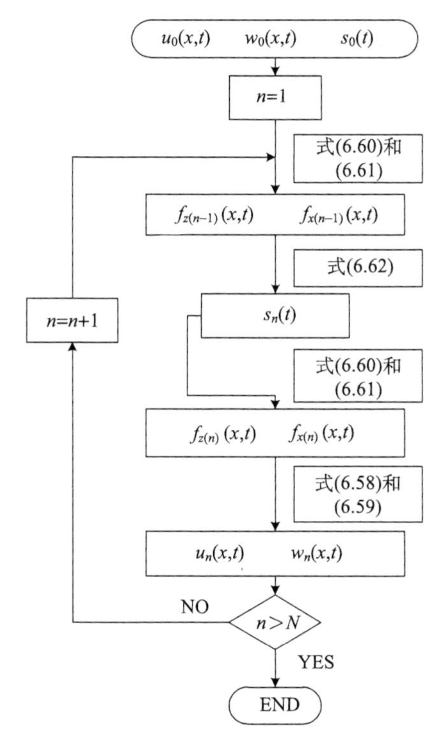

图 6.2　发射载荷作用下炮身后坐时变力学计算流程图

6.1.5　炮身后坐三维时变力学数值算法及实现

炮身后坐三维时变力学程序的流程图如图 6.3 所示。与有限元分析过程类似，

炮身后坐三维时变力学计算程序也分为前处理、计算求解和后处理三个主要模块。其中，前处理涉及质量矩阵和刚度矩阵的处理，对模型计算结果的精确程度有直接的影响。

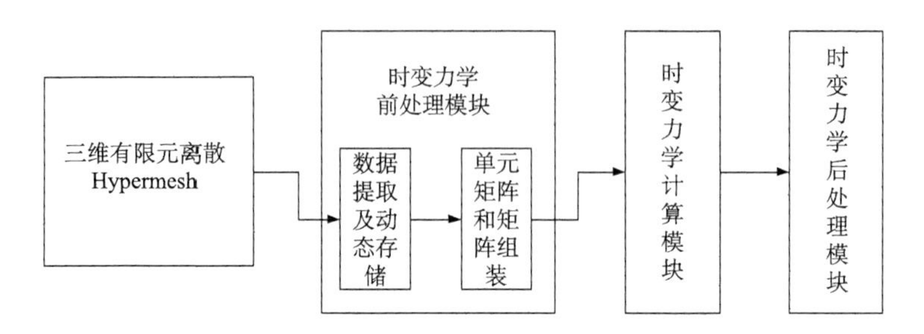

图 6.3 炮身大位移后坐三维时变力学计算程序流程图

采用 Hypermesh 软件划分摇架网格，通过 Hypermesh 与前处理模块间的接口将摇架有限元网格文件导入前处理模块。前处理模块根据导入的摇架单元和节点、摇架总质量矩阵和刚度矩阵的存储信息，利用“对号入座”法建立摇架的有限元刚度矩阵、质量矩阵和自重产生的载荷向量。然后通过前处理模块与计算求解模块间的接口，在计算求解模块中建立轴向变速运动弯曲梁的移动梁单元系数矩阵，支撑力引起的附加质量矩阵、附加阻尼矩阵和附加刚度矩阵，将它们组装得到炮身大位移后坐系统的整体刚度矩阵、阻尼矩阵、质量矩阵和载荷向量，并通过数值方法迭代求解。后处理模块对计算求解模块的计算结果进行处理，得到相应位置的位移、速度、转角、角速度、应力应变等相应曲线。

6.1.5.1 前处理模块

前处理模块主要完成生成摇架有限元网格信息，局部坐标系中将炮身划分为移动梁单元、定义模型的初始条件和边界条件等工作。

1) 摇架有限元网格

摇架的几何形状是相对比较复杂的，通过手动设置网格节点和单元的方法进行划分网格是很难实现的，本节采用 Hypermesh 模块对摇架进行网格划分，如图 6.4 所示。

将研究有限元模型信息保存为文本格式的文件，通过 Hypermesh 与前处理模块间的接口程序将摇架有限元模型文件导入炮身后坐三维时变力学程序的前处理模块中。为了对读入的有限元模型信息进行编程处理，对导入的文件数据结构进行了剖析。

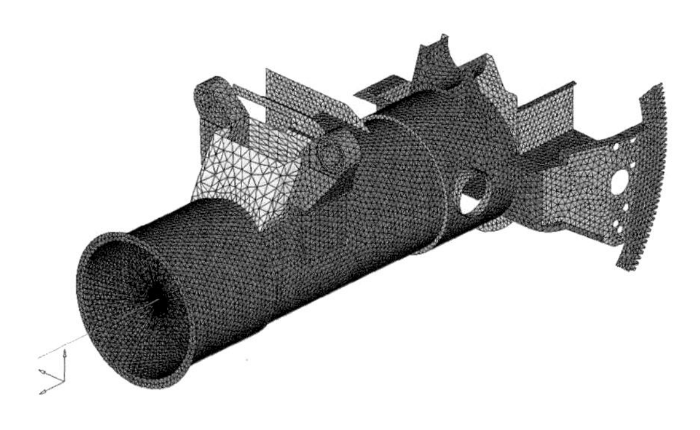

图 6.4　摇架的三维单元

Hypermesh 生成的有限元模型数据包括几何、材料、边界条件三方面的内容。几何方面主要是网格的划分，网格划分包括节点的生成和单元的生成，节点的生成是给定某个节点的编号及其坐标，单元的生成是给出单元各节点的整体编码与其在单元内部局部编码的对应关系。材料方面，必须确定结构各部分的材料性能，将连续的材料信息变为离散化的量，形成时变力学分析所需的数据系统。

节点信息：描述摇架有限元网格中各个节点在坐标系中的位置，包含各个节点序号以及各个节点在坐标系中的坐标分量，如图 6.5 所示。

```
 1,  940.44730877119,  993.12665727154,  -130.0000000006
 2,  914.06576289458,  1052.9226776685,  -111.4789121707
 3,  948.66075573951,  993.02968958677,  129.99999397776
 4,  941.33924426048,  1068.6762061177,  105.683253762
 5,  829.99999999999,  1054.9351492454,  -110.8802010168
 6,  829.99999999999,  1054.9351551258,  110.88019920952
 7,  833.14388629004,  1054.8598869557,  -110.9025915801
 8,  860.38365247075,  1047.0072422375,  113.01269967767
 9,  839.37540202383,  1047.1860629712,  112.97145623021
10,  839.99575747614,  1054.7251452841,  110.94267660464
11,  880.50047644553,  1103.2141155003,  82.026137527094
12,  880.50686476902,  1083.0879726905,  -98.06899406449
13,  840.06168940929,  986.81964553418,  110.95774097644
14,  829.99440929133,  986.8082579228 ,  110.95798778945
```

图 6.5　节点数据格式

```
**HWCOLOR COMP          1    33
*ELEMENT,TYPE=S3,ELSET=1
        1,       418,        33,        12
        2,       414,       198,        34
        3,       197,       198,       414
        4,       414,       507,       197
        5,       414,       418,       507
        6,        34,       418,       414
        7,       507,       196,       197
        8,       507,       416,       196
        9,       416,       195,       196
       10,       416,       506,       195
       11,       195,        36,        37
       12,       506,        36,       195
```

图 6.6　单元数据格式

单元信息：描述摇架有限元网格中各个单元的类型、所属属性集合、包含节点对应的节点编号等信息，包括单元序号，单元相关节点数目、单元类型，单元对应属性集合的序号，以及各个单元包含各节点对应的序号，如图 6.6 所示。

属性集合信息：定义摇架有限元网格中各个属性集合，主要包括属性集合的序号、对应材料的序号以及一些特殊单元的变量(如壳单元的厚度)，如图 6.7 所示。

```
**HM_comp_by_property "1"      3
*SHELL SECTION, ELSET=1, MATERIAL=1
10.0        ,
**HM_comp_by_property "2"      4
*SHELL SECTION, ELSET=11, MATERIAL=1
16.8        ,
**HM_comp_by_property "3"      5
*SHELL SECTION, ELSET=12, MATERIAL=1
15.0        ,
**HM_comp_by_property "4"      6
*SHELL SECTION, ELSET=13, MATERIAL=1
10.0        ,
```

图 6.7 属性集合信息文件

```
*MATERIAL, NAME=1
*DENSITY
7.8500E-09,0.0
*ELASTIC,TYPE=ISOTROPIC
207000.0 ,0.3     ,0.0
*MATERIAL, NAME=2
*DENSITY
8.3200E-09,0.0
*ELASTIC,TYPE=ISOTROPIC
115000.0 ,0.25    ,0.0
```

图 6.8 材料信息文件

材料信息：定义摇架有限元模型中各个材料属性，包括材料序号，材料力学参数如密度、弹性模量等，如图 6.8 所示。

边界条件信息：定义有限元模型中的边界条件的信息，包括边界条件的序号、受约束的节点序号。

每个单元对应一个属性集合，但同一个属性集合可以关联多个单元；根据单元的类型，一个单元对应相应个数的节点，但同一个节点可以归属于不同的单元；一个属性集合对应一种材料，而同一种材料可以定义不同的属性集合。

2) 炮身移动梁单元

基于炮身的几何特点，将炮身作为轴向变速运动弯曲梁建模，在相对炮身固连的局部坐标系中将其划分若干个移动梁单元。与摇架有限元网格信息类似，炮身移动梁单元网格信息也包括了节点信息、单元信息、属性集合信息和材料信息，按照摇架网格信息相同的形式进行存储。

3) 边界条件与初始条件

火炮摇架一般通过耳轴、高低机、平衡机与炮架连接，相应的边界条件设置：耳轴位置定义转动副，约束高低机齿弧处定义沿齿弧基圆切向的自由度，平衡机利用具有等效拉伸刚度的杆单元建模。

由于摇架与炮身网格信息是在不同坐标系下定义的，在前处理模块中还要定义炮身相对摇架的初始位置，并确定前后衬瓦的位置(炮身与摇架相互作用的位置)。前处理模块需要确定系统的动态载荷包括炮膛合力、制退机力、复进机力等随时间的变化曲线。

前处理模块根据上述几何、材料、边界条件等三类数据的结构形式，解析出时变力学系统的质量矩阵、刚度矩阵，以及附加质量矩阵、附加刚度矩阵所需的相应信息，从而为组装系统总质量矩阵、刚度矩阵及载荷向量提供输入数据。

所建立的摇架有限元刚度矩阵和质量矩阵是稀疏的带状矩阵，仅有靠近矩阵主对角线的带状区域内为非零元素，其他元素均为零，如将矩阵所有的元素均存储下来将消耗很大的内存资源，尤其是在网格节点数较多的情况下，稀疏特性更为明显。针对时变力学前处理计算的特点，为了保证前处理的速度和效率，采用动态数组数据结构，用于存储时变力学模型。这种数据结构有以下几个优点：

(1) 数据冗余度小。时变力学分析系统要求网格单元和组成网格单元的各网格节点唯一，也即同一个网格单元或网格节点只能记录一次。在网格的生成过程中，网格单元基本上没有重复，但是在面与面的结合处有重复的网格节点存在，这样数据冗余度大，因而去除重复的网格节点是网格数据管理的关键。采用动态数组数据结构，能够保证数据的冗余度小。

(2) 提高系统处理的效率。能够方便地对数据进行查找、遍历、增删等操作；

(3) 动态性好。对于前处理来说，需要对有限元模型进行动态的编辑和修改，这就要求数据要有极好的动态性能。该数据结构采用动态数组结构，可以方便地实现动态申请和释放空间。

6.1.5.2　计算求解模块

计算求解模块的流程图如图 6.9 所示。

计算求解模块根据前处理模块生成的网格信息以及炮身初始位置，分别建立摇架有限元系数矩阵、炮身移动梁系数矩阵、炮身-摇架附加矩阵，并组装成火炮后坐系统的整体系数矩阵，由于在重力作用下会有一定的变形，需要首先计算系统所有自由度在重力作用下的初始位移。

绝对坐标系下摇架的有限元系数矩阵不是时变的，但是炮身-摇架耦合运动引起的附加矩阵，以及受到冲击载荷的轴向变速运动炮身的系数矩阵都是时变的，系统的动力学方程是一个具有时变系数矩阵的二阶常微分方程组。在三维时变力学程序的计算求解模块中，采用多步积分法的数值求解方法进行运算，在每个时间步开始前都需要根据当前炮身的运动状态确定炮身的质量矩阵和刚度矩阵，以及炮身-摇架的附加系数矩阵，组装系统整体系数矩阵后，才能根据数值迭代法进行该时间步的迭代计算，直至炮身后坐过程结束停止计算。

6.1.5.3　后处理模块

式 (6.57) 中建立的炮身-摇架耦合系统时变力学模型中，炮身的自由度向量是在与炮身固连的局部坐标系下的，经过计算求解模块的数值求解得到的结果需要通过运动学变换得到绝对坐标系下的响应曲线，即

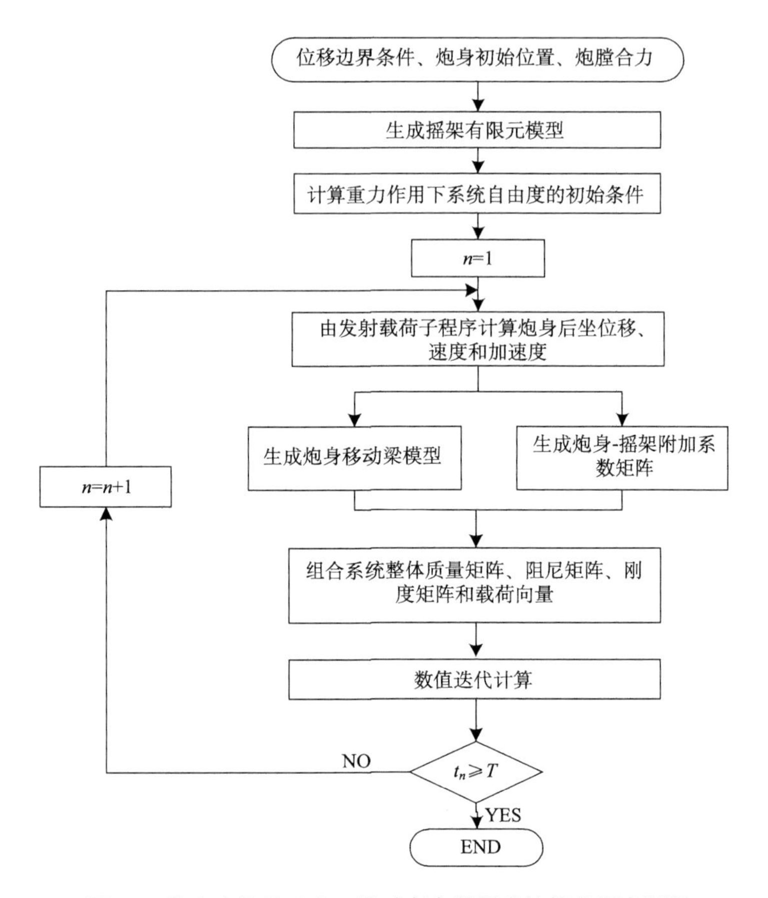

图 6.9 炮身大位移后坐三维时变力学程序计算求解流程图

$$
\begin{aligned}
u_b &= \bar{u}_b \\
\theta_b &= \bar{\theta}_b \\
\dot{u}_b &= \dot{\bar{u}}_b - v\bar{u}_b{}' \\
\dot{\theta}_b &= \dot{\bar{\theta}}_b - v\bar{\theta}_b{}' \\
\ddot{u}_b &= \ddot{\bar{u}}_b - 2v\dot{\bar{u}}_b{}' - v^2\bar{u}_b{}'' - a\bar{u}_b{}' \\
\ddot{\theta}_b &= \ddot{\bar{\theta}}_b - 2v\dot{\bar{\theta}}_b{}' - v^2\bar{\theta}_b{}'' - a\bar{\theta}_b{}'
\end{aligned}
\tag{6.63}
$$

根据移动梁单元的形函数 $\bar{u}_b(x,t) = \boldsymbol{N}\boldsymbol{w}_b$，将上述各式表达为

$$
u_b = \boldsymbol{N}\boldsymbol{w}_b
$$

$$
\theta_b = \frac{\mathrm{d}\boldsymbol{N}}{\mathrm{d}\bar{x}}\boldsymbol{w}_b
$$

$$
\begin{aligned}
\dot{u}_b &= \boldsymbol{N}\dot{\boldsymbol{w}}_b - v\frac{\mathrm{d}\boldsymbol{N}}{\mathrm{d}\bar{x}}\boldsymbol{w}_b \\
\dot{\theta}_b &= \frac{\mathrm{d}\boldsymbol{N}}{\mathrm{d}\bar{x}}\dot{\boldsymbol{w}}_b - v\frac{\mathrm{d}^2\boldsymbol{N}}{\mathrm{d}\bar{x}^2}\boldsymbol{w}_b \\
\ddot{u}_b &= \boldsymbol{N}\ddot{\boldsymbol{w}}_b - 2v\frac{\mathrm{d}\boldsymbol{N}}{\mathrm{d}\bar{x}}\dot{\boldsymbol{w}}_b - v^2\frac{\mathrm{d}^2\boldsymbol{N}}{\mathrm{d}\bar{x}^2}\boldsymbol{w}_b - a\frac{\mathrm{d}\boldsymbol{N}}{\mathrm{d}\bar{x}}\boldsymbol{w}_b \\
\ddot{\theta}_b &= \frac{\mathrm{d}\boldsymbol{N}}{\mathrm{d}\bar{x}}\ddot{\boldsymbol{w}}_b - 2v\frac{\mathrm{d}^2\boldsymbol{N}}{\mathrm{d}\bar{x}^2}\dot{\boldsymbol{w}}_b - v^2\frac{\mathrm{d}^3\boldsymbol{N}}{\mathrm{d}\bar{x}^3}\boldsymbol{w}_b - a\frac{\mathrm{d}^2\boldsymbol{N}}{\mathrm{d}\bar{x}^2}\boldsymbol{w}_b
\end{aligned}
\tag{6.64}
$$

6.1.6　数值计算及结果分析

以某 122mm 榴弹炮为研究对象，对炮身大位移后坐时变力学响应进行了数值计算，图 6.10～图 6.13 分别为炮口中心的振动响应曲线，图 6.14 和图 6.15 分别为摇架前端位置的垂直位移和应变曲线。表 6.1 列出了炮身和摇架的主要时变力学特征量。

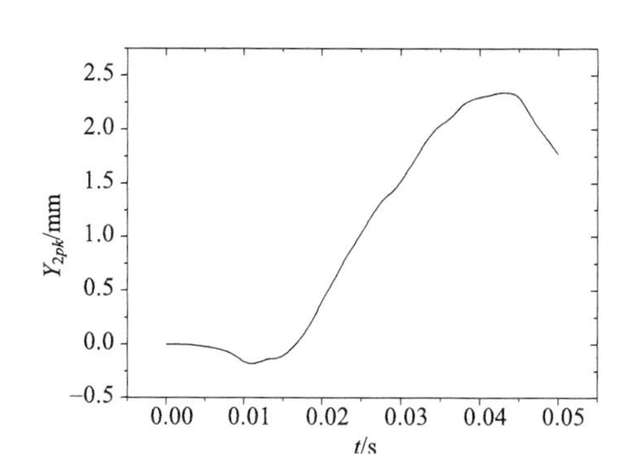

图 6.10　炮口中心垂直位移响应曲线

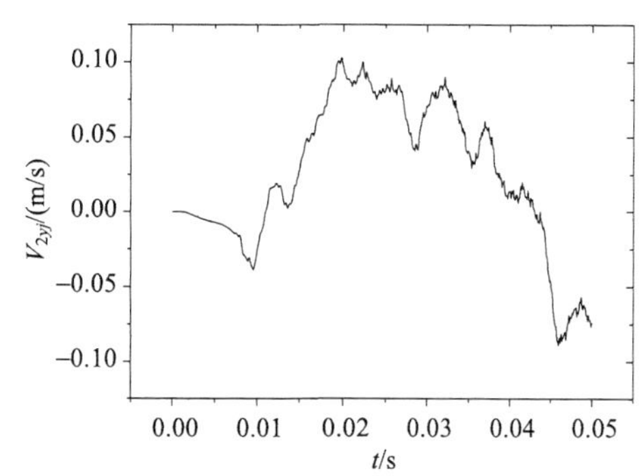

图 6.11　炮口中心垂直速度响应曲线

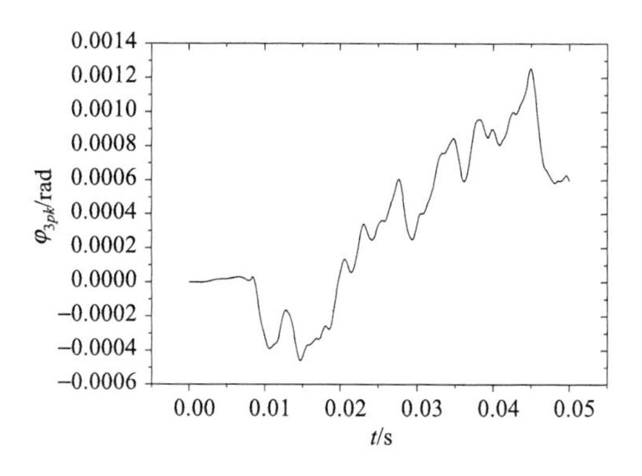

图 6.12　炮口中心高低跳角响应曲线

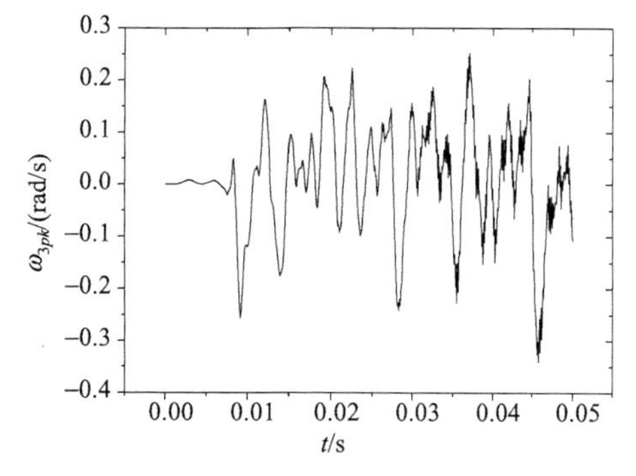

图 6.13　炮口中心高低跳角角速度响应曲线

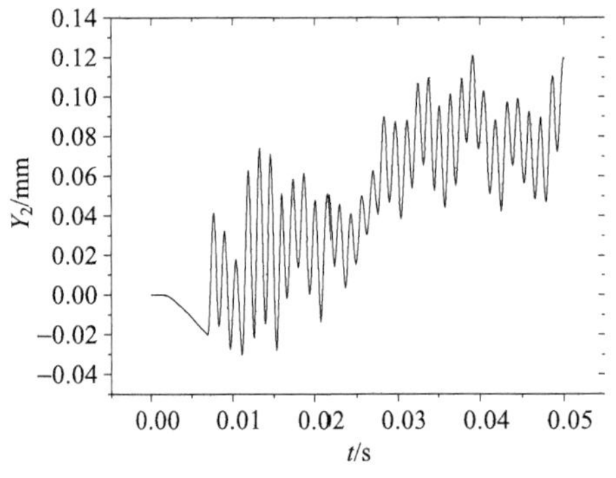

图 6.14 摇架前端垂直位移响应曲线

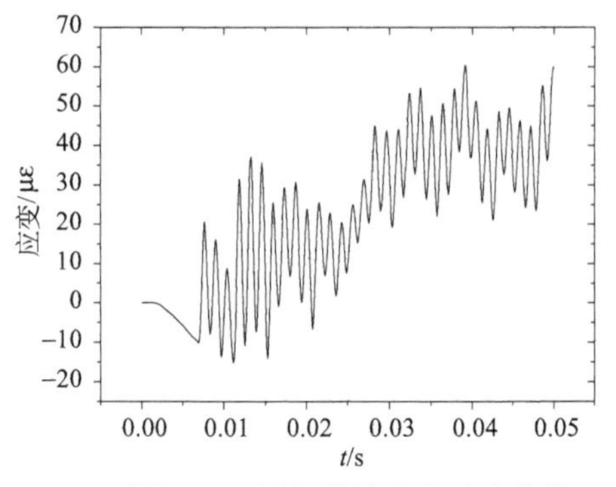

图 6.15 摇架前端应变响应曲线

表 6.1 炮身和摇架时变力学特征列表

变量名称	弹丸出炮口瞬间值	幅值	主要频率成分/Hz
炮口中心垂直位移/mm	–0.2730	2.3442	28.68,63.62
炮口中心高低跳角/mrad	–0.3179	1.2564	28.68,63.62,158.84,276.79,406.95
摇架前端垂直位移/mm	–0.0099	0.1209	50.04, 158.84,197.60,284.12,406.95, 619.51,732.42,777.13
摇架前端应变/με	–4.9793	60.4309	50.04,158.84,197.60,284.12,406.95, 493.01, 619.51, 732.42, 777.13

由图 6.10～图 6.15 和表 6.1 可知，炮口中心垂直位移和高低跳角时域曲线的一阶和二阶频率分别为 28.68Hz 和 63.62Hz，但高低跳角的高频成分比垂直位移丰富得多；摇架前端动态响应的基频均为 50.04Hz，摇架前端垂直位移的频率成分比应变的少一个频率(493.01Hz)外，其他频率相同。

6.2 火炮发射过程炮身大位移后坐时变力学试验测试

以某 122mm 榴弹炮为试验测试研究对象，通过人工后坐装置使炮身后坐至不同位置，对相应的模态特性进行了测试；对发射杀爆榴弹条件下火炮发射过程的炮口振动和炮身后坐位移进行了测试，将实测结果与时变力学计算数据进行了对比分析。

6.2.1 炮身在不同后坐位置的模态特性测试

利用 B&K 公司的 3050-A-060 型模态测试系统对某 122mm 榴弹炮模态特性测试。试验时，将炮身人工后坐到 0、100mm、200mm、300mm、400mm、500mm 位置，对炮身在不同后坐位置的模态特性进行测试，前四阶振动频率测试结果如

表 6.2 所示。

表 6.2 某 122mm 榴弹炮振动频率测试结果

后坐位移/mm	一阶/Hz	二阶/Hz	三阶/Hz	四阶/Hz
0	7.18	32.20	103.00	204.66
100	7.18	32.66	103.53	211.75
200	7.52	33.55	106.92	215.47
300	7.58	34.21	108.78	218.82
400	7.62	34.88	111.87	224.19
500	7.71	35.84	115.67	224.00

前四阶振动频率随炮身后坐位移的变化规律计算与实测结果的对比如图 6.16～图 6.19 所示(其中：■、●、▲分别表示试验测试、非时变模型及时变模型结果)。

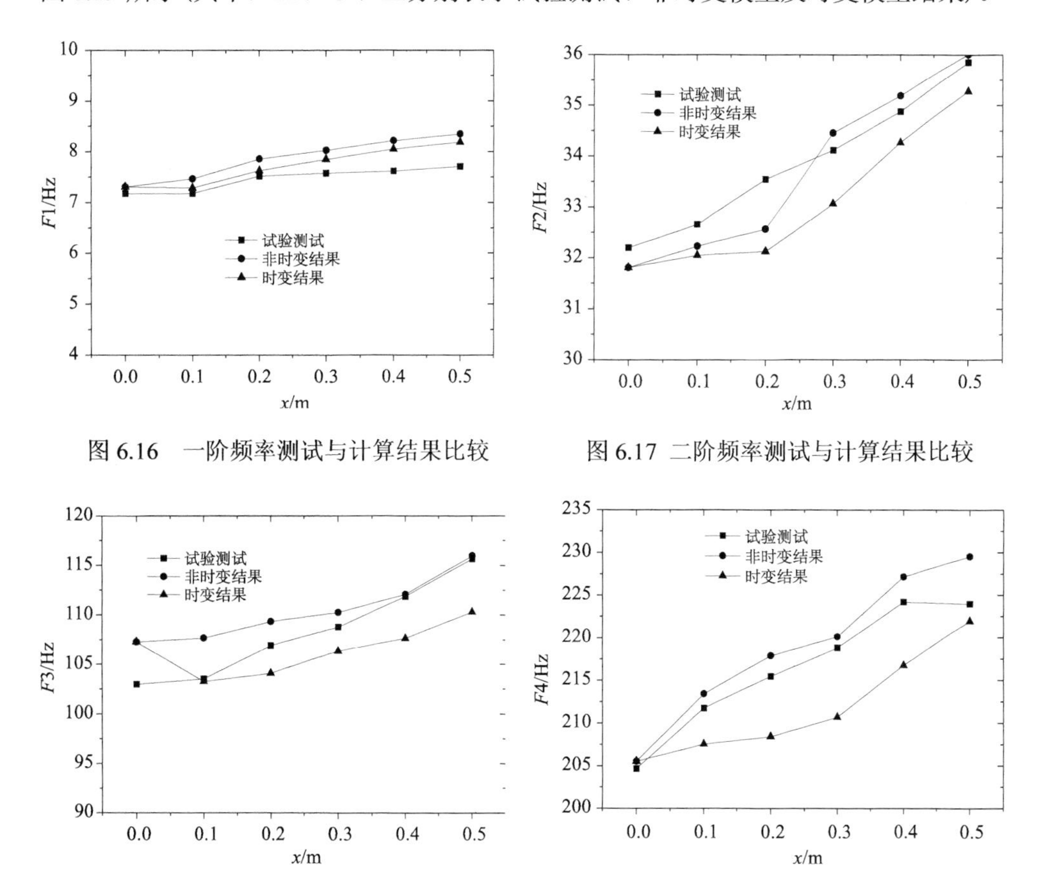

图 6.16 一阶频率测试与计算结果比较

图 6.17 二阶频率测试与计算结果比较

图 6.18 三阶频率测试与计算结果比较

图 6.19 四阶频率测试与计算结果比较

主要规律：

(1)炮身后坐时，随着后坐位移的增加，系统前四阶频率呈变大趋势。

(2)不考虑后坐速度的影响时，后坐位移每增加100mm，系统的一、二、三、四阶频率计算值平均增长率分别为2.7%、2.5%、1.6%、2.2%，测试结果平均增长率分别为1.4%、2.2%、2.4%、1.8%。

(3)计及后坐速度、加速度等因素的时变模型计算的一、二、三、四阶频率与非时变模型计算值相比平均下降率分别为2.3%、2.1%、4.3%、3.8%。

(4)一、二、三、四阶频率试验测试结果(不考虑后坐速度的影响，仅考虑后坐位移的影响)比计算结果分别小5.1%、1.3%、2.0%、1.1%。

(5)非时变模型计算及实测的不同后坐位置系统二、三、四阶频率均比时变模型计算的大一些。

6.2.2 火炮运动的高速摄影测试原理与测试误差分析

高速摄影技术是近年来发展起来的用于拍摄瞬变场景的成像技术，所拍摄的信息能接近被摄对象的真实运动状态，且能直观而形象地反映出高速运动物体的时空特性。目前高速摄影测试技术已在爆炸爆破、机构规律、武器发射等方面得到了应用，例如通过拍摄断药导爆管的传爆过程，获得了传爆速度随时间变化的规律；对运行中的卷管机进行拍摄，分析出卷管机送纸机构的运动规律；运用高速摄影技术和图像匹配定位方法获得火炮炮口振动参数。高速摄影测试系统主要由高速摄影机、光学镜头、同步光源、固定台架、软件支持与数据存储、图像跟踪等部分组成，如图6.20所示。

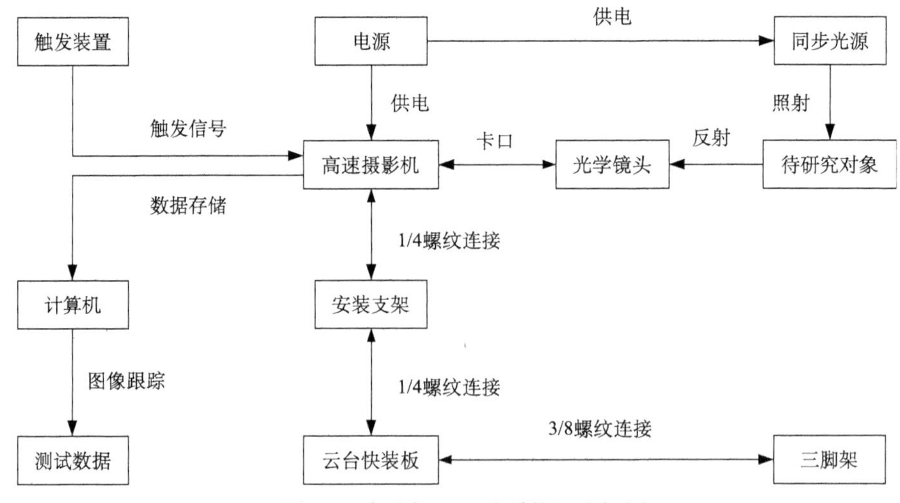

图6.20 高速摄影测试系统组成框图

高速摄影机与光学镜头通过专用卡口固连，形成高速摄影系统的光学成像部分。使用专用的 1/4 或 3/8 英寸螺纹将光学成像部分与安装支架、云台快装板以及三脚架依次安装固定，形成拍摄方向可调节的固定台架部分。电源部分为高速摄影机提供电力输入，同时也为光照条件不足时所使用的同步光源提供电力输入。触发装置的作用是对传输触发信号，使高速摄影机开始采集。待研究对象通过对同步光源或自然光的反射，将自身运动信息以图像的形式传输至光学成像系统；再将高速摄影机所拍摄的图像数据传输至计算机存储器中后，利用商业软件对图像数据进行综合处理，最终获取所需测试数据。

测试使用的高速摄影机可选用 IDT Y3-S2、Vision Research Phantom V710 等型号；光学镜头为 Nikkor AIS 50mm F1.2 定焦镜头和 Nikkor AF-S 400mm F2.8D ED 定焦镜头；云台为 ARCA 870103 D4 云台；图像跟踪软件为 ProAnalyst，该软件可对导入的图像数据进行对比度修改、图像滤波、光学畸变修正等操作，并能够快速提取和量化待测物体运动过程，以位移、速度、加速度等物理量的形式记录下来，图像跟踪所需的主要信息包括视频、帧率、比例尺、跟踪区域等，软件可跟踪捕捉标记点的运动规律，并在绘图区域记录了位移、速度、加速度等运动学参数信息。

高速摄影测试系统应用于火炮发射运动学测试的误差主要来源于测试器材、测试环境和实践操作三个方面。测试器材误差可分为高速摄影机误差和光学镜头误差；测试环境误差可归类为光线传输误差和振动冲击误差；实践操作误差主要来源于摄影光位选择、曝光时间控制等因素。

1) 高速摄影机误差

由于高速摄影机硬件上存在区别，描述高速摄影机性能的参数也大相径庭，而高速摄影机误差主要因时基、感光度、信噪比、动态范围、像素、拍摄速率等性能参数产生。

时基误差是指重现信号与基准信号之间的误差，是评判摄影机的时间精度指标。数字式高速摄影机采用了频率高达 10MHz 的高精度晶振作为时间基准，时间精度非常高。

感光度描述的是单位光照强度入射在感光器件产生的输出量。在相同环境照度下，感光度越高，获得期望信噪比输出需要的辐射照度越小，对于高速率拍摄越有利。

信噪比描述信号与噪声之间的比例关系，动态范围是指感光器件饱和信号电压与噪声电压均方根之比。信噪比和动态范围越高，所获得的图像的质量越高。

像素是指基本原色素及其灰度的基本编码，是构成数码影像的基本单位。像素大小直接影响到运动分析的位置精度。像素越高，定位精度越高。

拍摄速率指的是高速摄影机单位时间内拍摄的帧数。拍摄速率越高，运动学分析中的时间间隔越短，对高速运动物体位置的描述越精确。

2) 光学镜头误差

光学镜头是数字视觉系统中必不可少的部件，其误差主要由焦距、光圈、畸变率、调制传递函数等产生。

镜头焦距是光学系统中衡量光的聚集或发散的度量方式，一般是指镜头光学中心到底片、电荷耦合元件或互补金属氧化物半导体等成像平面的距离。同等条件下，焦距越小，则有效画幅分辨率越低，从而导致尺寸精度越低；焦距越大，则所摄有效区域面积越小，最终导致不能拍摄全部运动轨迹。因此，合理地选用镜头焦距有利于减少实验误差。

镜头光圈是用以控制光线透过镜头进入感光面光量的装置，通常布置在镜头内。相同光照条件下，大光圈进光量大，景深小，有利于提高拍摄速率；小光圈进光量小，景深大，有利于提高成像质量。测试人员须协调拍摄速率和成像质量之间的矛盾，在满足成像要求的前提下，尽可能优选测试镜头的最大光圈。

镜头畸变是光学透镜固有透视失真的总称，这种失真对成像质量是非常不利的。尽管高档镜头利用镜片组的优化设计，选用高质量的光学玻璃来制造镜片，但镜头边缘仍然会产生不同程度的变形和失真。图像跟踪软件 ProAnalyst 提供了镜头畸变计算工具模块，研究人员需在测试之前对高精度棋盘纸进行同工况拍摄，通过该模块执行镜头畸变矫正操作，并记录存储相关信息用于实际测试图像的矫正操作。

3) 光线传输误差

光在空气中的传播可视为波在随机介质中传播，该随机介质具有湍流性和混浊性。湍流性是指大气本身的运动、温差、压力差、密度差等引起的折射率的改变，折射率变化量级为 10^{-6}；混浊性是指大气存在微粒，如雨、雾、沙尘等，它们和周围大气分界清楚，折射率变化量级为 100。从效应来看，湍流介质的影响主要表现为接收平面上光辐射通量密度的起伏和相位起伏；而混浊介质的影响表现为在传播途径上光的能量损耗。

在火炮运动位移测试中，高速摄影设备与待测火炮距离较远，测试区域大气的温度、压力、密度和成分存在一定的不确定性，易产生湍流和混浊，导致时变区域折射率，造成测试误差。为减少光线传输误差，在设计测试方案时，须充分考虑测试区域的天气情况，尽量保证测试现场晴朗且风级很小。

4）振动冲击误差

在火炮发射运动学测试中不可避免地遇到振动和冲击，它们主要来自散热风扇、自然风以及火炮发射等，下面将分别讨论分析各种激励方式产生误差的原因。

数字式高速摄影机的电子元器件散热大多采用硅脂-散热片-风扇方案，风扇运转过程中的不平稳造成高速摄影机自激振动。以某型号高速摄影系统为例，在确保光介质均匀、无外界激励的前提下，对静止标记点进行拍摄和跟踪，并利用汉明窗函数对信号进行频域分析，获得的时域、频域响应如图 6.21 和图 6.22 所示。

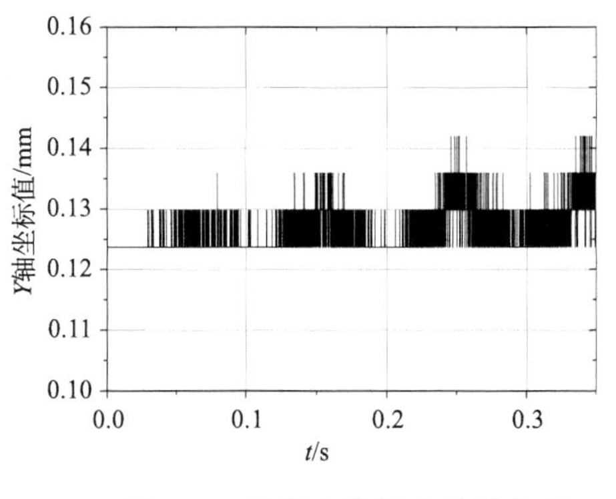

图 6.21　风扇自激振动时域响应

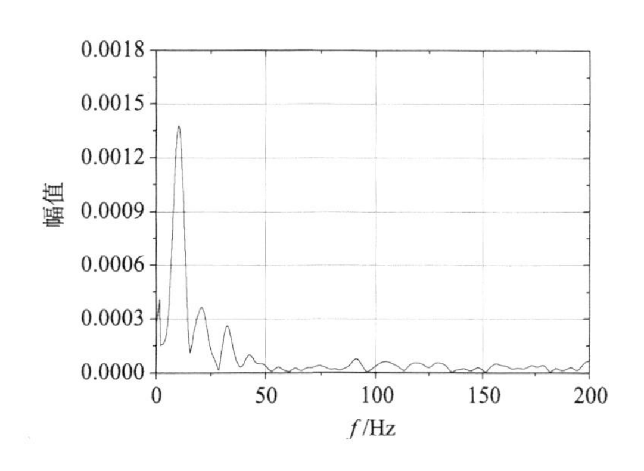

图 6.22　风扇自激振动频域响应

由图 6.21 可以看出，标记点在图像上 Y 轴的稳态振动位移量差值为 0.02mm 左右，信号平稳且呈现一定的周期性；由图 6.22 可得，高速摄影机外界激励主成分频率位于 10～20 Hz，符合时域曲线所观测出的周期性。

作用于高速摄影测试系统的自然风载荷通常可归类为定常部分和脉动部分，而脉动部分引起的脉动载荷必然激起高速摄影测试系统的动态响应。为研究自然风激振对高速摄影系统实际测试结果的影响，设计 5 级风速环境中的动态测试，对静止标记点进行拍摄和跟踪，并利用汉明窗函数对时域信号进行频域变换，研究发现标记点在图像上的 Y 轴稳态振动位移量级为 100mm，相对于炮口振动等待测物理量，该误差已上升到谬误级别；另外分析获得高速摄影机外界激励主成分频率位于 3Hz 左右。由此可见，自然风对高速摄影设备的激振作用明显，应加以控制。

火炮发射时，发射载荷形成的冲击通过空气及岩土构成的两个半无限介质传播至高速摄影机，直接影响高速摄影测试系统的工作稳定性。对于半无限介质，弹性纵波的传播速度为

$$V=\sqrt{\frac{(1-\nu)E}{(1+\nu)(1-2\nu)}\rho} \tag{6.65}$$

其中，ν 为介质泊松比；E 为介质弹性模量；ρ 为介质密度。空气中的弹性纵波波速约 340m/s；岩土中的波速随着材料参数的改变而改变，如松散均质砂土中的波速约 150m/s，页岩中的波速约 250m/s。若某次拍摄距离 30m，土壤为松散均质砂土，火炮发射的冲击影响首先通过空气传播至高速摄影设备，其传播时间约为火炮发射开始后的 80ms。弹丸膛内运动时间一般在 20ms 以内，因此膛内时期的拍摄图像受火炮发射冲击的影响可以忽略不计；而火炮后坐及复进运动时间数量级在几百 ms，该阶段的拍摄图像受火炮发射冲击的影响较大。

振动冲击误差主要来源于散热风扇、自然风以及发射引起的振动冲击，其共同作用使高速摄影机及其固定装置发生受迫振动，拍摄画面也随之振动，从而造成拍摄误差。

5) 摄影光位误差

摄影光位是指拍摄所用光源的位置，直接影响高速摄影机的成像效果。火炮发射运动学测试地点大多设置于室外，且一般选择太阳作为测试光源。太阳相对于观察者的位置是时间和空间两者的函数，由太阳方位角和高度角构成。太阳方位角指太阳光线在地平面上的投影与当地子午线的夹角；太阳高度角是指太阳光的入射方向和地平面之间的夹角。摄影光位应尽量设置为顺光，尤其是高纬度地区实验，这样能使被摄物体照度均匀，成像效果良好。测试中也存在无法顺光拍摄的情况，测试人员须根据测试地点太阳的实际位置，采用加长遮光罩并配备补光板的方法，避免阳光直射镜头，同时增加被摄物有效进光量。

6) 曝光时间误差

对于火炮瞬态运动学测试来说，增加曝光时间有利于提高拍摄速率，可更加精确地描述运动规律；而过长的曝光时间会降低成像清晰度，甚至产生图像拖影，造成图像无法进行后处理。多像素区域的图像跟踪算法日渐成熟，但都以对图像特征的精确提取为前提，这就要求测试所采集的图像清晰准确。相同实验条件下，被摄对象在 10μs 和 100μs 曝光时间下的成像效果如图 6.23 所示。

可以看出，①图亮度较暗，标记点边缘清晰，满足图像跟踪算法的要求；②图亮度合适，标记点边缘产生明显图像拖影，严重影响图像跟踪效果。所以，须考虑测试对象特征以及研究环境特征等因素选择合适的曝光时间，用以解决亮度和清晰度之间的矛盾。

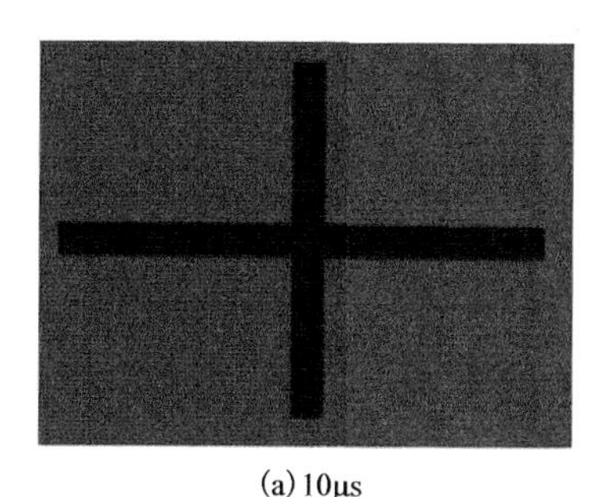

(a) 10μs

(b) 100μs

图 6.23　两种曝光时间的成像效果图

6.2.3　火炮发射过程炮身后坐的时变特征试验测试及分析

以某 122 毫米榴弹炮为试验对象，射击条件：高低和方向射角均为 0°，底凹弹，全装药(常温)，共发射 7 发，其中有效发数为 5 发。利用高速摄影仪对炮口高低位移和后坐位移进行测试，如图 6.24 所示。

测定及计算的炮口垂直位移规律对比如图 6.25 所示。测定及计算的炮身后坐位移和速度规律对比如图 6.26 和图 6.27 所示。

图 6.24　高速摄影测试布置图

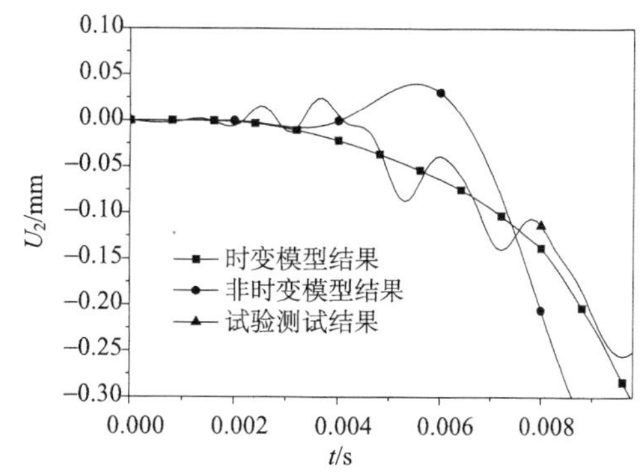

图 6.25　炮口中心垂直位移规律图

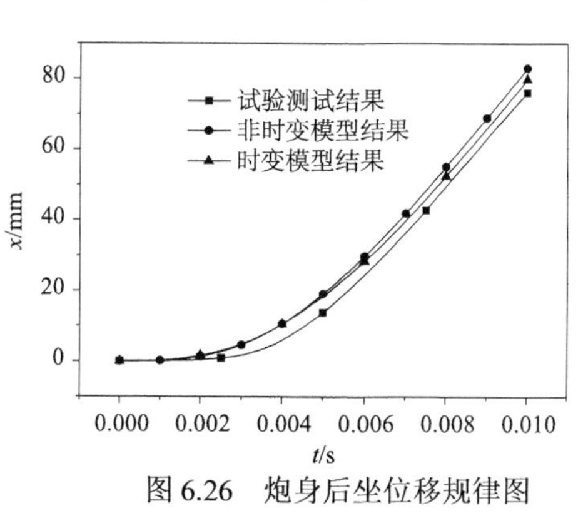

图 6.26　炮身后坐位移规律图

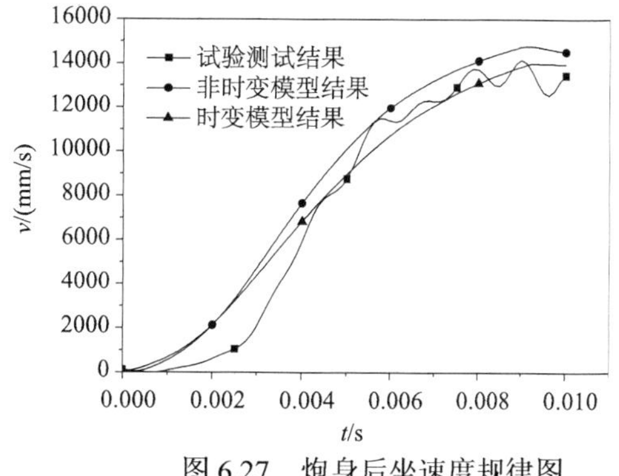

图 6.27　炮身后坐速度规律图

炮身大位移后坐时变特征测试、时变及非时变模型计算值(弹丸出炮口瞬间)的比较如表 6.3 所示，非时变模型计算结果与试验测试结果的平均相对误差为21.30%，时变模型计算结果与试验测试结果的平均相对误差为 5.33%，时变模型预测精度较非时变模型提高 15.97%。

由图 6.25～图 6.27 和表 6.3 可以发现：

(1)时变模型计算的 2ms 之前的炮口中心垂直位移结果、非时变模型计算结果以及测试结果之间的一致性非常好，2ms 之后直至弹丸出炮口之前，时变模型计算曲线与试验测试的变化规律基本一致，但是非时变模型计算曲线与测试的有明显区别。这是由于 2ms 前炮身的后坐位移和后坐速度较小，对系统的质量矩阵和刚度矩阵贡献较小，因此时变模型的计算结果、非时变模型的计算结果与测试结果基本一致；但 2ms 之后，随着炮身后坐位移和速度的不断增大，它们对系统的质量矩阵和刚度矩阵贡献较大，时变模型考虑了这种影响，而非时变模型未考虑，因此时变模型与非时变模型相比，炮口中心垂直位移的计算精度更高。

(2)弹丸出炮口瞬间，非时变模型计算的炮口中心垂直位移比时变模型计算的大 1/3 以上，比测试的大 40%以上。

(3)非时变模型计算的炮身后坐位移和速度比时变模型计算结果及测试结果略大。

表 6.3 弹丸出炮口瞬间炮身大位移后坐系统运动响应对比

类别	炮口振动位移/mm	炮身后坐位移/mm	炮身后坐速度/(m/s)
试验测试值	–0.2542	76.13	13.46
时变模型值	–0.2730	79.84	13.96
时变模型误差	7.40%	4.87%	3.72%
非时变模型值	–0.3737	83.00	14.52
非时变模型误差	47.01%	9.02%	7.88%
时变模型较非时变模型提高精度	39.61%	4.15%	4.16%

理论和试验研究表明，炮身大位移后坐三维时变力学理论比传统的非时变设计理论更能准确地计算炮口振动规律，对减小炮口振动及火炮总体结构优化设计具有重要意义。

参 考 文 献

[1] 王光远. 论时变结构力学. 土木工程学报, 2000, 33(6): 105-108.

[2] Frýba L. Vibration of Solids and Structures Under Moving Loads. 3rd ed. London: Thomas Telford, 1999.

[3] Ouyang H. Moving-load dynamic problems: a tutorial(with a brief overview). Mechanical Systems and Signal Processing, 2011, 25: 2039-2060.

[4] Yang B Y, Yau J D, Wu Y S. Vehicle-bridge Interaction Dynamics. Singapore: World Scientific Publishing Co., 2004.

[5] 李小珍, 张黎明, 张洁. 公路桥梁与车辆耦合振动研究现状与发展趋势. 工程力学, 2008, 25(3): 230-240.

[6] Mote Jr C D. A study of band saw vibrations. Journal of the Franklin Institute, 1965, 279(6): 430-445.

[7] Tabarrok B, Leech C M, Kim Y I. On the dynamics of an axially moving beam. Journal of the Franklin Institute, 2001, 297(3): 201-220.

[8] Liu K. Identification of linear time-varying systems. Journal of Sound and Vibration, 1997, 204: 487-500.

[9] Liu K. Extension of model analysis to linear time-varying systems. Journal of Sound and Vibration, 1999, 226: 149-167.

[10] Liu K, Deng L. Identification of pseudo-natural frequencies of an axially moving cantilever beam using a subspace-based algorithm. Mechanical Systems and Signal Processing, 2006, 20: 94-113.

[11] Wittrick W H, Williams F W. A general algorithm for computing natural frequencies of elastic structure. Quarterly Journal of Mechanics and Applied Mathematics, 1971, 24(3): 263-284.

[12] Williams F W. An algorithm for exact eigenvalue calculations for rotationally periodic structures. International Journal for Numerical Methods in Engineering, 1986, 23: 609-622.

[13] Williams F W. Exact eigenvalue calculations for structures with rotationally periodic structures. International Journal for Numerical Methods in Engineering, 1986, 23:695-706.

[14] Banerjee J R, Gunawardana W D. Dynamic stiffness matrix development and free vibration analysis of a moving beam. Journal of Sound and Vibration, 2007, 303:135-143.

[15] 杨国来, 葛建立, 陈强. 火炮虚拟样机技术. 北京: 兵器工业出版社, 2010.

[16] Sun L. A closed-form solution of beam on viscoelastic subgrade subjected to moving loads.

Computers & Structures, 2002, 80(1):1-8.

[17] Foda M A, Abduljabbar Z. A dynamic green function formulation for the response of a beam structure to a moving mass. Journal of Sound and Vibration, 1998, 210(3): 295-306.

[18] Lee H P. Dynamic response of a beam with a moving mass. Journal of Sound and Vibration, 1996, 191(2): 289-294.

[19] Rieker J R, Lin Y H, Trethewey M W. Discretization considerations in moving load finite element beam models. Finite Elements in Analysis and Design, 1996, 21(3): 129-144.

[20] Stancioiu D, Ouyang H, Mottershead J E. Vibration of a beam excited by a moving oscillator considering separation and reattachment. Journal of Sound and Vibration, 2008, 310(4-5): 1128-1140.

[21]盛国刚, 赵冰. 多个移动质量-弹簧-阻尼系统作用下梁的动力特性分析. 振动与冲击, 2003, 22(1): 43-46.

[22] Theodorakopoulos D D. Dynamic analysis of a poroelastic half-plane soil medium under moving loads. Soil Dynamic and Earthquake Engineering, 2003, 23:521-533.

[23] 罗冰. 起重机柔性臂架系统动力学建模与分析方法研究. 哈尔滨: 哈尔滨工业大学, 2009.

[24] Wu J J, Whittaker A R, Cartmell M P. The use of finite element techniques for calculating the dynamic response of structures to moving loads. Computers & Structures, 2000, 78(6): 789-799.

[25] Stylianou M, Tabarrok B. Finite element analysis of an axially moving beam, Part I: time integration. Journal of Sound and Vibration, 1994, 178(4): 433-453.

[26] Öz H R, Pakdemirli M. Vibrations of an axially moving beam with time-dependent velocity. Journal of Sound and Vibration, 1999, 227(2): 239-257.

[27] Orloske K, Leamy M J, Parker R G. Flexural-torsional buckling of misaligned axially moving beams. I. Three-dimensional modeling, equilibria, and bifurcations. International Journal of Solids and Structures, 2007, 43(14-15): 4297-4322.

[28] Wang L, Chen H H, He X D. Model frequency characteristics of axially moving beam with supersonic/hypersonic speed. Transactions of Nanjing University of Aeronautics & Astronautics, 2011, 28(2): 163-168.

[29] Law S S, Fang Y L. Moving force identification: Optimal state estimation approach. Journal of Sound Vibration, 2001, 239(2): 233-254.

[30] Jiang R J, Au F T K, Cheung Y K. Identification of moving masses moving on multi-span beams based on a genetic algorithm. Computers and Structures, 2003, 81: 2137-2148.

[31] Majumder L, Manohar C S. A time-domain approach for damage detection in beam structures using vibration data with a moving oscillator as an excitation source. Journal of Sound and Vibration, 2003, 268: 699-716.

[32] Park T, Noh M H, Lee S Y. Identification of a distribution of stiffness reduction in reinforced

concrete slab bridge subjected to moving loads. Journal of Bridge Engineering, 2009, 14(5): 355-365.

[33] 李哈汀. 基于时域自适应算法的移动/固定荷载下梁/板的正、反问题研究. 大连: 大连理工大学, 2012.

[34] Banerjee J R. Development of an exact dynamic stiffness matrix for free vibration analysis of a twisted Timoshenko beam. Journal of Sound and Vibration, 2004, 270(2): 379-401.

[35] Yuan S, Ye K S, Williams F W. Second order mode-finding method in dynamic stiffness matrix methods. Journal of Sound and Vibration, 2004, 269: 689-708.

[36] Rafezy B, Howson W P. Exact dynamic stiffness matrix of a three-dimensional shear beam with doubly asymmetric cross-section. Journal of Sound and Vibration, 2006, 289(5): 938-951.

[37] Jun L, Hongxing H. Dynamic stiffness analysis of laminated composite beams using trigonometric shear deformation theory. Composite Structures, 2009, 89(3): 433-442.

[38] Lee U, Kim J, Leung A Y T. The spectral element method in structural dynamics. The Shock and Vibration Digest, 2000, 32(6): 451-465.

[39] Lee U, Park J. Spectral element modelingand analysis of a pipeline conveying internal unsteady fluid. Journal of Fluids and Structures, 2006, 22: 273-292.

[40] Lee U, Jang I, Go H. Stability and dynamic analysis of oil pipelines by using spectral element method. Journal of Loss Prevention in the Process Industries, 2009, 22(6): 873-878.

[41] 彭献, 游福贺, 高伟钊, 等. 移动质量与梁耦合系统固有频率的计算与分析. 动力学与控制学报, 2009, 7(3): 270-274.

[42] Zienkiewicz O C, Parekh C J. Transient field problems two and three dimensional. Analysis by Isoparametric Finite Elements. International Journal of Numerical Methods in Engineering, 1970, 2:61-71.

[43] 蔡承文, 恽馥, 刘明杰. 结构动响应的样条插值加权残量法. 上海力学, 1991, 12(2): 54-61.

[44] 段继伟, 蔡承文. 基于加权残值法的高阶直接积分算法. 浙江大学学报(自然科学版), 1990, 24(5): 744-753.

[45] Reed W H, Hill T R. Triangular mesh method for the neutron transport equation, Report LA-UR-73-479, Los Alamos Scientific Labortray, Los Alamos, 1973, 1-13.

[46] Delfour M, Hage R W, Trochu F. Discontinuous galerkin methods for ordinary differential equations. Mathematical Computation, 1981, 36: 455-473.

[47] Hughes T J R, Marsden J E. Classical elastodynamics as a linear symmetric hyperbolic system. Journal of Elasticity, 1978, 8: 97-110.

[48] Hulbert G M. Time finite element methods for structure dynamics. International Journal of Numeric Methods in Engineering, 1992, 33: 307-331.

[49] Bauchau O A, Theron N J. Energy scheme for nonlinear beam models. Computer Methods of

Applied Mechanical Engineering, 1996, 134: 37-56.

[50] Bajer C I. Triangular and tetrahedral space-time finite elements in vibration analysis. International Journal of Numerical Methods in Engineering, 1986, 23: 2031-2048.

[51] 毕继红, 胡昌亮. 由卷积型变分原理导出的时空有限元法. 天津大学学报, 1999, 32(1): 15-18.

[52] 王金福, 杨国来. 移动质量-梁振动的时空有限元法数值分析. 动力学与控制学报, 2012, 10(1): 58-61.

[53] 杨国来, 葛建立, 孙全兆. 火炮发射动力学概论. 北京: 国防工业出版社, 2018.

[54] 姜沐, 郭锡福. 弹丸加速运动在炮身中激发的振动. 弹道学报, 2002, 14(3): 57-62.

[55] 王颖泽, 张小兵, 袁亚雄. 计及柔性效应的火炮炮身动力学模型分析. 火炮发射与控制学报, 2008, 4: 49-52,58.

[56] 刘宁, 杨国来. 弹管横向碰撞对炮身动力响应的影响. 弹道学报, 2010, 22(2): 67-70.

[57] Liu N, Yang G L. Vibration analysis of axially moving beam with different load and structuring laws. Proceedings of the 4th International Conference on Mechanical Engineering and Mechanics, 2011, 656-659.

[58] Murphy W F, Winkler K W, Kleinberg R L. Acoustic relaxation in sedimentary rocks: Dependence on grain contacts and fluid saturation. Geophysics, 1986, 51(3): 757-766.

[59] Kimura M. Experimental validation and applications of a modified gap stiffness model for granular marine sediments. Journal of the Acoustic of Society of American, 2008, 123(5): 2542-2552.

[60] Yang G L, Yang J Z, Chen Q, et al. Natural frequencies of a cantilever beam and block system with clearance while block staying on given position. Journal of Vibration and Control, 2013, 19(2): 262-275.

[61] 陈强, 杨国来, 王晓锋. 移动集中质量作用下 Euler-Bernoulli 梁的振动频率分析. 计算力学学报, 2012, 29(3): 340-344, 351.

[62] 陈强, 杨国来, 王晓锋. 变速移动载荷作用下梁的动态响应数值模拟. 南京理工大学学报, 2011, 35(2): 204-208.

[63] 陈强, 杨国来, 王晓锋. 轴向变速运动弯曲梁的固有频率分析. 工程力学, 2015, 32(2): 37-44.